珞珈黉宫

——武汉大学历史建筑群

湖北省公益学术著作出版专项资金
Hubei Special Funds for Academic and Public-interest Publications

武汉大学档案馆 编

武汉出版社

（鄂）新登字08号
图书在版编目（CIP）数据

珞珈黉宫 ：武汉大学历史建筑群 / 武汉大学档案馆编. — 武汉 ：武汉出版社，2023.8（2025.5重印）

ISBN 978-7-5582-5897-8

Ⅰ.①珞… Ⅱ.①武… Ⅲ.①武汉大学—古建筑—教育建筑—介绍 Ⅳ.①TU244.3

中国国家版本馆CIP数据核字（2023）第 081732 号

珞珈黉宫：武汉大学历史建筑群
LUOJIA HONGGONG : WUHAN DAXUE LISHI JIANZHUQUN

编　　者：武汉大学档案馆
出 品 人：朱向梅
策划编辑：胡　新
责任编辑：蔡文华　谌丽平
封面设计：沈力夫
排版设计：陈　辉　胡　兰　吴　骁
出　　版：武汉出版社
社　　址：武汉市江岸区兴业路136号　　邮　　编：430014
电　　话：(027)85606403　　85600625
http://www.whcbs.com　　E-mail: whcbszbs@163.com
印　　刷：武汉精一佳印刷有限公司　　经　　销：新华书店
开　　本：787 mm × 1092 mm　　1/16
印　　张：18.5　　字　　数：360千字
版　　次：2023年8月第1版
印　　次：2025年5月第4次印刷
定　　价：188.00元

关注阅读武汉
共享武汉阅读

ISBN 978-7-5582-5897-8

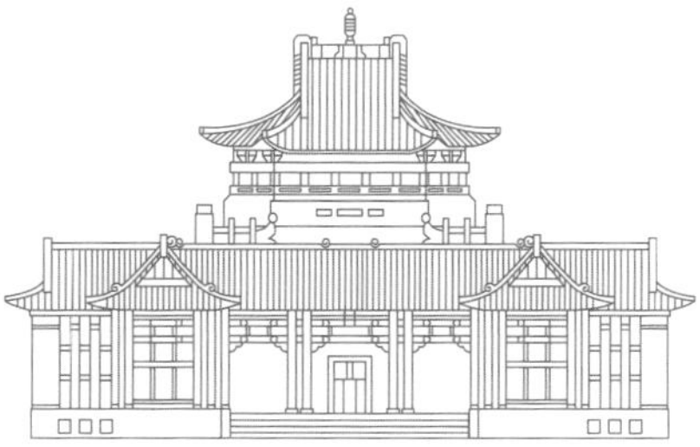

顾　问：黄泰岩　张平文
主　编：席彩云
副主编：王美英　秦　然　吴　骁
撰　稿：吴　骁　刘文祥
图　片：吴　骁　刘文祥　刘秋华　李　俊

序 言

於可训

武汉大学校园，是中国最美的大学校园，这是一个不争的事实。年轻人还要在“最美”这句后面，加上一个“没有之一”。这一方面是出于感情，另一方面也强化了这个事实。最有力的证明，是每年仲春时节，远近的游人，扶老携幼，争先恐后地到武大校园来观赏樱花。于是这个时节的武大校园，便摩肩接踵，人头攒动，像北方人的庙会、南方人的圩场一样。说是赏樱，其实也不全是赏樱，或全然不是为了赏樱，而是要借此机会，来领略一下武汉大学这所著名高等学府的文化氛围和精神气韵。在万绿丛中，被繁花簇拥的校园建筑，更是游人指点评说的对象，也是他们由衷感佩、叹为观止的校园风景。

我在武汉大学学习生活工作了四十多年，从学生时代听老师讲课，到当了老师给学生讲课，几乎跑遍了学校所有的教学楼。住的地方，则从湖滨的筒子楼，到二区、三区的教职工宿舍，在这些当年称得上人烟稠密的宿舍区之外，似乎也没有落下多少地方。图书馆、阅览室、办公室和各区食堂，更是我朝夕出入、充嗛果腹的场所。我的朋友都说我有福气，今生能在这样一个像皇宫像花园的地方生活和工作。在感到幸福的那一瞬间，我也常常在想：我对这个数十年来流连其境、徜徉其间、与之亲密接触的生活和工作空间，到底有多少了解？对它如何在发挥其独特功用的同时，又成为一种精神的象征，更属茫然。

武汉大学档案馆在130周年校庆之际编写的这本《珞珈黉宫——武汉大学历史建筑群》，回答了我的问题。

中国古代学宫，对建筑都很有讲究，学宫的建筑不但要体现实用的原则，还要贯彻教化的理念。现代学校，尤其是高等学府的建筑，虽然实用的原则不变，但教化的理念大改，所以建筑的格局也为之一变。武汉大学的建设，正处在时局动荡、国步艰危之际，校园的建筑就不但要体现实用的原则、教化的理念，同时还要贯彻兴邦的大计、强国的理想。故主事者一求“坚固”，二求“永久”。要求房屋的建筑，“不但能住五六十年，并且要求永久的存在”，“不仅要能应现在武汉的需要，并且要能应将来武汉的需要”（王世杰语），“以树立武汉大学永久不拔之基”（蔡元培语）。正是怀着这样的理想信念，主事者才不畏艰难，殚精竭虑，从规划选址，筹措经费，到征地备材，建设施工，克服了常人难以想见的困难，终于让一个现代大学的建筑群，在东湖之滨珞珈山上的乱葬岗中拔地而起，应一时之需而成不世之功。歌德说：“建筑是凝固的音乐。”珞珈山的建筑所“凝固”的，则是武大人所特有的一种理想和信念。

为了在武汉建设一所“合科学的美化的大学”，使之成为“预定”之中部“文化学术中心”（蔡元培语），在建设的过程中，主事者不循惯例，不袭旧规，摒弃成见，力排众议，从移址城外，到实地勘察、空中巡视，都有许多出人意料的创意和构思。尤其是在选址的问题上，弃地势较平缓之东湖嘴和卓刀泉，而取冈峦起伏濒临东湖之珞珈山，更是一个大胆的创举，也是成就珞珈建筑群独特风格的一个天才的构想。武汉大学的建筑因而从一开始，便灌注了一种神思独运、一空依傍的创造精神。蔡元培说：“中国三十年来，有新式之大学后，总计全国大学约百数十所，多因过去历史关系，虽时时改革，总不如武大之与旧历史一刀截断重新创造之痛快。”李四光也说：“这个学校完全从无中生有，好像在白纸上做文章一样。”“在几年之中造成这样一个大学，校址之佳，计画之大，风景之胜，均可谓全国学校所无。”（胡适语）这种超越历史前所未有的创造精神，也体现了中国的教育事业乃至整个社会的进步，所以胡适后来才说：“你如果要看中国怎样进步，可以去到武昌看看珞珈山武汉大学。”

除了理想的、创造的精神之外，武大的建筑还体现了一种融合的精神。这种融合，不仅是建筑风格古今中外的融合，也是传统教化理念和现代教育观念的融合；不仅是中外建筑师的经验和智慧的融合，也是中外建筑工艺和建筑技术的融合；更不用说建筑用材，除取自本土外，还兼从欧美和日本诸国进口。这种从观念到技术，从精神到实务的融合，就使得武汉大学的建筑在保持“中国固有之形式”的同时，又兼采西式建筑之长，从而造就了一种中外古今融合的建筑奇观。揆之今日，也切合“创造性转化”和“创新性发展”的提倡。

随着时代的变化，珞珈山又崛起了许多新建筑，这些新建筑承袭早期建筑风格，总体上不失其典雅和庄重，其理想的、创造的、融合的精神，也已融入“自强、弘毅、求是、拓新”的校训，成为武大人的一种行为准则和理想信念，一代又一代的武大人，在这些前人用心血凝注的新老建筑中，焚膏继晷，探赜索微，伏案苦读，真正让这座学术殿堂，成为前人所期待的“研究学问的场所”、“养成健全人格”（蔡元培语）的圣地。

赞曰：山不在高，有校则名。斯是珞珈，惟学德馨。兼容中外，贯通古今。虽为旧筑，其命维新。荫护前贤，泽被后人。

是为序。

2023.3.7 写于珞珈山临街楼

引言

坐落于武昌东湖之滨、珞珈山麓的武汉大学，素以其山水相映的优美环境与中西合璧的经典建筑闻名于世。自从1928年成立的国立武汉大学选定了武昌郊外的珞珈山地区作为新校址之后，众多第一代武大人在这里开拓洪荒，辟山建校，在短短不到十年的时间里，便将这片原本人烟稀少的荒山野岭，变成了世界上最美丽的大学校园之一，创造了中国近代大学校园建设史上的一大奇迹。时至今日，武汉大学在20世纪三四十年代所兴建的主要校舍建筑，大多保存了下来，成为校园中最引人注目的标志性景观，以及这所著名学府的精神象征。

1928年夏，国立武汉大学建筑设备委员会成立，由著名地质学家李四光（1889—1971）担任委员长，专门负责在武昌郊外选址建设新校舍。1929年初，建筑设备委员会聘请了毕业于美国麻省理工学院建筑系的建筑工程师开尔斯（Francis Henry Kales, 1882—1957）为武大珞珈山新校舍进行总体规划设计。从1929年到1936年，开尔斯先后绘制了多个不同版本的国立武汉大学珞珈山新校舍设计平面总图，其规划方案主要包括文、法、理、工、农、医六大学院以及大礼堂、总图书馆、体育馆、运动场、总办公厅、饭厅、学生宿舍、教职员住宅、工厂、园林、马路等，其中大部分主体建筑均由他本人进行设计。此外，开尔斯的一些助手与合作者，如德国建筑师石格司（Richard Sachse, 1884—1966）、美籍华裔建筑师李锦沛（Poy Gum Lee, 1900—1968）、波兰建筑师列文斯比尔（Abraham Levenspiel, 1899—1979）、武大建委会新校监造工程师及工程处负责人缪恩钊（1893—1959）、建委会工程处绘图员沈中清（1909—？）等人，以及汉口景明洋行、上海彦沛记建筑事务所、上海华懋地产公司等机构，也分别承担了部分校舍的建筑设计或结构设计工作。

1930年初，国立武汉大学珞珈山新校舍正式开工，其一期工程的大部分建筑均由宁波商人沈祝三在汉口创办的汉协盛营造厂承建，1931年底全面完工。1932年初，学校从武昌城内的东厂口旧校舍迁入珞珈山新校舍办学。从1933年秋开始的二期工程，则主要由同为宁波商人的李祖贤创办的上海六合建筑公司承建。此外，武汉地区的胡道生合记、永茂隆、袁瑞泰、蔡广记、协昌华记等其他营造厂也分别承建了一期和二期工程中的一小部分校舍建筑。到1937年9月为止，国立武汉大学珞珈山新校舍全部工程已完成三分之二左右，惜因此时抗战全面爆发，其建设进程也被迫中止。武汉沦陷期间，武汉大学的校舍建筑虽有少量损毁，但大体仍保存完整。抗战胜利后，学校又续建了一小部分校舍建筑，但仍未能全面实现建筑师开尔斯最初的全盘规划，留下了不少历史的遗憾。

武汉大学在珞珈山校园建成的这批早期历史建筑，以“中国固有之形式”建筑风格为基调，同时融入了西方古典元素，并采用了钢筋混凝土框架结构、钢结构等先进工艺，代表了当时中国大学建筑的最高水平，堪称中国近代大学校园建设史上的典范之作，同时在中国近代建筑文化史上也占有重要的一席之地。2001年6月25日，中华人民共和国国务院正式公布了第五批全国重点文物保护单位，其中，北京大学“未名湖燕园建筑”、“清华大学早期建筑”、“东北大学旧址”与“武汉大学早期建筑”等4处近代著名高校历史建筑，作为“近现代重要史迹及代表性建筑”一同入围，这在我国的文物保护史上还是第一次。此次入围全国重点文物保护单位的“武汉大学早期建筑”，包括1931—1954年间先后落成的15处26栋建筑，总建筑面积约5.4万平方米，其规模在同批入选的几所高校建筑群中居于首位，成为武汉大学在新世纪一张闪亮的历史文化名片。2016年9月29日，“武汉大学早期建筑”又入选首批中国20世纪建筑遗产名录。2023年1月12日，“武汉大学早期建筑设计图纸”与浙江大学档案馆藏《竺可桢日记》手稿等高校珍品档案一同入选第五批中国档案文献遗产名录。除了2001年入围第五批全国重点文物保护单位的那15处26栋历史建筑之外，武汉大学校园内还有不少建于同一历史时期且同样具有较高历史文化价值的早期建筑，至今尚未被列入“国保”名单，实属“遗珠之憾”，对此，我们理应一视同仁，将武汉大学早期历史建筑群作为一个密不可分的整体，统一予以妥善的保护。

为了让广大师生校友与社会各界人士更多地了解武汉大学早期历史建筑的来龙去脉、建筑特征、文化内涵及其所涉及的若干重要历史人物或事件等，武汉大学档案馆特组织编写了本书。全书分为上下两部分，上篇“珞珈建校”（包括“试选珞珈胜处”与“安置百亩宫室”两个篇章）主要记述国立武汉大学自1928年起在武昌珞珈山地区开展大规模的新校舍建设的历史进程，下篇“黉宫胜景”（包括“国之文物”与“珞珈拾遗”两个篇章）则对武汉大学在20世纪30—50年代陆续建成的诸多早期历史建筑逐一予以详细介绍。本书主要依据武汉大学档案馆收藏的各类历史档案、建筑图纸、报刊资料以及若干当事人的回忆录等基本史料，力图对上述校园历史建筑进行一番较为权威、可信和详细的全面介绍，同时，也希望能借此机会，对过去长期比较流行的关于这些建筑的一些以讹传讹的失实说法予以纠正，并配以大量丰富而生动的历史照片、建筑图纸、档案影像与其他各类插图，以及各种原汁原味的相关历史记载、回忆录等文字，力求更为全面、立体、生动地呈现这些优秀历史建筑的初始风貌及其饱经岁月沧桑的变迁历程，为继续推进和深化武汉大学的文物保护工作与校园文化建设提供一定的学术支持与参考依据。长期专注于武汉大学近代校园建筑历史研究，并著有《珞珈筑记：一座近代国立大学新校园的诞生》一书的本校校友刘文祥博士，受邀参与了本书的编写和审稿工作，本书也充分吸收了其相关研究成果。由于相关历史资料的欠缺以及作者能力所限，书中的疏漏与不当之处在所难免，尚祈读者及方家指正。

目　录

趙家灣
黃家灣
放牛山
團山
楊家灣
明家灣
狗頭山
曬子嶺
石眼井
馬

上篇 珞珈建校

LUOJIA JIANXIAO

试选珞珈胜处

一、定址珞珈

1. 蔡元培改建武大

1928 年 5 月，时任湖北省教育厅厅长刘树杞上呈中华民国大学院（后改为国民政府教育部），提出以在 1927 年底被国民党桂系军阀非法解散的前国立武昌中山大学为基础，“改组湖北大学”，并得到了大学院的批准。1928 年 6 月 13 日，大学院院长蔡元培致电国民党中央政治会议武汉分会主席李宗仁，将筹建中的“鄂省大学定名为国立武汉大学”，并聘请刘树杞为该校筹备委员会主任委员，王世杰、李四光、曾昭安、任凯南、麦焕章、涂允檀、周鲠生、黄建中为筹备委员（后因王世杰提出辞职，又改派王星拱为筹备委员）。

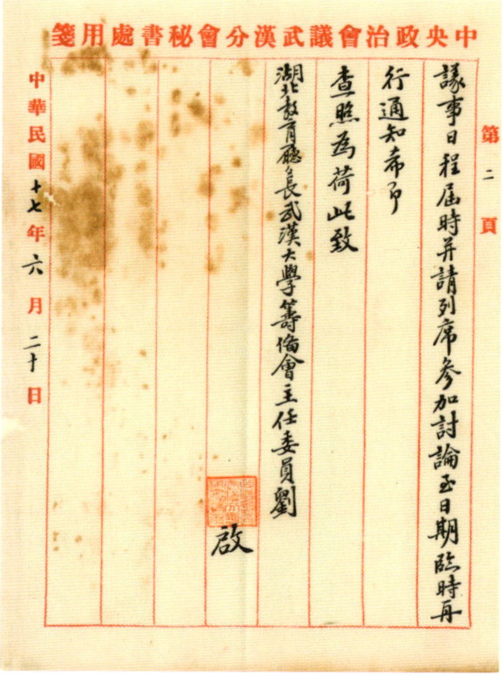

中央政治會議武漢分會秘書處用箋

第二頁

議事日程屆時并請列席參加討論至日期臨時再
行通知希即
查照為荷此致
湖北教育廳長武漢大學籌備會主任委員劉
啟

中華民國十七年六月二十日

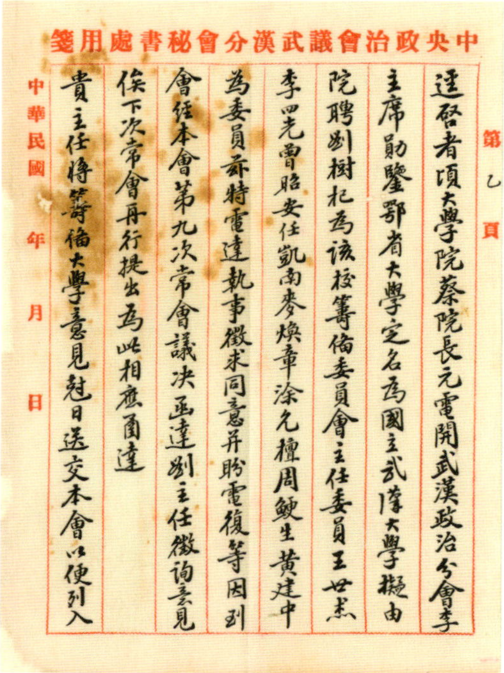

中央政治會議武漢分會秘書處用箋

第乙頁

逕啟者頃大學院蔡院長元電開武漢政治分會李
主席勛鑒鄂省大學定名為國立武漢大學擬由
院聘劉樹杞為該校籌備委員會主任委員王世杰
李四光曾昭安任凱南麥煥章涂允檀周鯁生黃建中
為委員亦特電達執事徵求同意并盼電復等因到
會經本會第九次常會議決函達劉主任徵詢意見
俟下次常會再行提出為此相應函達
貴主任將籌備大學意見剋日送交本會以便列入

中華民國　年　月　日

1928 年 6 月 20 日，中国国民党中央政治会议武汉分会秘书处就大学院院长蔡元培为“国立武汉大学”定名并聘请 9 名筹备委员一事致湖北省教育厅厅长、国立武汉大学筹备委员会主任委员刘树杞的函件（湖北省档案馆供图）

1928 年 6 月 21 日，国立武汉大学筹备委员会主任委员刘树杞约集麦焕章、涂允檀、黄建中、曾昭安等几位在汉的筹备委员，在湖北省教育厅召开了第一次谈话会，决定以前两湖书院地址为大学校址，拟需修理及设备费 20 万元，各院图书及仪器费 20 万元。6 月 23 日，刘树杞致函李宗仁称：“关于校址者，以原有中山大学分设数院，于教授、设备均感困难。前两湖书院，房屋宽敞，规模宏壮，拟以之拨作设立武汉大学之用。”

1928 年 6 月为“国立武汉大学”最终确定校名的中华民国大学院院长蔡元培（1868—1940）

国立武汉大学筹备委员会主任委员、代理校长刘树杞（1890—1935）

清末在两湖书院旧址上扩建而成的两湖总师范学堂校舍（该照片约摄于 20 世纪 30 年代）

2. 李四光选址洪山

1928 年 6 月 26 日，国立武汉大学筹备委员会又在国民党汉口市党部召开了第二次谈话会，刚刚来汉的筹备委员李四光，率先提出在武昌郊外的洪山一带建设新校舍，并先后得到了其他筹备委员以及武汉政治分会、湖北省政府的一致赞同。7 月，李四光又专程回到南京，与周鲠生一同和蔡元培商议“武汉大学筹建新校舍”一事。7 月 13 日，李四光为蔡元培代拟了一封致李宗仁的函件，希望他能鼎力赞助武大新校舍的建设。

蔡元培致李宗仁函

（1928 年 7 月 13 日）

德邻主席大鉴：

日前武汉大学筹备委员李四光、周鲠生两君来，言及武汉大学筹建新校舍，希望先生赞助，托为转达。弟以在宁晤面，不得详谈此事之机会，爰为函陈之。

国立武汉大学，预定为中部之学术中心，而原有校舍及设备，均不足以成一完备之学术机关，故今夏筹备之初，曾由筹备委员会建议，于洪山附近另建新校舍，并充实图书仪器等设备，预计建筑设备费约需百万元至百五十万元。此项建议呈报大学院，弟极端赞成，当即批准，并指定李四光、麦焕章诸君为建筑设备委员会委员，开始计划。

惟此项临时费，势不能不就地筹拨。李君等在武汉时，曾商之政治分会及鄂省政府诸公，均表赞成，并允援助。如荷先生鼎力主持，筹款当更易生效。

弟明知武汉方面财政困难，裁兵一切，需费正大，而犹代武汉大学为此特别请求者，实因有鉴于大学教育为建设事业中最基本之一项。广东、广西既投巨款以兴大学，武汉为中部重镇，向亦为文化学术之中心，感觉此项需要更切。政治分会诸公如肯慨然于万难之中，拨出上项临时费，以树立武汉大学永久不拔之基，岂惟武汉一隅之光荣，先生等所以间接造福于全国学术文化者，亦匪浅鲜矣。

敬布区区，至希裁察。尚有未尽之处，当由李君等面陈。

专此，顺颂

党祺

弟　蔡元培

（李四光代作）

7 月 15 日，李四光又在武汉出席了国立武汉大学筹备委员会第三次谈话会，此次会议就学校的建筑设备费问题正式作出决议：“呈请政治分会拨款一百万元，为在洪山下建筑校舍及添置设备之用。”

1928 年 7 月 24 日，国立武汉大学筹备委员会正式召开成立会，并以武昌东厂口前国立武昌中山大学第一院为办公地点。7 月 28 日，大学院院长蔡元培电令刘树杞暂行兼代校长职务。9 月 14 日，国立武汉大学临时校务会正式成立，同时宣告筹备委员会解除责任。10 月 31 日，国立武汉大学在武昌东厂口校舍正式开学上课。

1928 年的国立武汉大学东厂口校舍全景

对于李四光率先建议为武大另选新校址、建设新校舍的历史性贡献，1947 年 10 月 31 日，时任校长周鲠生曾在国立武汉大学“第十九周年校庆大会暨三十六年度开学典礼”上的报告中充满感激地指出：

有理想贡献的则是李四光先生。李先生在武汉大学筹备委员会首先提议以一百五十万元巨款于武昌郊外另建新校舍，改造环境。在当时一般人看来，那个计划过于理想。假设没有李先生那个理想，恐怕武汉大学不会有珞珈山壮丽的校舍，今天的校庆还要在东厂口旧校舍举行。

3. 叶雅各力荐东湖

当时，国立武汉大学建筑设备委员会委员兼秘书叶雅各曾提出建议——“武昌东湖一带是最适宜的大学校址，其天然风景不唯国内各校舍所无，即国外大学亦所罕有”（王世杰转述）。经过李四光等多位建委会成员的集体考察，他们最终于 11 月下旬“择定洪山附近卓刀泉、东湖嘴一带建筑新校舍”。

1928 年 11 月 28 日，李四光在湖北省建设厅主持召开了国立武汉大学建筑设备委员会第一次会议，讨论决定了学校的“建筑计划大纲”“设备问题”“经费问题”“建筑进行程序”等事项，正式确定“卓刀泉、东湖嘴一带”为新校舍建设地点，还通过了由李四光提名的秘书与会计人选，并确定工程师“由委员长负责聘定”。

国立武汉大学筹备委员会委员、建筑设备委员会委员长李四光（1889—1971）

国立武汉大学建筑设备委员会委员兼秘书叶雅各（1894—1967）

1928 年 11 月 28 日，国立武汉大学建筑设备委员会第一次会议记录

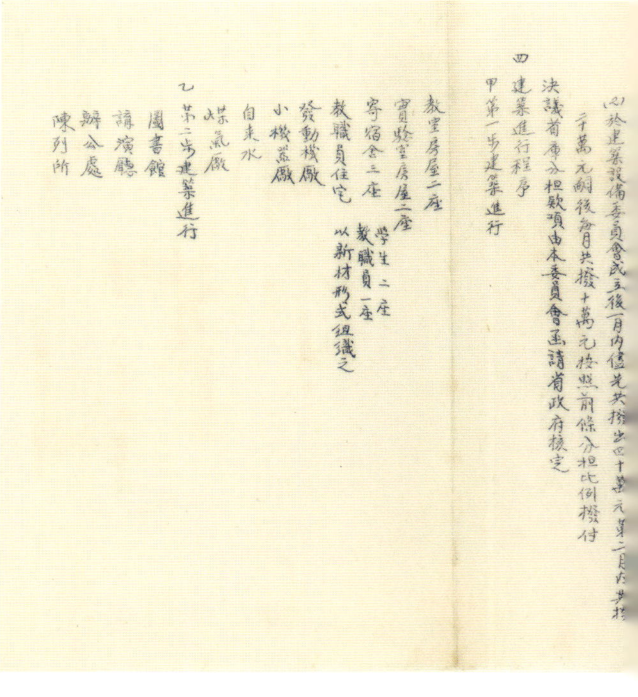

(乙)於建築設備委員會成立後一月內儘先共撥出四十萬元第二月內共撥
二十萬元嗣後每月共撥十萬元按照前條分担比例撥付
決議省庫分担款項由本委員會函請省政府核定
四 建築進行程序
甲 第一步建築進行
教室房屋二座
實驗室房屋二座
寄宿舍三座 學生二座 教職員一座
教職員住宅 以新材形式組織之
發動機廠
小機器廠
自來水
煤氣廠
乙 第二步建築進行
圖書館
講演廳
辦公處
陳列所

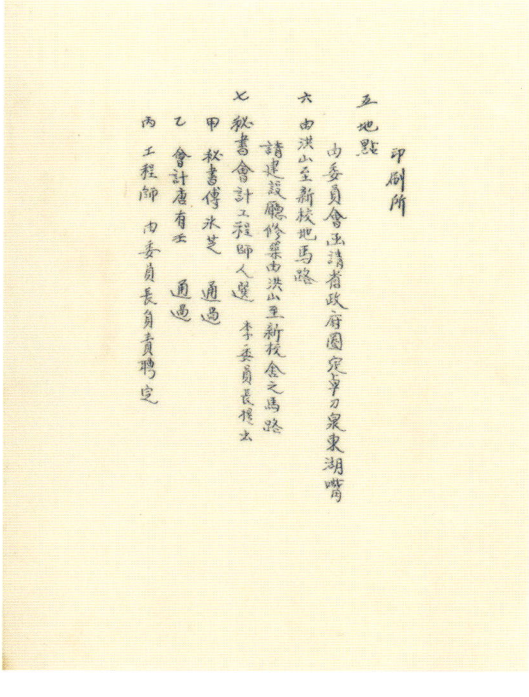

印刷所
五 地點 由委員會函請省政府圈定卓刀泉東湖嘴
六 由洪山至新校地馬路
請建設廳修築由洪山至新校舍之馬路
七 秘書會計工程師人選 李委員長提出
甲 秘書傅冰芝 通過
乙 會計唐有壬 通過
丙 工程師 由委員長負責聘定

美国地质工作者马栋臣（Frederick Gardner Clapp）于 1913—1915 年间在武昌郊外的洪山往东面拍摄的郊野风景

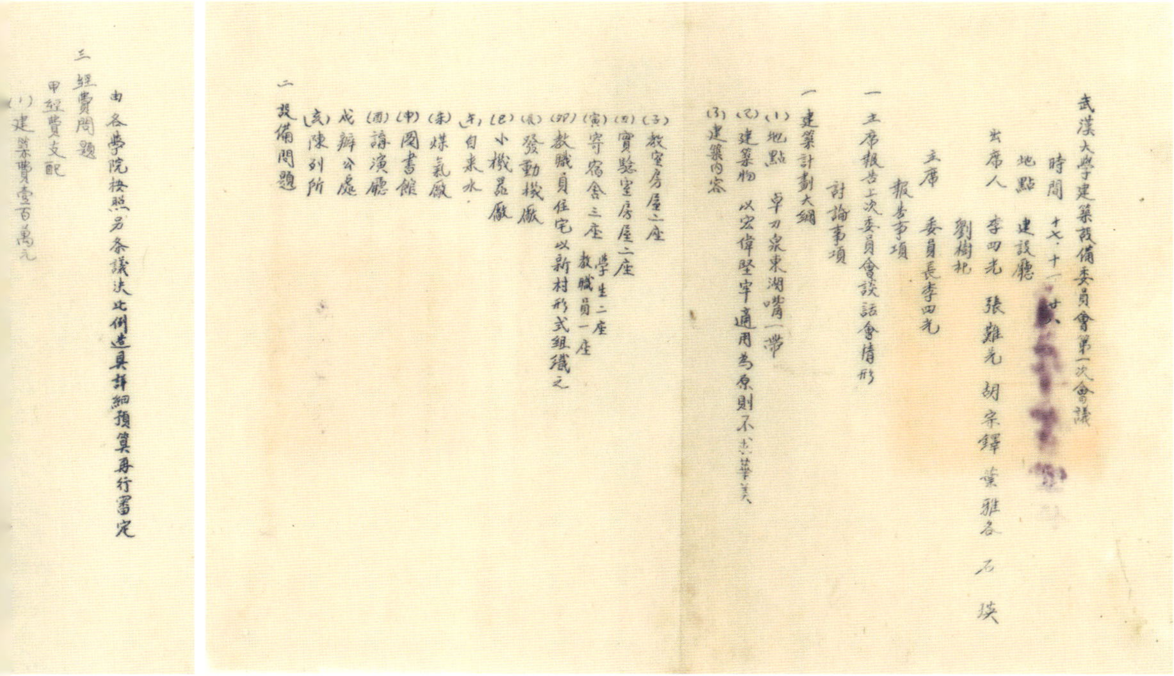

武漢大學建築設備委員會第一次會議

時間 十七·十一·廿

地點 建設廳

出席人 李四光 張難先 胡宗鐸 葉雅各 石瑛 劉樹杞

主席 委員長李四光

報告事項

一 主席報告上次委員會談話會情形

討論事項

一 建築計劃大綱

(1) 地點 卓刀泉東湖嘴一帶

(2) 建築物 以宏偉堅牢適用為原則不求華美

(3) 建築內容

(子) 教室房屋二座

(丑) 實驗室房屋二座

(寅) 寄宿舍三座 學生二座 教職員一座

(卯) 教職員住宅以新村形式組織之

(辰) 發動機廠

(巳) 小機器廠

(午) 自來水

(未) 煤氣廠

(申) 圖書館

(酉) 講演廳

(戌) 辦公處

(亥) 陳列所

二 設備問題

由各學院按照另案議決比例造具詳細預算再行審定

三 經費問題

甲 經費支配

(1) 建築費壹百萬元

20 世纪 20 年代末武昌珞珈山附近地形图，图中可见“东湖嘴”乃珞珈山南麓的一个小村落（湖北省档案馆供图）

北
鄭
郭
湖
東
南王山
雜-332-1. 1.

4. 开尔斯定址珞珈

随后，李四光便回到上海，经过一番物色，最后找到了一位名叫开尔斯（Francis Henry Kales，又译开尔思、开而士等）的美国建筑工程师，并于 1929 年 2 月中旬将其邀请到武昌进行实地考察。对于开尔斯当时来武昌考察的情景，曾任国立武汉大学建筑设备委员会工程处绘图员的沈中清如此回忆：

> 他是美国麻省理工学院建筑系毕业，对于中国建筑艺术颇有研究。经与初步叙谈，情趣融洽。随后花五百元钱，包乘一架专机从上海直航武汉，飞越落驾山上空时低飞盘旋俯视校区全貌。次日登山实看，开尔斯对于落驾山的地理形势极为赞赏，并提了粗略想法：拟在落驾山北麓以狮子山为主要校舍建筑中心，各院系教学楼分别建筑在各小山上。落驾山南麓为住宅区，西边杨家湾为商业服务区。并在陆军测量局所绘制的地图上，沿着落驾山南的山脚，从东边郭郑湖滨至西边茶叶港划一道红线，圈定了新校区的范围。

由于开尔斯“拟在落驾山北麓以狮子山为主要校舍建筑中心”，这就相当于是将李四光等人先前选定的武汉大学新校址，由珞珈山南麓地势平坦的“卓刀泉、东湖嘴一带”，更改、转移到了珞珈山北面高低起伏的丘陵地带，而这一重大变更后来也得到了学校方面的认可。1929 年 7 月，国立武汉大学致函湖北省政府，请求其为武大正式圈定校址，其中明确指出：“敝校为谋发展起见，经选定武昌市区洪山附近东湖湖滨珞珈山一带地域建筑新校舍……敝校拟购土地，东以东湖滨为界，西以茶叶港为界，北以郭郑湖为界，南面自东湖滨起至茶叶港桥头止……东西约三里，南北约二里半，共计三千亩之谱。”至此，国立武汉大学珞珈山新校址方才最终得以确定。

1929 年 3 月 30 日绘制的武汉大学新校址（落驾山之北）地形图

为国立武汉大学最终确定珞珈山新校址范围的美国建筑工程师开尔斯（Francis Henry Kales, 1882—1957）

国立武汉大学文学院筹备主任、首任院长闻一多（1899—1946）

珞珈山原名落驾山，又称落袈山、罗家山、逻迦山等，后由国立武汉大学文学院首任院长闻一多建议定名为“珞珈山”。对于此事，后来曾在武大外文系任教多年的方重教授有如下回忆：

讲到“珞珈山”这个名称，今天的青年恐怕不大会为这几个字去多化时间推敲。若要追溯此名之由来，在我的回忆之中则首先要提到诗人闻一多。原来就是他，为了今日的莘莘学子，为了你们的学业和我中华民族的未来，忽而灵机一动把原有的不登大雅的旧时代祖传地名代之以富有风味的“珞珈”二字。当初他题这个名称曾和我以及其他几位旧友谈论过。我们都一致赞同，认为这也是诗人的灵感之一。因而珞珈山之名就此沿用至今。

二、蓝图初绘

1. 开尔斯其人其事

1929 年初在上海被国立武汉大学建筑设备委员会委员长李四光相中的美国建筑工程师开尔斯，1882 年出生于芝加哥的一个律师家庭，他从小便接受了良好的教育，曾先后就读于威斯康星大学麦迪逊分校和麻省理工学院，并最终于 1907 年获麻省理工学院理学学士学位。值得一提的是，开尔斯在密歇根湖之畔的芝加哥长大，后来又先后就读于三所高中和两所大学，其中的伊利诺伊州森林湖学院、康科德市圣保罗中学以及威斯康星大学麦迪逊分校这三所学校，其校园都位于湖畔。多年过后，在地球的另一端，当开尔斯应国立武汉大学之邀来到武昌珞珈山考察该校新校址时，最终决定将其从珞珈山南麓调整至更加贴近东湖的珞珈山北麓，这与他早年的成长经历或许有着密不可分的关系。

由于家境优渥，开尔斯从大学时代便开始广泛游历世界各地。从 1905 年起，他先后到过英国、欧洲大陆、埃及、土耳其、菲律宾、泰国、日本、中国、新加坡、澳大利亚、新西兰、西伯利亚等地。特别是从 1913 年开始，他更是离开了美国，长期在东亚地区生活和工作。从开尔斯的人生足迹中不难看出，他年纪轻轻便见多识广，尤其是对东方世界有着浓厚的兴趣，这或许也是驱使他后来将其生命中最重要的时间段留在中国的原因所在。而他早年游历世界各地的经历，也对他日后设计武汉大学校园建筑产生了深远的影响。

在设计国立武汉大学新校舍之前，开尔斯在中国建筑界只有一次短暂的公开亮相。1925 年 5 月，孙中山先生葬事筹备处面向国内外公开征求孙中山陵墓建筑的设计方案，至当年 9 月，有关专家从全部 40 多件应征作品中，评选出了头三名，以及不发奖金的七份“名誉奖”。名誉奖中位列第三的便是开尔斯所提交的方案。开尔斯的设计方案为一座高耸的中国古塔造型，其主体建筑为一座置

1925 年开尔斯设计的中山陵建筑方案效果图

于山顶高台之上的多边形宝塔，四角另有四座方形小塔，其灵感主要来自北京香山碧云寺孙中山衣冠冢的金刚宝座塔。

2. 前期准备与设计团队

1929年2月，开尔斯应李四光之邀来到武昌珞珈山一带实地考察之后，“力称该地为极好的校址，因为在建筑上说，那一带都是些不甚高峻的山，山石可以利用，水的供给亦好，泉水湖水都可用”（王世杰语）。在他将国立武汉大学的新校址由珞珈山南麓的“卓刀泉、东湖嘴一带”更改至珞珈山北麓之后，为了便于设计，开尔斯要求武大建委会方面提供一份详细的地形图，“并要求将狮子山一带中心地区提前测量尽早出图”（沈中清语）。

当时，国立武汉大学代理校长刘树杞曾专程前往汉口，邀请他的留美老同学、同样毕业于麻省理工学院的缪恩钊来校工作，担任建筑设备委员会新校监造工程师及工程处负责人。随后，缪恩钊又邀请了沈中清做他的助手，还另外请了姜福德等4名测工，并从湖北省建设厅借了测量仪器。1929年3月18日，沈中清和4名测工携带着全部测量仪器和设备，从武昌城内步行至珞珈山新校址，租借了广东商人刘燕石在珞珈山北的一处私人庄园居住和工作。据沈中清回忆：“那时落驾山上树藤杂草一片原野，五里之内没有人烟，山上野鸡野兔常有遇见。有时刘公打一只野鸡给我们加餐。晚上我们用煤油灯照明做内业。”在缪恩钊的领导下，沈中清等人夜以继日地辛勤劳作，在当年6月按照

国立武汉大学建筑设备委员会新校监造工程师缪恩钊（1893—1959）

国立武汉大学建筑设备委员会工程处绘图员沈中清（右一）与工程处负责人缪恩钊的家人在一起（1939年1月摄于四川乐山）

开尔斯的要求提前完成了狮子山一带中心地区的地形图，并于 8 月间完成了珞珈山新校址的全部测量工作，为新校舍的规划设计打下了重要基础。

由于开尔斯和他的日本夫人平时习惯在上海居住，主要业务也都在上海，在武汉没有办事机构，因此，其设计工作都是在回到上海之后进行的。时年 47 岁的他，身体已不大好，而且颇显老态，甚至被沈中清误认为“当时已是六十左右的高龄”。开尔斯在为武大设计新校舍的过程中，还曾大病一场，而且一病就是两年之久，最严重时几乎危急不起，长期都是扶病工作。为了减轻自己的工作负担，更好地完成工作任务，开尔斯又专门聘请了汉口景明洋行的德国建筑师石格司（Richard Sachse）与上海彦沛记建筑事务所的美籍华裔建筑师李锦沛（Poy Gum Lee）作为合作建筑师，分担一部分建筑及结构设计工作，还聘请了上海华懋地产有限公司的波兰建筑师列文斯比尔（Abraham Levenspiel）等人负责部分结构设计工作。此外，还有一些相对比较次要的校舍建筑，则由监造工程师缪恩钊和工程处绘图员沈中清自行设计。由于不能常来武汉照看业务，开尔斯便委托石格司作为他的全权代表，负责“来工地解释图纸中的疑问，检查施工是否符合设计要求，并处理施工中出现的问题”（沈中清语）。当时，开尔斯与国立武汉大学订立的设计费按照工程造价的 5% 计算，其中约有五分之二要分别付给他的协作同行与代表。

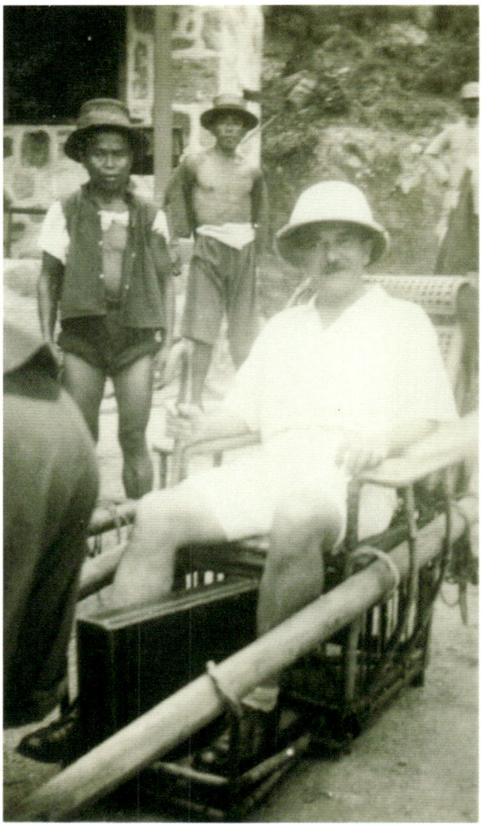

德国建筑师石格司（Richard Sachse, 1882—1966）

美籍华裔建筑师李锦沛（Poy Gum Lee, 1900—1968）

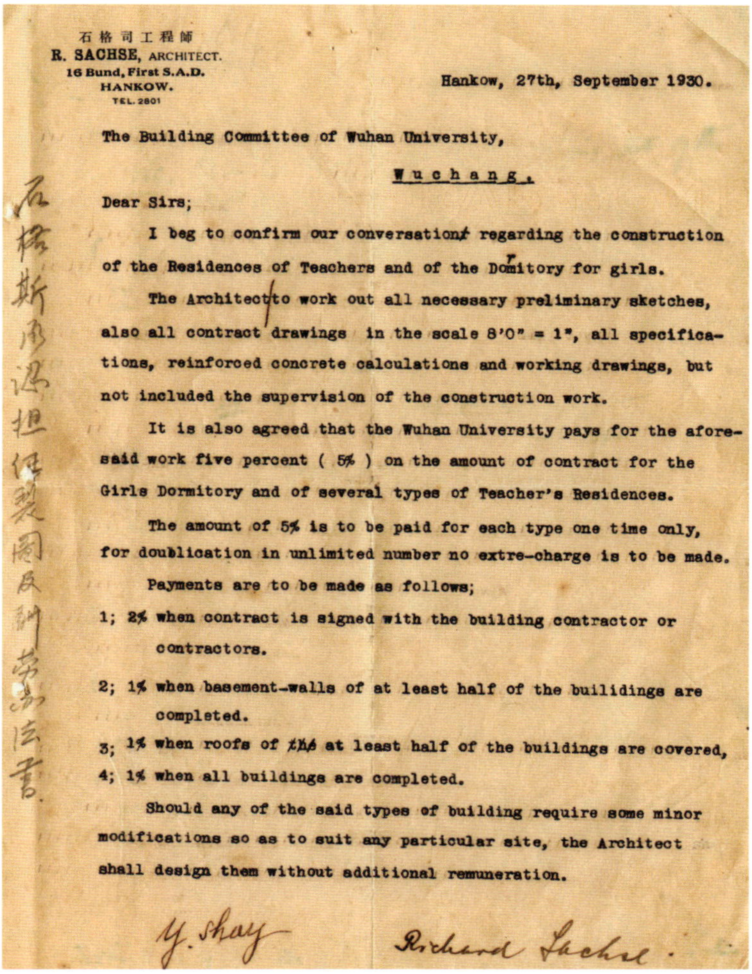

石格司工程師
R. SACHSE, ARCHITECT.
16 Bund, First S.A.D.
HANKOW.
TEL. 2801

Hankow, 27th, September 1930.

石格斯承認担任製圖及酬勞辦法書

The Building Committee of Wuhan University,

Wuchang.

Dear Sirs;

I beg to confirm our conversation regarding the construction of the Residences of Teachers and of the Dormitory for girls.

The Architect to work out all necessary preliminary sketches, also all contract drawings in the scale 8'0" = 1", all specifications, reinforced concrete calculations and working drawings, but not included the supervision of the construction work.

It is also agreed that the Wuhan University pays for the aforesaid work five percent (5%) on the amount of contract for the Girls Dormitory and of several types of Teacher's Residences.

The amount of 5% is to be paid for each type one time only, for doublication in unlimited number no extre-charge is to be made.

Payments are to be made as follows;

1; 2% when contract is signed with the building contractor or contractors.

2; 1% when basement-walls of at least half of the builidings are completed.

3; 1% when roofs of ~~the~~ at least half of the buildings are covered,

4; 1% when all buildings are completed.

Should any of the said types of building require some minor modifications so as to suit any particular site, the Architect shall design them without additional remuneration.

Y. Shay   Richard Sachse.

1930 年 9 月 27 日，国立武汉大学建筑设备委员会代委员长石瑛在汉口与德国工程师石格司签订的关于教员住宅与女生宿舍的《制图及酬劳办法书》

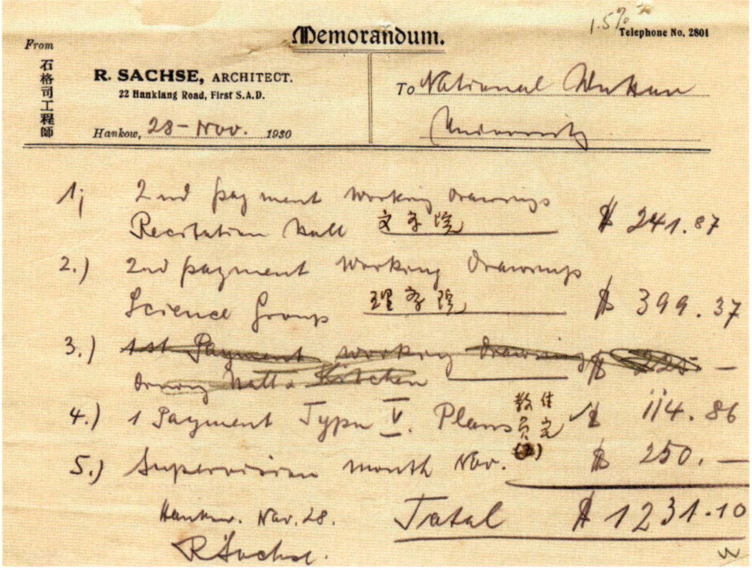

Memorandum.

1.5%

Telephone No. 2801

From
石格司工程師
R. SACHSE, ARCHITECT.
22 Hankiang Road, First S.A.D.
Hankow, 28-Nov. 1930

To National Wuhan University

1; 2nd payment working drawings Recitation hall 文学院 $ 241.87

2.) 2nd payment working drawings Science group 理学院 $ 399.37

3.) ~~1st payment working drawings dining hall & kitchen $ ...~~ —

4.) 1 payment Type V. Plans 教员住宅 (3) $ 114.86

5.) Supervision month Nov. $ 250.—

Hankow. Nov. 28.   Total $ 1231.10

R. Sachse.

1930 年 11 月 28 日，石格司向国立武汉大学校方开列的关于文学院、理学院、教员住宅的建筑设计费用

波兰建筑师亚伯拉罕 · 列文斯比尔
（Abraham Levenspiel, 1899—1979）

亚伯拉罕 · 列文斯比尔在工作中

亚伯拉罕 · 列文斯比尔与其子屋大维 · 列文斯比尔（Octave Levenspiel, 1926—2017）的合影。屋大维后来成为美国国家工程院院士，2005 年 11 月曾专程来到武汉大学，将其先父生前珍藏了数十年之久的 150 多张武汉大学早期建筑结构图纸及数张建筑群全景照片全部捐赠给武大

3. 设计理念及初步成果

事实上，在国立武汉大学建筑设备委员会的全体委员中，没有任何一人具有建筑、土木或规划学科的专业背景。一开始，他们对于新校舍建筑的总体规划还没有一个清晰的概念。1928 年 11 月 28 日，武大建委会第一次会议讨论通过的《建筑计划大纲》，其内容也非常简略，全文如下：

（1）地点　卓刀泉、东湖嘴一带

（2）建筑物　以宏伟、坚牢、适用为原则，不求华美

（3）建筑内容

（子）教室房屋二座

（丑）实验室房屋二座

（寅）寄宿舍三座（学生二座、教职员一座）

（卯）教职员住宅（以新村形式组织之）

（辰）发动机厂

（巳）小机器厂

（午）自来水

（未）煤气厂

（申）图书馆

（酉）演讲厅

（戌）办公厅

（亥）陈列所

由上可见，整个建筑计划的规模并不大，特别是仅列有“教室房屋二座”，显然只是计划作为全校的公共教学楼，而不可能按照学院来进行分区建设。总的来说，在校园的基本格局与具体形态方面，与东厂口的旧有校舍相比并没有本质性的变化和突破，仅仅在规模上有所扩大而已。

不过，随着 1929 年初开尔斯的到来，武大新校舍的选址及规划理念都发生了根本性的变化。经过乘坐飞机高空盘旋俯瞰和实地登山查看，这位美国建筑师对珞珈山一带的地形和环境很快就有了非常立体的认知。他对武大建委会早前选定的新校址——珞珈山南东湖嘴到卓刀泉这片平淡无奇的平地并不感冒，却对山北冈峦林立、地势起伏的丘陵地带产生了浓厚的兴趣。他注意到在这片丘陵中，狮子山居于中心位置，体量相对较大，而在狮子山的周边，又环列着数座相对矮小的山头。在狮子山东头与珞珈山中段之间，又有一段山梁相连，由此在狮子山南坡形成了一个向西敞开的“U”形谷地。这样一个层次丰富、极具立体感的地貌，激发了建筑师开尔斯的灵感。如前所述，开尔斯从一开始就向大家提出了他的全新构想——“拟在落驾山北麓以狮子山为主要校舍建筑中心，各

院系教学楼分别建筑在各小山上。落驾山南麓为住宅区，西边杨家湾为商业服务区”（沈中清语）。

由此可见，与武大建委会之前简单列出的“教室房屋二座”相比，开尔斯提出了一种全新的规划理念——新校舍教学区的建筑布局，将不再设置公共教学楼，而是改以各个学院为单位，各自“占山为王”，形成组团式布局。此外，开尔斯还有一个更加大胆的想法——将主要的学生宿舍安排在教学核心区内，构成狮子山建筑群的主体建筑之一，不仅将体量硕大的学生宿舍一览无遗地展现在山前，而且还将其上下通道辟为通往图书馆和教学楼的必经之路，从而形成了一个与中国传统的“前朝后寝”建筑格局截然相反的“前寝后朝”的全新布局，这在当时不能不说有些惊世骇俗。“在设计构思中的想像，如人们站在珞珈山北麓半山腰远眺狮子山建筑群，好像是整体似的一座十几层高、二百多米开阔的巨大宫殿，观瞻甚是华丽宏伟”（沈中清语）。

大约在 1929 年的夏秋之际，开尔斯绘制出了第一张珞珈山新校舍总平面规划蓝图。在这张规划图中，狮子山上自西向东依次整齐排列着学生饭厅（一栋）、文学院（两栋）、图书馆（三栋）、男生宿舍（四栋或五栋）、理学院（三栋）等建筑，法学院和工学院

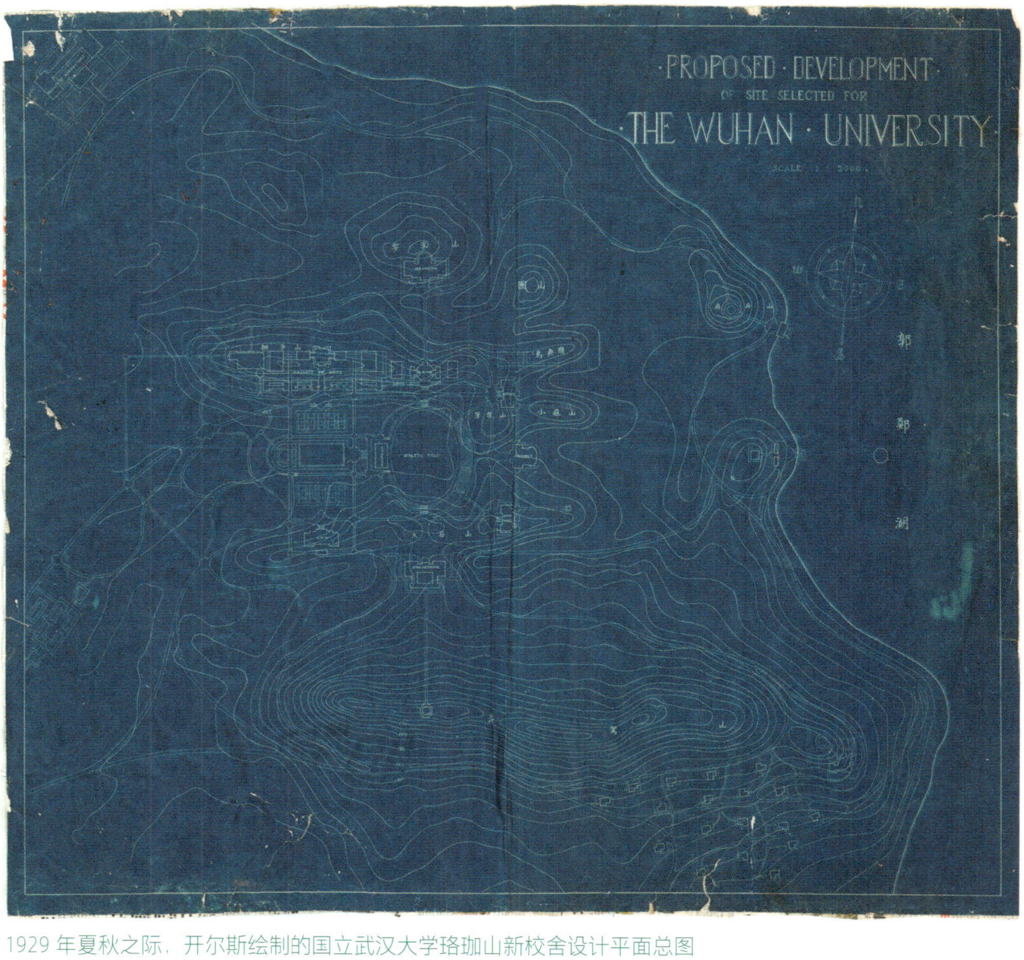

1929 年夏秋之际，开尔斯绘制的国立武汉大学珞珈山新校舍设计平面总图

则设置在对面的火石山上，前者位于图书馆与男生宿舍的正南方，后者位于理学院的正南方，分别与之遥相呼应。在连接狮子山与火石山的那道山梁上，北面的笔架山上设置了生物楼，南面的火石山东头设置了行政楼，二者之间东面的低洼地带则规划了一座大礼堂，其西面位于理学院与工学院之间的一大片谷地，则就地改造成一座大操场，操场西面为体育馆，体育馆西面位于学生宿舍与法学院之间的大片平地，则规划有正中间的游泳池及其南北两面的网球场。医学院被规划于理学院正北面的廖家山南坡，农学院则偏居校园西北角的滨湖地带。在上述建筑布局中，“一横两纵”的三大轴线可谓十分清晰——从北到南，图书馆、男生宿舍、网球场、游泳池、法学院组成了西侧的竖轴线，医学院、理学院、大操场、工学院则组成了东侧的一条更长的竖轴线，并一直延伸到珞珈山上拟建的水塔处；自西向东，游泳池、体育馆、大操场、大礼堂组成了一条横轴线，并一直延伸到东湖之滨。另外，“以新村形式组织之”的教职员住宅区，位于珞珈山东南坡，旁边的东山头则计划建设女生宿舍。总的来说，这套最早的校园规划方案，其轴线与建筑布局过于方正，有些脱离了实际的地形地貌，于是后来便不得不作出一些调整与变通，而最初规划的这三条轴线的长短亦在后来的实际建设过程中各有伸缩，不过，其初步敲定的“一横两纵”的校园建筑基本布局与骨架，还是一直延续了下去。1929 年 10 月，国立武汉大学建筑设备委员会召开第三次常会，会上通过了“李委员长仲揆与 Kales 所协定之建筑合同”及“Kales 建筑计划概图”等议案。随后，学校正式聘请开尔斯为本校建筑工程师。

1929 年 11 月 4 日，开尔斯和李锦沛在上海一同完成了对武大珞珈山新校舍设计平面总图的修订。与前一版规划图相比，这一版有个很大的变化，便是建筑格局与轴线不再严整方正，而是顺应地形的变化而有所偏折，比如狮子山上西起学生饭厅、东到理学院的一横排建筑，以及东侧竖轴线上北起医学院、南到珞珈山水塔的一竖排建筑，均随着山势的蜿蜒而被扭成了一个略微曲折的“S”形。在校园中心区域，最大的变化便是大礼堂从大操场的正东面移到了西面的谷地中央，并改为一座圆形建筑，作为整个校园的中心建筑，而原本设于此处的网球场和游泳池，则被挪到大礼堂的西南面，并增辟花园，与此同时，为了顺应地形及道路的走势，还由原来的南北向整齐排列改为东北—西南向排列。原本位于大操场东侧南面的行政楼，也北移至原计划建造大礼堂的大操场东侧的中央地带。原本位于校园西侧竖轴线南端的法学院，则被移到大操场东南的原行政楼地块。而在法学院迁走后，大礼堂南面的火石山西头则代之以一座天文台或气象台（Observatory）。此外，狮子山南坡的男生宿舍也增加为六栋，往狮子山西头继续延伸。

到了 1930 年，在国立武汉大学珞珈山新校舍第一期工程全面开工之后，开尔斯又对整个校园的建筑布局作出了若干调整——大礼堂从校园中心区域的谷地中央被重新移回最初

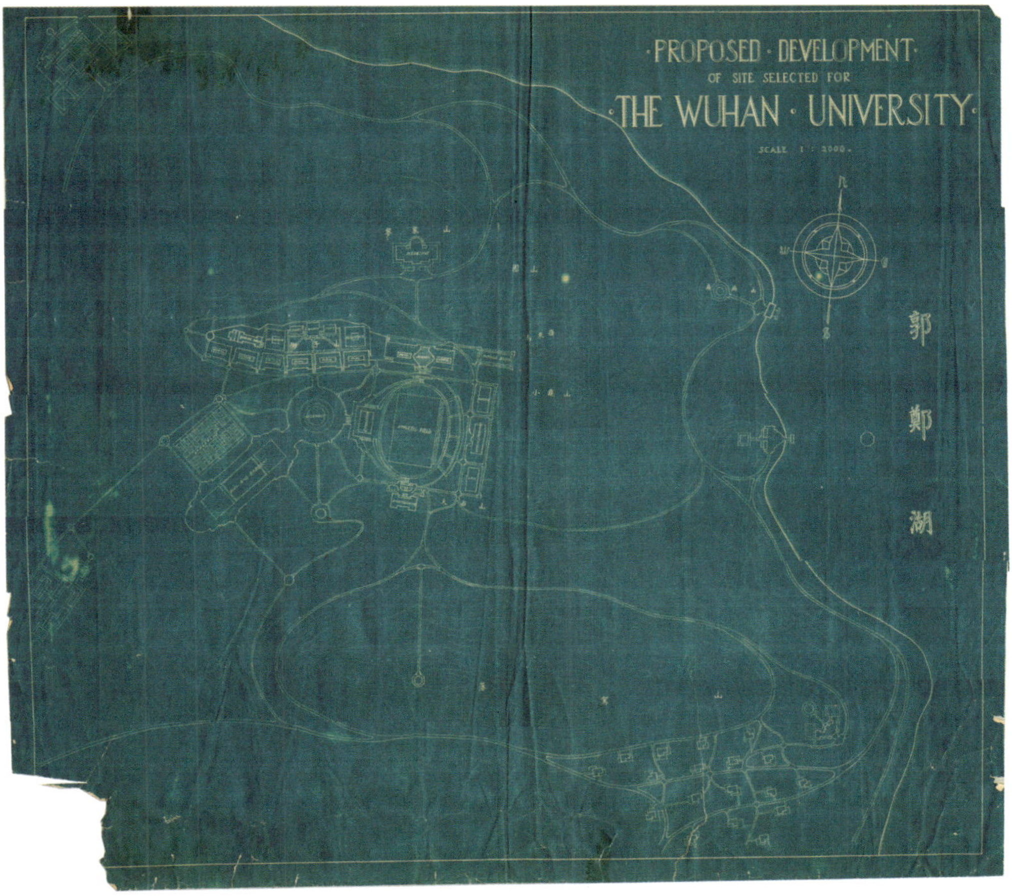

1929 年底，开尔斯与李锦沛绘制的国立武汉大学珞珈山新校舍设计平面总图

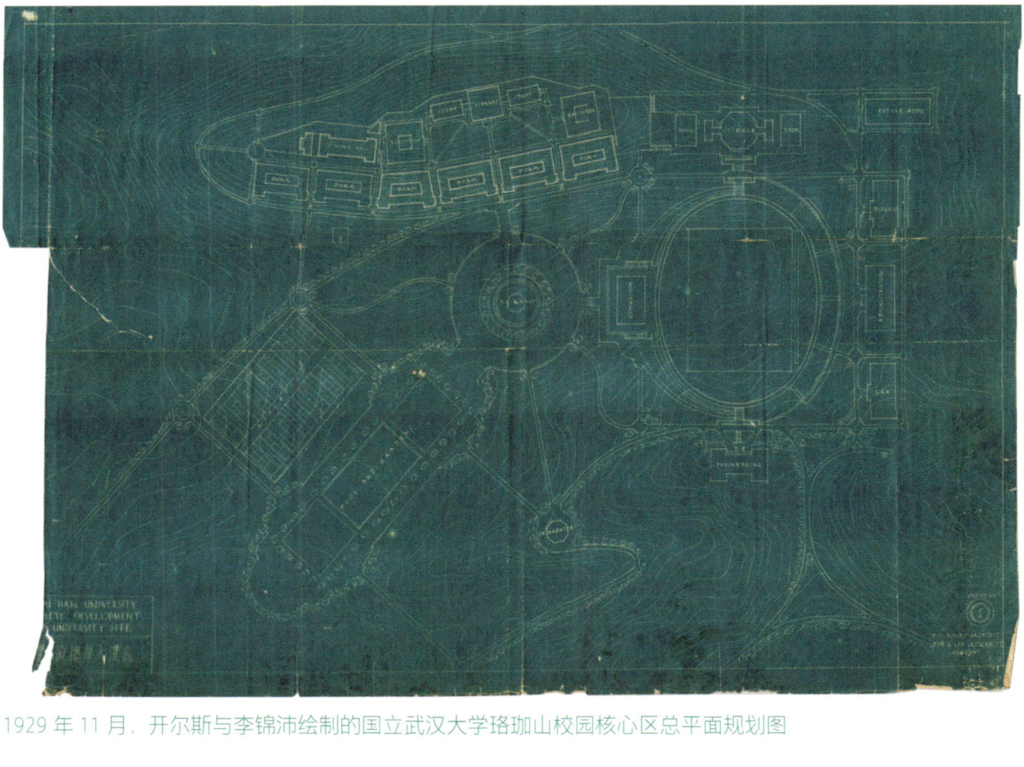

1929 年 11 月，开尔斯与李锦沛绘制的国立武汉大学珞珈山校园核心区总平面规划图

规划的大操场正东面，其原址则被改为一个圆形的花园广场；行政楼则从大操场正东面北移到生物楼北面的预留建筑用地；珞珈山西边山顶上的水塔被取消（后来移到东边兴建）；校园西侧的建筑布置因当时校界的划定而大为缩减；校园东面，位于东湖之滨的侧船山西侧，同样规划了一处圆形广场，并通过笔直的道路与西面的大礼堂相连，使横贯校园东西的那条横轴线显得更加清晰；而侧船山与其北面的扁扁山（又名半边山）之间的湖滨地带，则又布置了一处花园水景。此后，在具体的施工过程中，最大的变化，便是女生寄宿舍的位置。据沈中清回忆，“女生宿舍原设计布置在珞珈山的东山头，依山旁水，风景要数这边独佳，

1929 年，开尔斯绘制的《璐（珞）珈山新校舍风景图》

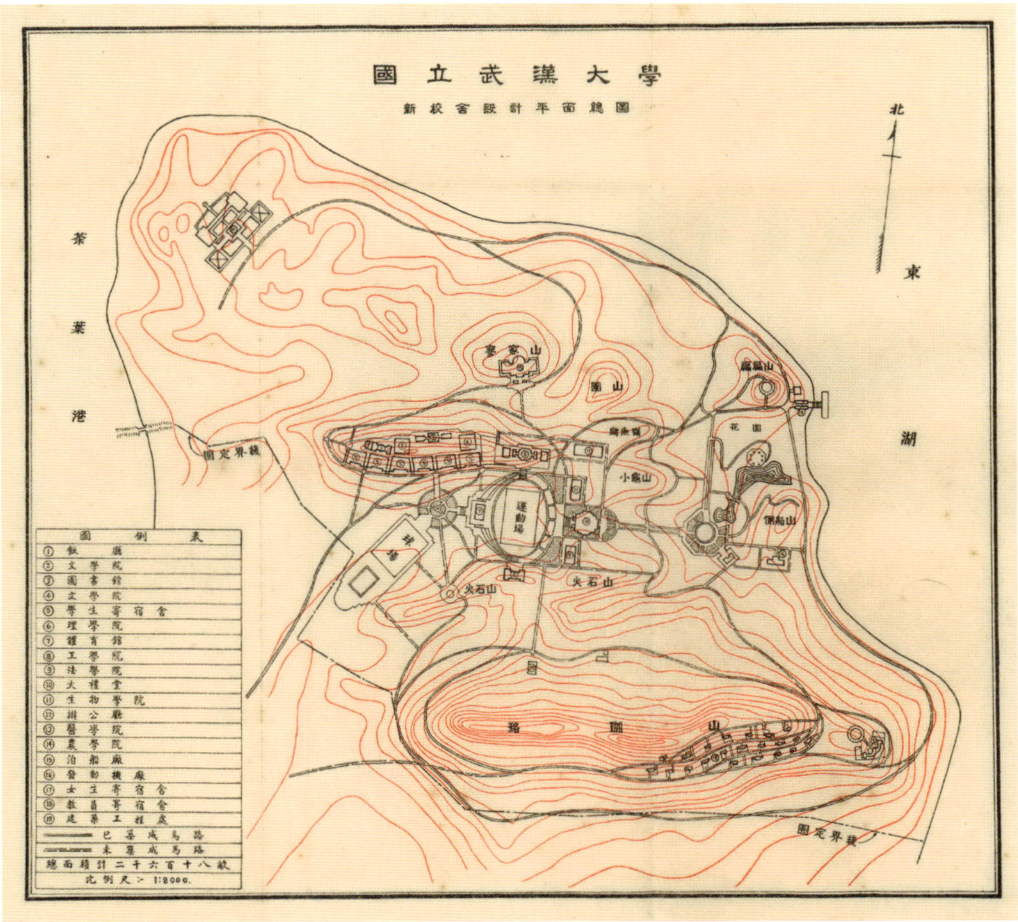

1930 年的国立武汉大学新校舍设计平面总图

且靠近教授住宅，女同学便于受到教授家属的照顾。但距离教学区太远，上课和体育锻炼以及各种学生活动诸多不便。后来改在理学院大楼东边后侧团山建筑，这才得其所哉。”

开尔斯勤恳、敬业的工作态度与优异的工作成果，赢得了武汉大学广大师生校友的高度尊敬与赞许。武大政治系教授杨鸿年多年后回忆起开尔斯时曾指出：“此人后来我曾见过，身材高大，两鬓花白，衣着朴素，看去就是一个脚踏实地、认真工作的人。”1932年3月7日，国立武汉大学全体师生首次在珞珈山新校舍集会之时，王世杰校长向大家简要介绍了一下新校舍建设的大致经过，并特地提到了开尔斯先生，他充满感激地告诉武大师生：

关于设计方面，是由李仲揆先生和美工程师开尔思先生负责，叶雅各先生也尽力不少。在这里，我们最要感谢的是开尔思先生。他可以说是一个艺术家。他不计较报酬，而完全把兴趣寄托在艺术方面。他每每为了图样的设计，站在这个冷峭的山头上一两点钟之久。在从事于理学院建筑的一月之前，他因为过度辛苦的工作，竟然在上海病了。这一病下来就有两年之久，到现在还未完全痊可。病中几几乎危急不起，可是我每回到上海去看他的病的时候，他的病室里总是满满地陈列着关于武大校舍的图案。最近他在上海听说武大全体迁到了新校舍，他竟又扶病到汉口来了。我们到汉口去会他，他的房里依然是满陈着武大校舍的图案，并且同时还在力疾从事图书馆建筑的设计。他给予我们的帮助实在大得很！假使像平常一般市侩式的工程师，专门计较报酬的厚薄，那末我们的建筑也许更要发生许多困难了吧！

为了感谢和纪念开尔斯先生对珞珈山新校舍建设所作出的卓越贡献，武汉大学后来曾授予其名誉工程师的称号，在武汉大学的历史上，只有他一个人获得过此项殊荣。

三、圈址征地

1. 王世杰出任校长

1929年1月，国立武汉大学代理校长刘树杞向国民政府教育部请求辞去该项兼职，同时推荐时任中央研究院地质研究所所长李四光为继任校长，并建议在其到职前由武大理工学院院长王星拱暂行代理校长职务。2月，时任中央研究院院长蔡元培致电刘树杞，另荐王世杰为武大校长。随后，国民政府采纳了这一建议，并于3月5日正式任命王世杰为国立武汉大学校长，其到任前由王星拱代理。5月22日，王世杰校长到校视事。

国立武汉大学校长王世杰（1891—1981）

据国立武汉大学建校元老、后曾担任校长之职的周鲠生回忆，在王世杰出任武大校长之时，“学校尚在东厂口，珞珈山新校址圈地手续尚未办了”，而珞珈山新校舍原定的150万元建筑设备费中，实际领到的只有20万元，“加以省政府已改变，情势变迁，一切都有落空之象”。为筹措珞珈山新校舍建设经费，王世杰付出了艰辛的努力，这在其回复国立武汉大学全体学生函中可见一斑：

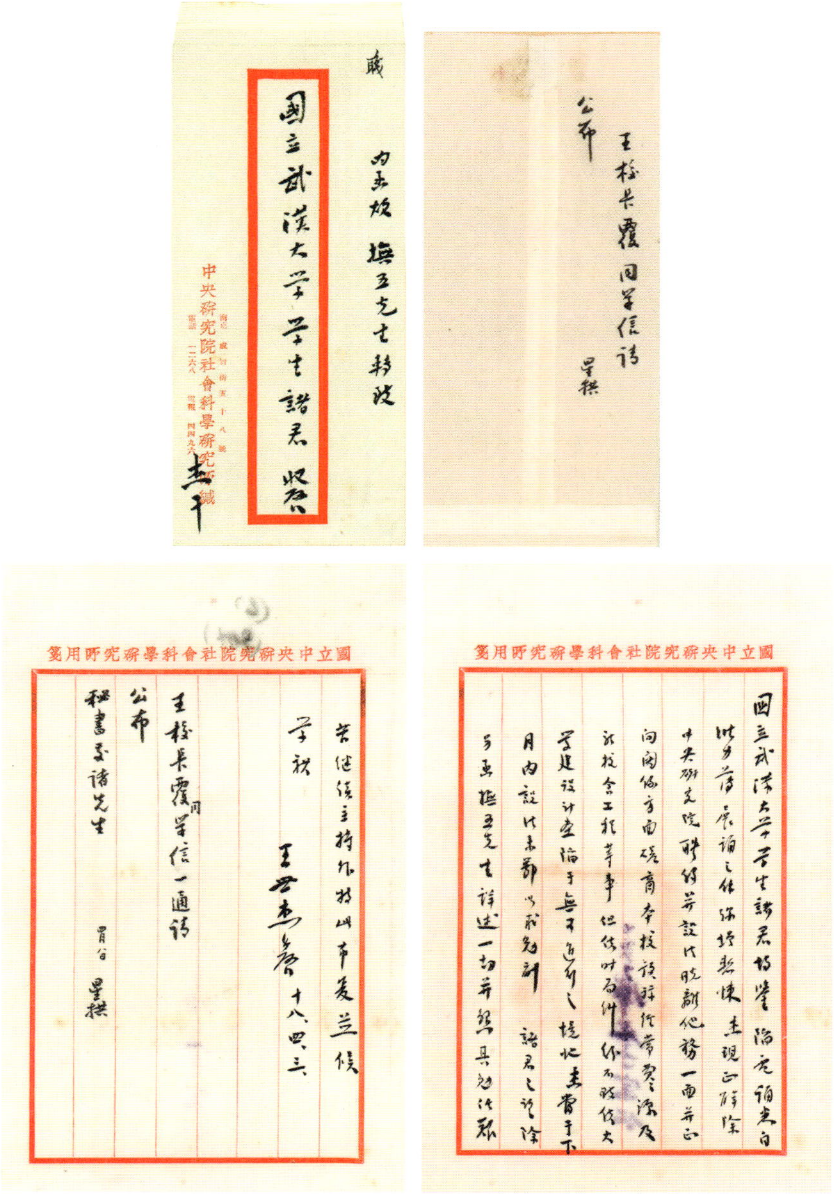

王世杰复国立武汉大学全体学生函（1929 年 4 月 3 日）

国立武汉大学学生诸君均鉴：

陷电诵悉，自维力薄，展诵之余，殊增惭悚。杰现正解除中央研究院聘约，并设法脱离他务，一面并正向关系方面磋商本校预算经常费费源及新校舍工程等事，但使时局纠纷不致使大学建设计画陷于无可进行之境地。杰当于下月内设法来鄂，以求勉副诸君之望，除另函抚五先生详述一切，并恳其勉任艰苦、继续主持外，特此布复，并候

学祺

王世杰手启

十八、四、三、

2. 圈定校址

据王世杰回忆，起初，“当看定建校新址后，湖北省政府当局恐占用民地过多，有所未便，不很表示同意和同情”。1929 年 7 月，国立武汉大学致函湖北省政府，请求其为武大正式圈定珞珈山新校址。7 月 23 日，省政府派教育股长何膺恒会同教育厅科员王炎前往武汉大学，由事务部主任熊国藻与建筑设备委员兼秘书叶雅各带领到珞珈山新校址考察，他们在考察后认为，这一带“东、北、西三面滨水，烟户寥寥，清幽僻静，景物绝佳，设学育才，诚得其所……职等揆度情形，将来收用，只要依法办理，谅无重大困难”。随后，王世杰又“特地邀约省府当局人士，同赴珞珈山现场研究”。8 月 8 日，湖北省政府全体委员与王世杰一同前往珞珈山考察，最终，他们“一致认为该处之优点有三：一、风景优美，有山有水。二、当地农田有限，不致占去很多耕地。三、在此建校，启发文化，为天下先，对武汉居民，特别有利”。8 月 15 日，湖北省政府正式发布公告，批准国立武汉大学在珞珈山圈定校址内购买土地，用以建设新校舍。

1929 年夏，国立武汉大学初步圈定的珞珈山新校址（以图中的红线为界）

1929 年 11 月 11 日，王世杰校长向全校师生报告了珞珈山新校址的圈定过程：

自我到校以后，才进行圈定校址的步骤。因为校址在武昌，须得地方行政官署依法协定公告，于是请湖北省政府派员去查看，回报是很好。但省府为避免一切纠葛计，更议决由省政府主席及省府全体委员会同本校校长亲去复勘。在他们看过以后，因为风景很好，不需拆民房，不含甚多之水田，坟墓亦不多，都很赞成于此设校址，于是省府会议时，便把此案通过，并正式公告，张贴各处。这是诸位都曾看到的。省府公告以后，本校为慎重起见，特再呈报教育部；接着教育部也用指令核准了，并促本校从速进行。所以本校的新校址的圈定，在法律上手续已绝对完成，不唯湖北省政府方面不能改变，即本校或教育部亦不能单方主张更移。

早在 1928 年 11 月 28 日，国立武汉大学建筑设备委员会第一次会议就已决议“请建设厅修筑由洪山至新校舍之马路”。但直到 1929 年夏，学校方面才开始着手勘选路线。在此期间，曾有沿线居民上呈湖北省建设厅，以“附近居民以及有坟之家恐其折屋让基、平坟毁墓，莫不慓慓〔懔懔〕危惧”为由，要求武大调整规划，更改路线。10 月初，武大建委会第三次常会正式通过“洪山至落驾山新校址马路工程案”，决定“承认湖北建设厅所提出办法，由本会担任该马路经费三分之二”。10 月底，从街口头（今街道口）到珞珈山的道路正式开工，工程造价 6000 多元，由武大方面分担 4000 多元，全长 1.5 公里，宽 10 米，于 1930 年初建成通车，并由王世杰校长命名为“大学路”（今珞珈山路）。

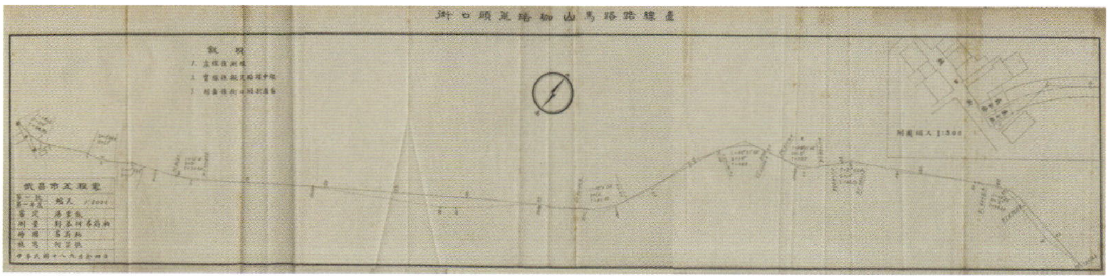

1929 年 9 月由武昌市工程处绘制的街口头至珞珈山马路路线图

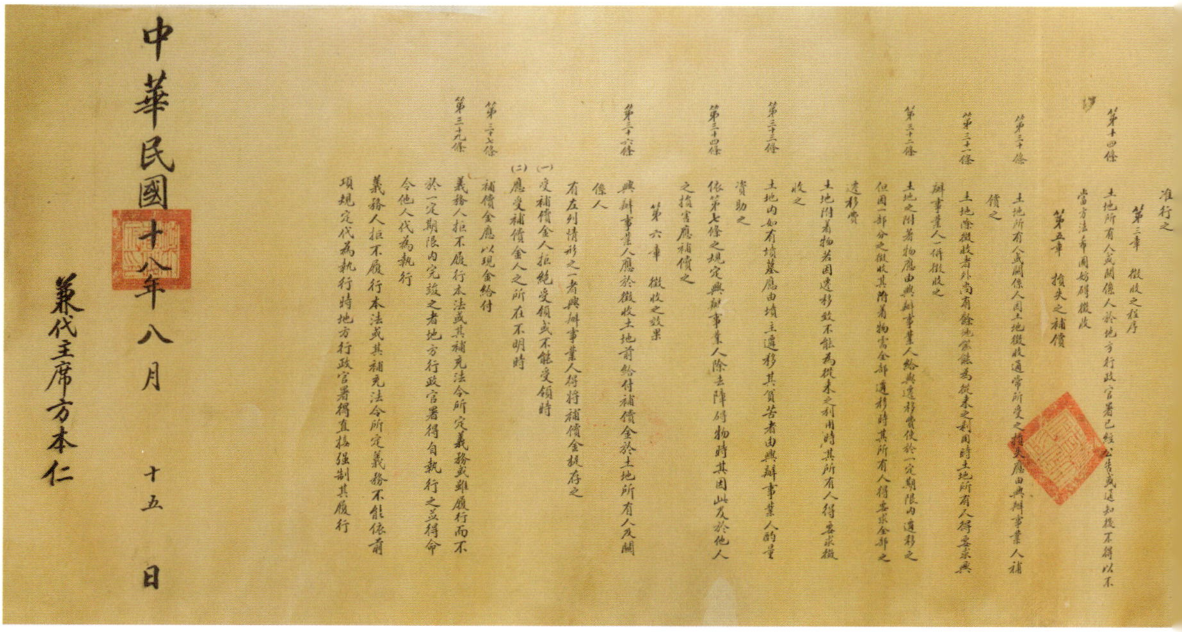

准行之

第三章 徵收之程序

第十四條 土地所有人或關係人於地方行政官署已經公告或通知後不得以不當方法妨礙徵收

第五章 損失之補償

第三十條 土地所有人或關係人因土地徵收通常所受之損失應由興辦事業人補償之

第三十一條 土地除徵收者外尚有餘地不能為從來之利用時土地所有人得要求興辦事業人一併徵收之

第三十二條 土地之附著物應由興辦事業人給與遷移費使於一定期限內遷移之
但因一部分之徵收其附著物害全部遷移時其所有人得要求全部之遷移費

第三十三條 土地附著物若因遷移致不能為從來之利用時其所有人得要求徵收之

第三十四條 土地內如有墳墓應由墳主遷移其貧苦者由興辦事業人酌量資助之

第三十五條 依第七條之規定興辦事業人除去障礙物時其因此及於他人之損害應補償之

第六章 徵收之效果

第三十六條 興辦事業人應於徵收土地前給付補償金於土地所有人及關係人
有左列情形之一者興辦事業人得將補償金提存之
(一)受補償金人拒絕受領或不能受領時
(二)應受補償金人之所在不明時

第三十八條 補償金應以現金給付

第三十九條 義務人拒不履行本法或其補充法令所定義務或雖履行而不於一定期限內完竣之者地方行政官署得自執行之並得命令他人代為執行
義務人拒不履行本法或其補充法令所定義務不能依前項規定代為執行時地方行政官署得直接強制其履行

中華民國十八年八月十五日

兼代主席方本仁

3. 迁坟风波

武汉大学在珞珈山一带征收土地的公告正式发布之后，特别是随着相关道路工程的动工，由于“其间有许许多多坟墓，因之发生许许多多纠纷”，“当时民间风俗，认为迁徙祖坟，是件大事。可是校方建设，认为交通第一，绝不可任坟墓阻碍交通。于是问题变得复杂。虽经使用种种方法与当地大族磋商，但始终说理不通”（王世杰语）。

1929 年 10 月下旬，某民间团体“武昌业主委员会”致函湖北省政府，“呈请转商武汉大学缓筑珞珈山新校舍，听候中央正式解决”，省政府随后决定将此案“转咨武大妥慎办理”。10 月 31 日，自称“代表数千坟户人民”的桂子馨等 9 人致函武大校长王世杰，称“国立武汉大学圈围省治东、狮子山南、珞珈山北为校址，冢墓累累，以数千计，乃谕限启迁。有墓者闻之，莫不泫然流涕：我祖我宗，何辜而罹此翻尸倒骨之惨事！外者闻之，亦莫不黯然长嘘：以一大学之建设，重增人民之痛苦，此果何为耶！……青天白日之下，数千民众延颈待命，哀痛迫切，冒死陈词，理合函肯贵校长大发婆心，迁地为良，俾安骸骨，以顺舆情，存殁均感，曷其有极”，与此同时，还状告至湖北省政府。

更有甚者，又有以陈云五为首的一批当地居民，给湖北省政府写了一封言辞更加激烈的控告信，严厉指控“武汉大学校长王世杰为建设新校舍之故，圈划武昌城东珞珈山、狮子山等处荒山墓地，借故风景佳胜，不惜掘毁人民祖坟至三千余穴之多。为图便于多作报销，不惜开山填壑，虚靡国帑至二三十万元之巨。为欲遂乎贪污之私，不顾政府之信誉，竟至颠倒事实，蒙蔽省府，计谋巧取，欺罔人民，居心叵测，罪不容居〔诛〕”。

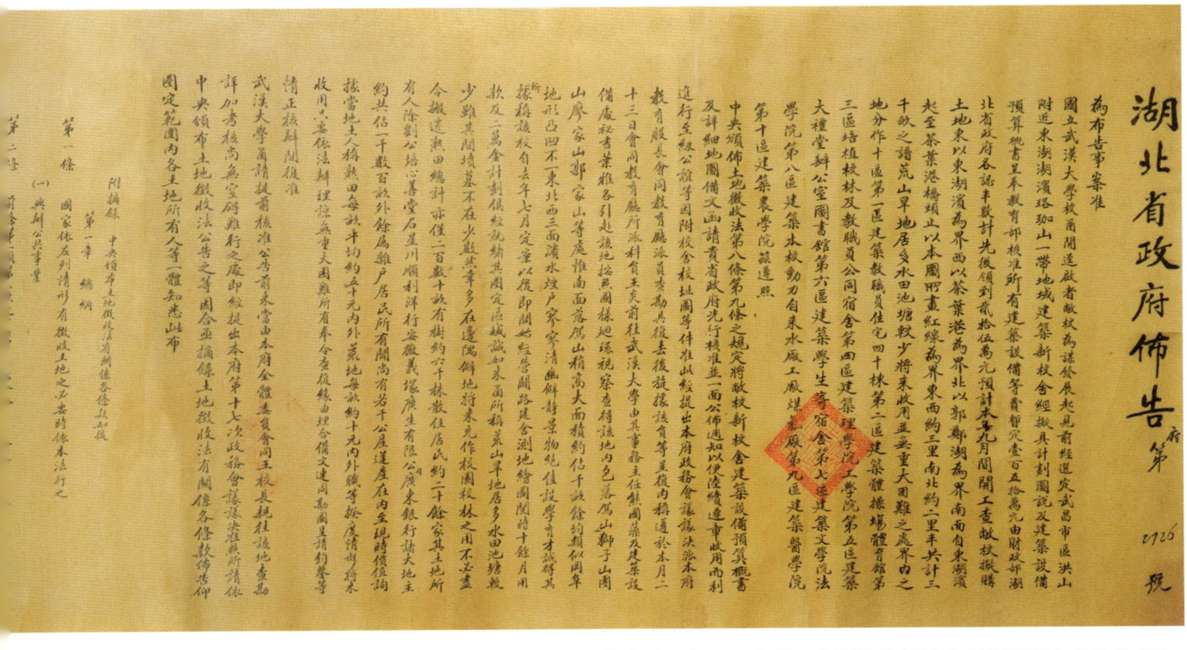
湖北省政府佈告

1929 年 8 月 15 日湖北省政府关于国立武汉大学建筑新校舍征收珞珈山土地的布告

在如此汹涌的舆情面前，湖北省政府对武大新校舍建设的支持态度，也发生了极大的动摇。11 月 5 日，省政府作出决议：“函武大立时停止掘坟，免酿意外风潮。另觅无坟地点，再行规划。”与此同时，省财政厅也发起了一项临时动议：“武汉大学建筑费，原定每月拨付五万元，现已付三十万元。在此省库支绌之时应否照拨。”最后，省政府决议“缓拨”。

面对这一突如其来的变故，学校方面决定采取以下三项措施予以应对：

（一）向湖北省政府严重磋商，请其变更上述决议案；

（二）呈报中央声明原校址范围绝不可变更；

（三）工事仍照预定计划进行。

本校全体教职员电呈中央力争维持建筑原案

（1929 年 11 月）

南京行政院谭院长、教育部蒋部长均鉴：

武汉大学现有校舍过于湫隘，不敷展布，业于去冬指定武昌郊外珞珈山一带为新校舍建筑基地，并于本年八月经鄂省政府代主席方本仁及全体委员亲往踏勘，咸认为地点适宜，各无异议，八月内遂由省府公告征收，并经呈请教部核准在卷。惟以校址地段内杂有坟墓百余冢须另迁移，亦经布告给资招迁，一切合法手续均完备无缺。正拟本月内兴工建筑，讵突有该地坟主陈云五等三数豪绅，受人蛊惑，一再构词四控，意图抗阻，而鄂省政府不察，始则函请武大妥慎办理，继竟议决函请武大另觅无坟地点重新计划等语。同人等闻讯之下，愤骇莫名，佥以新校址之指定，早经中央核准，鄂省府各委员除亲往勘定外，并依法公告征收，何事不旋踵，竟徇少数私人之请，悍然推翻前议，甘为豪绅张目？试问武昌郊外，安有无坟之旷地可供大规模建筑之用？若必如省府议决，另觅地址，重新规划，实同根本破坏新校舍之计划。自新校舍建筑筹备以来，阅时已一载，其间测地、绘图、筑路、植树等所费已巨万，且本校将来一切设施，悉已按照新校舍规模规划。新校舍计划不成，不但物质、精神两受损失，且将危及本校前途之发展与生命。同人等不忍目击此长江中部之惟一文化建设事业功败垂成，爰召集全体大会，一致议决誓死力争原案，贯彻初衷，用特电呈公，恳钧院立予电饬鄂省政府撤消最近决议，仍照原案切实奉行，并将该建行纠众阻挠建设之豪绅陈云五等依法严办，以维教育，而惩奸邪，不胜迫切待命之至。

随后，教育部呈请行政院“训令湖北省政府，对该民陈云五等剀切晓谕，勿任阻挠；并令行国立武汉大学，按照定案进行工事”。11 月 18 日，行政院按照教育部的这一意见给武大发来了训令。11 月 23 日，行政院又就此事分别致电湖北省政府与国立武汉大学，再次强调“务各遵令切实办理，用维教育”。对于行政院院长谭延闿当时对武汉大学新校舍建设的巨大帮助，周鲠生后来曾充满感激地回忆道：

在民十八年王世杰先生由京赴武昌，就本校校长职的时候，湖北政局已变，学校建设经费根本发生问题。谭先生当时长行政院，很热心地协助我们，令省政府继续担任拨款。而且中间因珞珈山新校舍圈地问题，学校与地方发生争执，谭先生在行政院亦完全支持学校，致圈地之事能如原定计划完成。这些都是于本校创建成功最关重要之事，谭先生在这一方面对于我们帮助之大，很少人能想到的。

当时，为了进一步争取中央政府的支持，11 月 20 日，王世杰校长还给时任国民政府主席蒋介石写了一封信，并函请陆海空军总司令部汉口行营主任张治中代为转呈。全文如下：

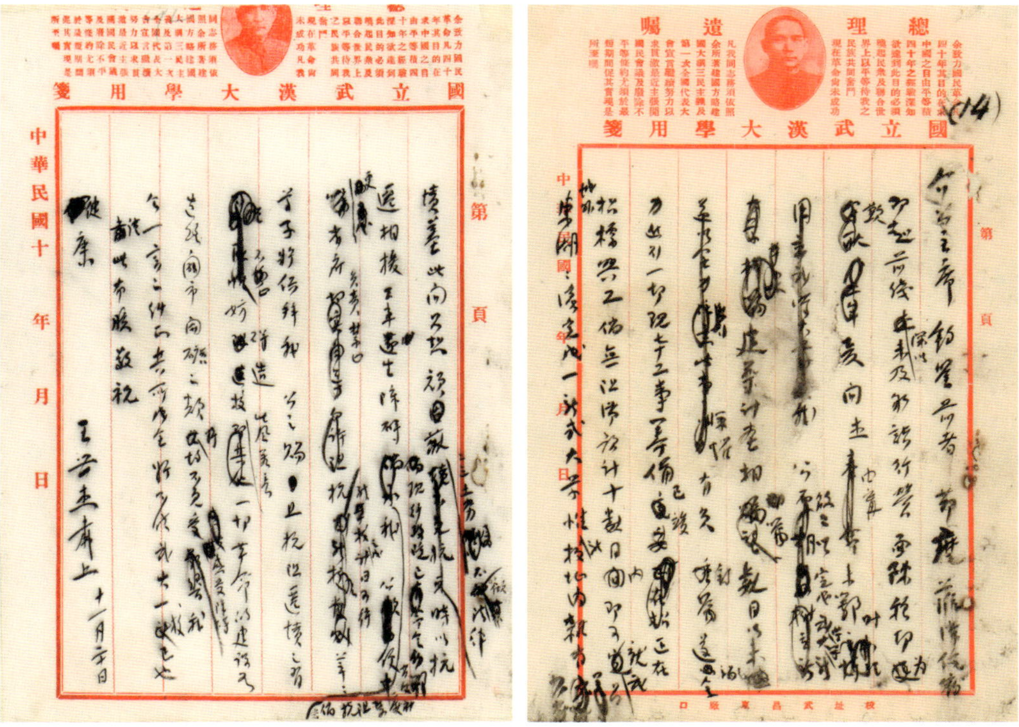

1929 年 11 月 20 日，王世杰致蒋介石函（底稿）

介公主席钧鉴：

前者节麾莅汉停宿，即赴前线，深以未及承诣行营，面陈种切为叹。夏间杰由宁来鄂时，我公殷殷以完成武汉大学新建筑计画相嘱。数月以来，深惧有负钧嘱，遂竭全力进行一切。现本工事筹备已竣，正在招标兴工，倘无阻滞，预计十数月内，即可就武昌城外东湖之滨，完成一新式大学。惟新校址内，杂有少数坟墓，此间思想硕蔽二三土劣，不顾法律，时以抗迁相援，工事遂生障碍。现行政院已令饬鄂省政府，严禁阻抗，倘我公便更嘱省府，负责禁止阻抗，新校之成，计日可待，莘莘学子，将供拜我公之赐！且抗阻迁坟之习，不止妨碍造校，此风若长，一切革命

的建设，如造路、辟市、开矿之类，将均不免感受障碍。我公一言之纠正，其所成全，将不仅武大一校已也！谨此布臆，敬祝

健康

王世杰肃上

十一月二十日

11 月 25 日，张治中复函王世杰，对武大新校舍建设表示鼎力支持。全文如下：

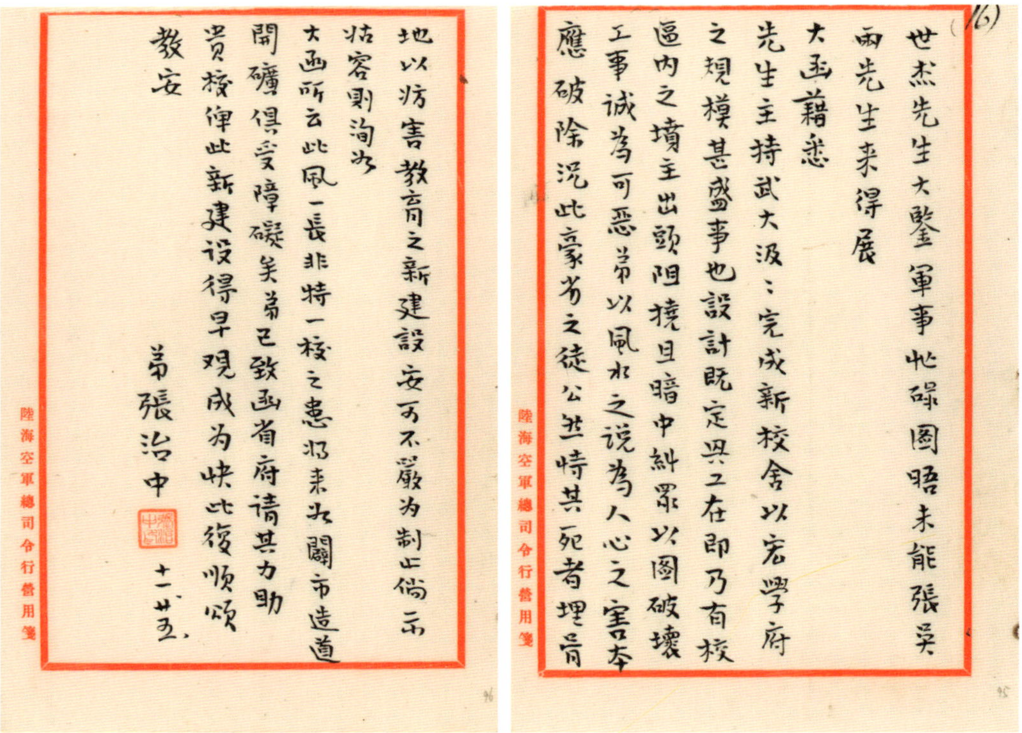
世杰先生大鑒軍事忙碌圖晤未能張吳
兩先生來得展
大函藉悉
先生主持武大汲汲完成新校舍以宏學府
之規模甚盛事也設計既定興工在即乃有校
區內之墳主出頭阻撓且暗中糾衆以圖破壞
工事誠為可惡弟以風水之說為人心之害本
應破除況此豪劣之徒公然恃其死者埋骨
地以妨害教育之新建設安可不嚴為制止倘示
姑容則洶如
大函所云此風一長非特一校之患將來如闢市造道
開礦俱受障礙矣弟已致函省府請其力助
貴校俾此新建設得早觀成為快此復順頌
教安
弟張治中 十一、廿五
陸海空軍總司令行營用箋

1929 年 11 月 25 日张治中复王世杰函

世杰先生大鉴：

军事忙碌，图晤未能，张、吴两先生来，得展大函，藉悉先生主持武大，汲汲完成新校舍，以宏学府之规模，甚盛事也。设计既定，兴工在即，乃有校区内之坟主出头阻挠，且暗中纠众，以图破坏工事，诚为可恶。弟以风水之说，为人心之害，本应破除。况此豪劣之徒，公然恃其死者埋骨地，以妨害教育之新建设，安可不严为制止！倘示姑容，则洶如大函所云，此风一长，非特一校之患，将来如辟市、造道、开矿，俱受障碍矣。弟已致函省府，请其力助贵校，俾此新建设得早观成为快。此复，顺颂

教安

弟张治中

十一、廿五、

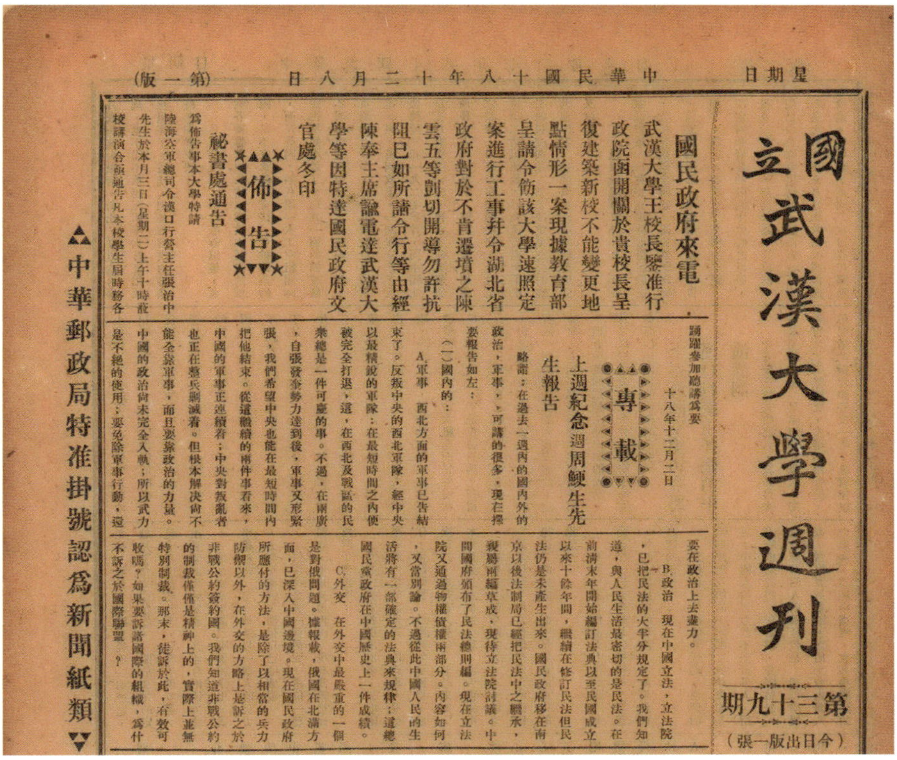
國立武漢大學週刊

第三十九期

（今日出版一張）

星期日　中華民國十八年十二月八日　（第一版）

國民政府來電

武漢大學王校長鑒准行政院函開關於貴校長呈復建築新校不能變更地點情形一案現據教育部呈請令飭該大學速照定案進行工事并令湖北省政府對於不肯遷墳之陳雲五等剴切開導勿許抗阻已如所請令行等由經陳奉主席諭電達武漢大學等因特達國民政府文官處冬印

佈告

秘書處通告

爲佈告事本大學特請陸海空軍總司令漢口行營主任張治中先生於本月三日（星期二）上午十時蒞校講演合亟通告凡本校學生屆時務各踴躍參加聽講爲要

專載

上週紀念週周鯁生先生報告

十八年十二月二日

略謂：在過去一週內的國內外的政治，軍事，，可講的很多，現在擇要報告如左：

（一）國內的：

A.軍事　西北方面的軍事已告結束了。反叛中央的西北軍隊，經中央以最精銳的軍隊；在最短時間之內便被完全打退，這，在西北及戰區的民衆總是一件可慶的事。不過，在兩廣，自張發奎勢力達到後，軍事又形緊張，我們希望中央也能在最短時間內把他結束。從這繼續的兩件事看來，中國的軍事正連續着；中央對叛亂者也正在整兵剿滅着。但根本解決尚不能全靠軍事，而且要靠政治的力量。中國的政治尚未完全入軌；所以武力是不絕的使用；要免除軍事行動，還要在政治上去盡力。

B.政治　現在中國立法，立法院，已把民法的大半分規定了。我們知道，與人民生活最密切的是民法。在前清末年開始編訂法典以至民國成立以來十餘年間，繼續在修訂民法但民法仍是未產生出來。國民政府移在南京以後法制局已經把民法中之繼承，親屬兩編草成，現待立法院討議。中間國府頒布了民法總則編。現在立法院又通過物權債權兩部分。內容如何，又當別論。不過從此中國人民的生活將有一部確定的法典來規律；這總國民黨政府在中國歷史上一件成績。

C.外交　在外交中最嚴重的一個是對俄問題。據報載，俄國在北滿方面，已深入中國邊境。現在國民政府所應付的方法，是除了以相當的兵力防禦以外，在外交的方略上是訴之於非戰公約簽約國。我們知道非戰公約的制裁僅僅是精神上的，實際上並無特別制裁。那末，徒訴於此，有效可收嗎？如果要訴諸國際的組織，爲什不訴之於國際聯盟？

中華郵政局特准掛號認爲新聞紙類

1929 年 12 月 2 日，国民政府文官处将行政院支持武大新校舍建设的函件“奉主席谕，电达武汉大学”

4. 征购土地

从 1929 年 11 月开始，国立武汉大学在珞珈山新校址的土地征购工作终于全面启动。当时，学校方面预先用宣纸印刷了大量格式统一的地契，其基本信息如下（文中的标点为编者所加）：

立卖　　　契人　　　今因

国立武汉大学校建筑新校舍，依照　中央颁布《土地征收法》，收用落驾山、狮子山一带土地，经双方协议，同意情愿将坐落

亩　　分　　厘出卖于

国立武汉大学校名下永远管业，听凭建筑或作其他任何处分。界内坟墓及附着物，买主得随时通知迁移或收买。所有赋税由买主呈请官厅豁免。当日言定地价洋

元　　角　　分，凭中交卖主亲手领讫。自卖之后，倘有第三者发生异言，或有其他纠葛情事，概由卖主自行理落。恐口无凭，立此卖契为据。

水田

旱地

荒山

界内坟墓　　冢

其他附着物

中人

卖主

中华民国十　　年　　月　　日　　　　立

有意思的是，这批地契的印制格式为“中华民国十　年”，而非“中华民国　年”，这表明武汉大学校方当时对于土地征收的进程比较乐观，觉得最多只需一年多的时间即可完成（按：“中华民国十九年”即 1930 年）。1929 年 11 月 21 日，武大在珞珈山购地的

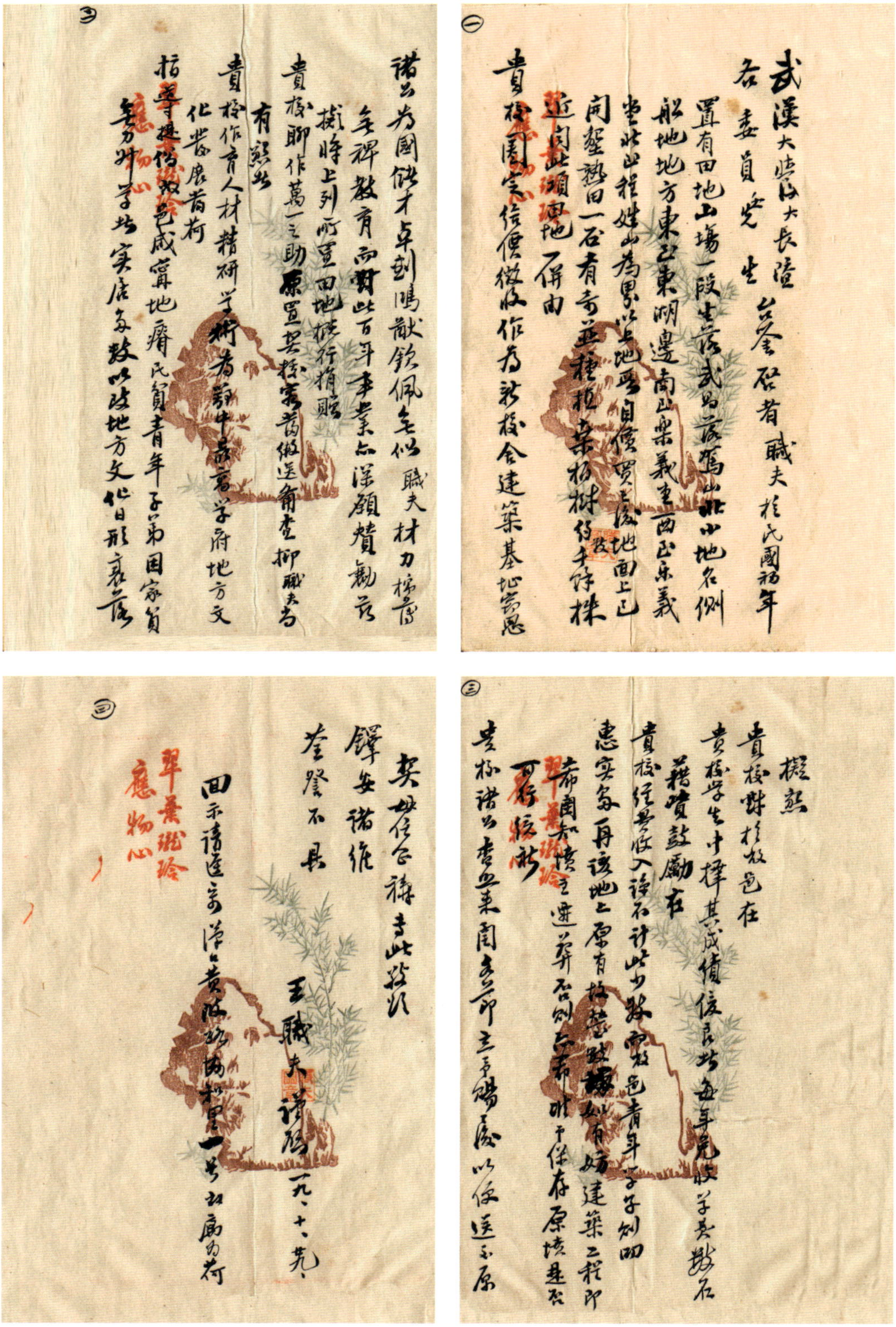

1930 年 10 月 29 日王职夫致国立武汉大学函

第一份地契正式签订——位于东湖边半边山下的55.93亩坟山地，由卖主潘石氏、潘良文以160元的价格卖给国立武汉大学。在1929年所剩最后一个多月的时间里，共收购土地946.76亩，1930年全年又收购了821.028亩，累计达1767.788亩，已经占到了圈定校址内总共3000多亩土地的一半有余。不过，在“中华民国十九年”过去之后，仍有1000多亩土地尚未完成征购，于是，从1931年开始，学校方面在持续推进购地工作时，便不得不在这些提前印制好的地契上的“中华民国十　年”中的“十”字上添上一笔，将其更改为“廿”字。

值得一提的是，当时在国立武汉大学珞珈山新校址内侧船山一带拥有81.9亩土地的咸宁商人王职夫，得知武大即将在这一带征地建校之后，便于1930年10月29日致函学校当局，主动提出：“窃思诸君为国储才，卓划鸿猷，钦佩无似。职夫材力棉薄，无裨教育，而对此百年事业，亦深愿赞襄。兹拟将上列所置田地概行捐赠贵校，聊作万一之助。”另外，他又念及“敝邑咸宁地瘠民贫，青年子弟因家贫无力升学者，实居多数，以致地方文化日形衰落，拟恳贵校对于敝邑在贵校学生中择其成绩优良者，每年免收学费数名，借资鼓励”。武大方面获此馈赠后，因感其“急公好义之情”，为表“酬答”，经与其磋商，最后决定在校内设置“王职夫咸宁免费学额”2名，以12年为限，从1930年起，“凡学年考试及格之咸宁学生，于次学年度开始时，得依次递补免缴该学年度照章应缴之学杂费”。也就

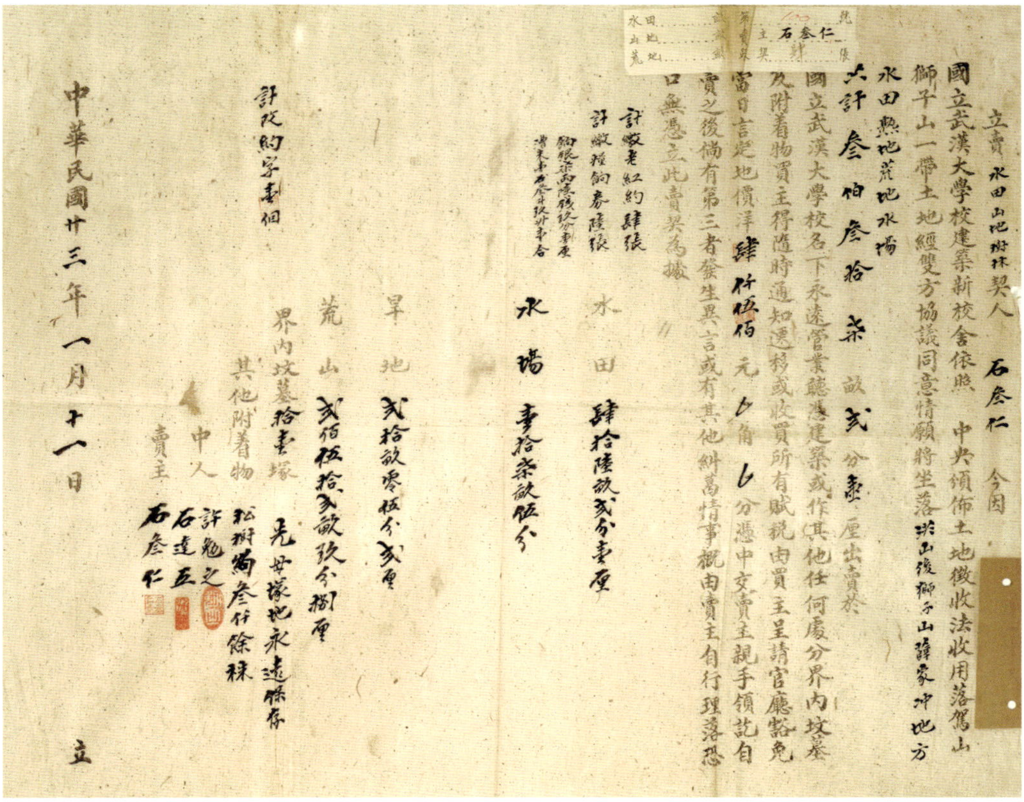
立賣水田山地樹林契人石叁仁今因
國立武漢大學校建築新校舍依照中央頒佈土地徵收法收用落駕山
獅子山一帶土地經雙方協議同意情願將坐落洪山後獅子山薛家冲地方
水田熟地荒地水塘
共計叁伯叁拾柒畝弍分壹厘出賣於
國立武漢大學校名下永遠管業聽憑建築或作其他任何處分界內坟墓
及附着物買主得隨時通知遷移或收買所有賦稅由買主呈請官廳豁免
當日言定地價洋肆仟伍佰元〇角〇分憑中交賣主親手領訖自
賣之後倘有第三者發生異言或有其他糾葛情事概由賣主自行理落恐
口無憑立此賣契為據
計繳老紅約肆張
水田 肆拾陸畝弍分壹厘
水塘 壹拾柒畝伍分
旱地 弍拾畝零伍分弍厘
荒山 弍伯伍拾弍畝玖分捌厘
界內坟墓拾壹塚 先世塚地永遠保存
其他附着物 松樹叁仟餘株
中人 許勉之 石達五
賣主 石叁仁
中華民國廿三年一月十一日 立

1934年1月11日，国立武汉大学与石三仁（石星川）签订了“总字第100号”契约，以4500元的价格，购买了其位于狮子山薛家冲的337.21亩土地（其中水田46.21亩、旱地20.52亩、荒山252.98亩、水塘17.5亩）及3000余棵松树

是说，王职夫的这项善举，既直接支持了武汉大学珞珈山新校舍建设，同时也是对其家乡教育事业的间接襄助，在美丽的东湖之滨、珞珈山麓留下了一段佳话。

在国立武汉大学珞珈山新校址的土地征购过程中，其土地类型主要被分为水田、旱地、荒山三种，在大多数交易中，每亩土地的收购单价一般为水田 35 元、旱地 10 元、荒山 5 元，至于树木、水塘、坟墓、房屋等附着物的价格，则视具体情况而定，其中多数水塘以每亩 10 元的价格成交。由于在 1932 年以前，学校所购土地以荒山为主，水田较少，因此尽管购地面积较大，但金额并不高。而在 1933 年以后，水田占据了相当大的比重，因而交易金额也就明显增加了。

1937 年 9 月 30 日，也就是全面抗战爆发后不久，国立武汉大学最后与杨家湾的李贤模、李贤栋分别签订了价格为 25 元和 75 元的房屋拆迁补偿契。至此，学校为征购珞珈山校园的土地，一共签订了 261 份地契，累计收买土地 3173.522 亩，8 年前圈定的这一大片土地，终于在法律意义上完全属于国立武汉大学。

国立武汉大学珞珈山校园地契信息统计简表

年份	数量（份）	面积（亩）	金额（元）
1929	24	946.76	9631.16
1930	41	821.028	7441.92
1931	13	104.26	1160.9
1932	2	4.69	68.95
1933	19	150.9	1412.05
1934	77	621.1	15509.4
1935	36	129.614	11031.09
1936	37	356.28	11909.32
1937	8	38.89	1345
未知年份	4		2444.51
总计	261	3173.522	61974.3

资料来源：刘文祥：《珞珈筑记——一座近代国立大学新校园的诞生》，广西师范大学出版社 2019 年版，第 219 页

近百年来，这批地契作为证明武汉大学拥有珞珈山校园的核心凭证，一直在学校里得到妥善保管。它们在抗战时期随校西迁四川乐山，战后又运回珞珈山，随后又躲过了历次政治运动和漫长历史岁月的侵蚀。除了 20 世纪 50 年代校方将 4 份东湖鱼股契移交东湖有关部门外，其余的珞珈山校园地契，连同各契内的老跟契，均完好保存至今，堪称武汉地区民国时期土地契约最完整的案例之一，具有极高的历史文物价值。

四、植树造林

1. 王世杰身先士卒

在20世纪20年代末国立武汉大学选定武昌郊外的珞珈山一带作为新校址之前，此地本为一片光秃秃的荒山野岭，原有树木极为稀少。随着武大在李四光、叶雅各、开尔斯等人的先后指引下正式落户于此，这座寂寞荒山才最终迎来了脱胎换骨的历史性时刻。事实上，在武大珞珈山新校舍建设工程正式动工之前，校园绿化建设就已经走在了前面，而最早就此作出规划的，正是珞珈山新校舍的总设计师开尔斯。据王世杰校长后来所言，本校新校舍建筑计划的第一条大原则，便是要讲求“坚固”，“房子是用水泥和钢骨及坚固材料所造成，工程师并且指出何处应植能经数百年的百果树，那一处又要植那一种树，总求要能与房屋一样的耐久，这就是求坚固的明证”。

1929年11月11日，王世杰校长在学校“总理纪念周”上向全校师生报告了当时在珞珈山新校址植树造林的大体情况：

（C）林树种植。因为东湖一带树木很少，必须另外种植；应种的树木有二种：（一）大树，植道旁；（二）小树，植校林。小树已种五十万株，活者约百分之六十，即三十万株。大树拟于道路修竣时种植。

1930年3月12日，国立武汉大学迎来了珞珈山新校址正式圈定之后的第一个植树节。大概是因为当日天气不佳，武大师生直到3月13日才在王世杰校长的带领下从武昌东厂口旧校舍前往珞珈山新校址“补行植树式”。学校当时出版的《国立武汉大学周刊》，对于此次植树活动曾有一篇简短的报道（标点为编者所加）：

本校植树盛况

十三日上午十时，本校在珞珈山新校址补行植树式。珞珈山距城甚远，学校因特备汽车数辆，分载师生。然以是日参加者极形踊跃，以致向隅者多，校长乃亲率四百余同学徒步前往。师生郊叙，乐也融融，诚本校空前未有之盛况。计自午前十时起，至下午四时止，共植树二万株以上。记者甚望：今日在该处树木，明春即能在该处树人也。

1931年3月12日，又是一年植树节，当天上午8时，武大全体师生在学校大礼堂举行了总理逝世纪念仪式（当日为孙中山的忌日，此即植树节的由来），到了9时，便又和一年前一样，从武昌东厂口“出发往珞珈山、东湖新校址一带植树”。有意思的是，当日从珞珈山植树归来之后，王世杰校长又发了一条布告，称“本大学全体员生本日植树颇感劳顿，明日（十三日）停课一日，以资休息”。

本 校 新

設備係分別建于山陵平野及湖濱上圖卽全址之大部分其所示建築物卽尚未完竣的工程之一部

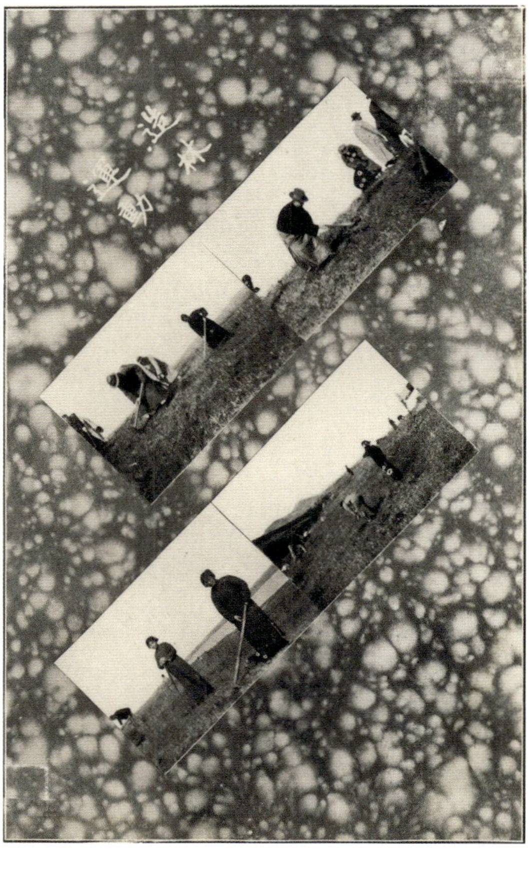

对于王世杰校长身先士卒、多次带领全校师生在珞珈山新校址开展大规模的植树造林活动所取得的巨大成绩，国立武汉大学的第一代教职工子弟、杨端六与袁昌英教授之女杨静远校友曾高度评价道：

珞珈山之所以成为林木葱郁的大花园、全国最美丽的校园，功劳首推王世杰校长。他对校园建设有远大理想，不惜工本在校内广为植树。珞珈山的第一代孩子，就在树影婆娑鸟语花香的环境中长大，享受着大自然的慷慨赐予，也养成了对一草一木的怜惜。至今我看见花木被折损，就像折我的手指一样心疼……

20 世纪 30 年代初，武大师生在一片荒芜的珞珈山新校址植树造林

風景圖

本校新校址在武昌城外珞珈山占地約三千畝地濱東湖湖廣數百方里湖濱山陵起伏間雜平野風景甚幽亦便建築本

1930 年的国立武汉大学珞珈山校园，从这张照片中可以比较清晰地看到当时校园绿化建设的初步成果

20 世纪 30 年代中期，国立武汉大学教职员皮宗石（左一）、李剑农（左二）、杨端六（左三）、顾如（左四）、周如松（右二）、王星拱（右一）等人在珞珈山植树

2. 叶雅各科学造林

说起武汉大学在珞珈山上的植树造林史，除了王世杰校长之外，还有另外一位重要人物也不能不提，那就是曾先后担任国立武汉大学建筑设备委员会委员兼秘书、理学院生物系教授以及农学院首任院长的著名林学家叶雅各。他早年在金陵大学任教期间，就曾在一篇文章中指出："栽植森林，固一永久之事业，收效之日过远，非本人一生所及见。"后来，这位优秀的林学家，便将自己的一生都献给了这一"收效之日过远"的"永久之事业"。

据说，叶雅各教授平时给学生上课时，总会在黑板上画满各式各样的树叶，而且平时在校园里漫步时，他总会在自己的口袋里装满种子，看到什么地方适合种什么树，就拿出什么种子播撒下去，决不放过校园里的任何一处可供绿化的道旁隙地。在 20 世纪 30 年代中前期，他带领全校师生在珞珈山校园造林近 2000 亩，约占当时校园总面积的三分之二。

1933 年，叶雅各任武汉大学代管平汉路农林委员会主任。他在接收代管并整理扩充该路沿线苗圃时，将河南鸡公山铁路林场从美国引种的池杉（当时叫池柏）转引入武汉大学校园栽植。留存的池杉母树，为武汉市、湖北省和中国沿长江中下游诸省的水网湖区、平原丘陵广泛发展池杉奠定了种源基础……

武汉大学校区绿化堪称叶雅各而立之年的杰作，也是武汉三镇绿化典范。从其《武汉大学绿化过程及措施的历史》一文中可见一斑：规划设计有林场、果园、植物园、校园、苗圃以及四旁植树，整个绿化面积占校区总面积的 2/3。林场是个大片相连的混交林，针叶与阔叶树数量大致相等，山林植树以马尾松、小叶麻栎为最多，次为杉树、枫香等，因鸟多而从未发生过松毛虫。果园占地约 600 亩，广植桃、梨、杏、苹果、花红、樱桃等。植物园占地 150 亩，有木本植物 300 种。大小道路占地 200 左右，树种繁多，主要由樟树、枫杨、悬铃木、梧桐、白杨、银杏、柳树、乌桕、重阳木、泡桐、洋槐等生长较速，树形较好，成荫较快的树木组成。四旁则以常绿的圆柏、刺柏、桧柏和樱花、梅花、桂花等花卉相辉映。校园以常剪的草坪为主，四围各样乔木环绕，中间有灌木小丛错杂其中。山林保护以结合地形的道路网，在造林前修 6 尺宽的生土化防火路，每条相隔约 300 尺，即使火灾发生也能控制在 15 亩以内。其设计之科学和精致，独具匠心。如诗如画的绿化环境，使全校师生在游憩之时，在森林美景、庭轩幽趣中有所启迪，潜移默化，产生爱林兴林思想。

——《叶雅各》，中国科学技术协编：《中国科学技术专家传略·农学编·林业卷 1》，中国科学技术出版社 1991 年版

对于叶雅各在珞珈山"栽植森林"的巨大贡献，武大的第一代教职工子弟、已故的中国科学院院士查全性教授曾感叹道："如果没有这样的人，珞珈山上的树就长不大！"不仅如此，他还曾专门撰文回忆道：

……叶雅各先生的功绩则主要是"树木"。武大创建新校舍之际，珞珈山基本上是野坟遍布的光秃荒山。几乎每一棵如今耸立在校园内的大树，都是当年叶雅各先生筹划和亲自参加种植的。

尤为难得的是，他身为生物系教授（后为农学院院长），此后若干年内几乎整日在幼林中巡视，一旦发现有破坏树木之事，立即严肃处理，决不轻饶。某名教授（姑隐其名）曾拔了一株松树用来制作圣诞树，叶先生知悉后立即登门大兴问罪之师，直至该教授认错重新种植方休。在如此悉心管理下，不足10年珞珈山上已蔚然成林，鸟语花香，成为全国绿化的典范，叶先生实在功不可没。

总之，正是在王世杰校长、叶雅各教授等人的科学领导与全校师生员工的共同努力之下，国立武汉大学在落户武昌珞珈山短短数年之后，便已将这座昔日的荒山野岭，变成了一座花园式的学府与巨大的“植物园”。到1937年时，珞珈山校园内的木本植物已有300余种，处处绿树成荫，繁花似锦，与先后落成的宫殿式校舍建筑珠联璧合，交相辉映。

今日一片郁郁葱葱的武汉大学珞珈山校园

上篇 珞珈建校

LUOJIA JIANXIAO

安置百亩宫室

一、辟山建校

1. 珞珈山上的第一座校舍建筑

1929年7月，沈中清等人受命在珞珈山上测量地形的同时，还充分利用“就地捡集的乱石”，开始修筑建筑设备委员会工程处办公室。这是一座三开间的平房，建筑面积约190平方米，造价约0.58万元，由缪恩钊、沈中清设计，“前廊阳台用乱石砌筑四根柱子（实为五根——引者注），盖青布瓦屋面，外观造型古色古香”，“地板门窗装修均用杉木料，做古铜色油漆”（沈中清语）。后来，王世杰校长将这座小房子命名为“珞珈石屋”——顾名思义，就是用珞珈山上的石头砌成的小屋。整个建筑因系就地取材，故而呈现出珞珈山当地石材所特有的黄褐色，外立面亦朴实无华，别具自然纯朴的郊野气息，屋旁还配以庭院花木，亦扶疏有致。珞珈石屋于1929年10月竣工，11月，建委会工程处进驻办公。在其修建之前，珞珈山上的建筑仅有西南山坡的彤云阁与北山坡的刘氏庄园，因此，珞珈石屋也是武汉大学在珞珈山上建造的第一座建筑。虽然只是一层平房，但因其所处地势较高，“坐落在珞珈山北麓半山腰，面对狮子山建筑中心，用望远镜远眺施工现场的一切活动一目了然，真是理想的监督岗”（沈中清语）。

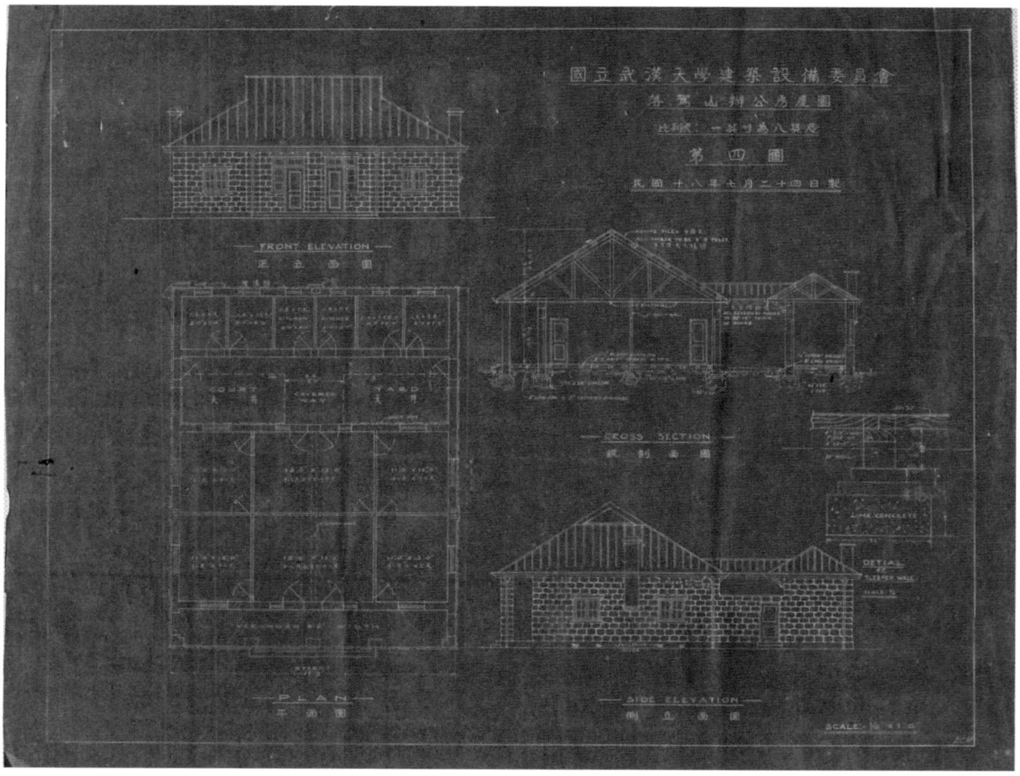

国立武汉大学建筑设备委员会落驾山办公房屋建筑图纸（1929年7月24日绘制）

珞珈石屋正面

珞珈石屋侧景

1932年春，武大建委会工程处从珞珈石屋迁到狮子山上刚刚落成、尚有不少富余房屋的男生宿舍，随后，学校将珞珈石屋安排给时任史学系主任兼政治系教授李剑农与经济系主任任凯南两位教授居住。他们二人均是只身从湖南老家来到武大任教，未带任何家属。任凯南住西边，李剑农住东边，前房作书房，后房作卧室，共请了一个厨师做饭。两位教授十分勤奋，除授课外，几乎整天都在屋里看书写作，石屋安静得像一座祠堂。于是，他们的湖南老乡与留英同学、外文系女教授袁昌英便开玩笑地将珞珈石屋称为“任李二公祠”，后来，这个名字便不胫而走，成为珞珈石屋的绰号。此外，这两位时年50岁上下的教授，还被一些武大学生尊称为“石屋二老”。

1948年，国立武汉大学游离层实验室由工学院机械楼迁入珞珈石屋。20世纪50年代，武汉大学物理系加速器实验室亦一度设于此处。70年代初，石屋被拆除，在其原址上建起了一座三层楼的招待所，后来又改作研究生院办公楼，现为人文社科楼（观澜楼）。另外，石屋门前的一段老石阶，则一直遗留至今。

2. 中标一期工程主要建筑的汉协盛营造厂

1929年底，当开尔斯初步完成了武大珞珈山新校舍设计平面总图之后，便和武大建委会委员长李四光一同在上海开始了招标工作，与此同时，学校也准备在汉口招标。当时，长江中下游地区有多家建筑厂商积极参与投标，然而，在第一轮的招标过程中，所有厂家提出的报价均超过了武大建委会的原定预算。随后，武大建委会经过讨论，决定“将原计划酌加改订”，然后书面通知投标价格最低的前五家建筑公司——上海新申营造公司、芜湖广泰营造厂、汉口明昌钰营造厂、汉口汉协盛营造厂、汉口袁瑞泰营造厂，“嘱其减价重行投送再决定”，并由委员长李四光、校长王世杰、工程师开尔斯三人与这五家公司进行接洽。通过这种方式，到了1930年1月，汉协盛营造厂最终中标男生寄宿舍（简称男生宿舍）、学生饭厅及礼堂两项工程，5月，又中标理学院和文学院两项工程。这四处建筑全部位于武大珞珈山新校址核心区域的狮子山上，为珞珈山新校舍一期工程中的主要建设项目。

汉口汉协盛营造厂创始人沈祝三（1877—1941）

汉协盛营造厂是武汉近代历史上最负盛名的建筑公司之一，为浙江宁波商人沈祝三所创办。沈祝三早年曾在上海协盛营造厂工作，平时吃苦耐劳，善于学习，做事干练，在该厂承建英商平和洋行打包厂的工程中表现出色，深得英国人赏识。1905年，平和洋行又决定在汉口建造平和打包厂，并指名商请协盛营造厂派沈祝三前往汉口主持营造。沈祝三来汉后，一面建造打包厂，一面又扩大业务承包其他工程，上海协盛方面因鞭长莫及，难以兼顾，索性将汉口业务全部交给沈祝三负责。1908 年，沈祝三正式脱离上海协盛营造厂，自立门户，独立创办了汉协盛营造厂——之所以用“协盛”作为汉口新厂之名，乃是为了借誉于声名显赫的上海协盛，但实际上与后者已毫无关联，是一个完全独立的汉口本地的建筑营造厂。

汉协盛营造厂实力雄厚，资金充裕，技术先进。沈祝三充分利用其人脉关系，得以从浙江兴业银行汉口分行获得很高的贷款额度，经常向该行透支周转资金三四十万。以此为依靠，汉协盛在汉口的生意规模越做越大，鼎盛时期在武汉三镇同时拥有 40 多个工地。在业务不断拓展的同时，汉协盛所拥有的机械设备也不断增多，沈祝三先后购买了英国制混凝土搅拌机和打桩机各 1 台，后来又自行仿制了 4 台打桩机，还备有电动控制的起重机。同时，为了运输建筑机械和材料，汉协盛还配置有 20 多辆卡车，以及轮船、拖驳各 1 艘，在江边码头还配有运输传送工具和专业的搬运工人。汉协盛承建的许多大型工程皆采用当时先进和前沿的钢筋混凝土结构施工，因此需要消耗许多钢材。在当时的中国，建筑钢材基本全部依赖进口，汉协盛使用的钢材，不是从汉口本地洋行订购，而是通过沈祝三的个人关系，每年直接从德国哈尔钢铁公司以低于市场价约 20% 的价格进口到汉口，专供汉协盛承建的工程使用。采石和砖瓦烧制，汉协盛也有自己的附属工厂。1913 年，沈祝三从德国人韩贝和石格司手中买下了阜成砖瓦厂，由于其产品质量很高，汉协盛承建的建筑工程均使用该厂生产的砖瓦，此外还向武汉本地建材市场供应。该厂生产的红砖、青砖，侧面印有“阜成”二字，砖面光滑平整，历经多年风雨仍保持完好，如今在包括武汉大学在内的武汉市内经典老建筑中仍可看到。此外，汉协盛还创办过阜成轧石厂和炼灰厂。

由于从建筑设计、原材料采购制造到运输、施工各环节，汉协盛皆形成了完整的配套链条，其承包的建筑工程便能够保证建筑质量和施工进度，这也进一步为其在汉口业界赢得了声誉。在清末民国武汉三镇最为宏伟壮丽的近代建筑中，数量最多的便是由汉协盛承建的各种项目。

1905—1937 年沈祝三及汉协盛营造厂在武汉地区承建的主要建筑项目

建筑类型	建筑名称
工厂	平和打包厂、汉口打包厂、隆茂打包厂、和记蛋厂、第一纱厂、裕华纱厂、福新第五面粉厂、硚口烟厂
银行	汇丰银行、横滨正金银行、台湾银行、花旗银行、交通银行、浙江实业银行、中国实业银行、四明银行、金城银行、盐业银行、广东银行
公司	礼和洋行、日信洋行、永兴洋行、卜内门洋行、既济水电公司、三北轮船公司、英美烟草公司、三菱公司、日清公司、中国国货商场、保安大楼、景明大楼、南洋大楼
医院	协和医院、普爱医院、日本医院、梅神父纪念医院
学校	英国小学、武汉女子中学、武汉大学（部分）
其他	德林房子、慈德里、璇宫饭店、汉口总商会、四明公所、圣教书局、西商跑马场

通过对各种社会公益工程的慷慨捐赠，不计收益来扩大影响，获得声名，是沈祝三在汉口从事建筑业经营过程中的经常做法。比如出资捐建汉口宁波同乡会的四明公所、汉口麟趾路的武汉女子中学校舍等。1928 年汉协盛承建的汉口梅神父纪念医院完工时，由于外方人员对工程质量要求严苛，前后进行了四次返工，沈祝三亦不收分文。正因如此，汉协盛对于武汉大学新校舍工程势在必得，将标价压得非常低，最终成功中标。关于汉协盛营造厂中标武大新校舍一期工程的具体经过，沈中清曾有如下回忆：

汉协盛营造厂是秘书叶雅各介绍的，因为叶的夫人和汉协盛老板沈祝三的夫人是教会上层人物的关系，加上该厂在汉口确实有名气，有权威，又开设了阜成砖瓦厂。

……

每一项工程招标时，建委会备好设计图纸，通知选定的营造厂商，前来交押标金领取图纸。营造厂按图纸编制工程预算，开列造价细账，将预算账单装入信套密封，加盖火漆印送交建委会。建委会收齐投标信封后，召开会议，拆开信封，出示标价，进行评议，选定承造厂商。不中标的厂商退还图纸，收回押标金。李四光虽是委员长，但常居北京（应为上海——引者注），武汉来得很少，开标会议一般都由邵逸周（工学院院长）主持。

营造厂商得标签订合同后，与建委会工程处联系，会同去到施工现场交接施工场地和坐标轴线，营造厂得进行现场布置，安排开工事宜。

签订合同时一概不付预付款，开工以后按工程进度支付已完部分工程造价的 95%。

新校舍第一期工程，于民国十九年一月投标，由汉协盛营造厂得标，总计承包造价 130 余万元。当时汉协盛处在经济困难时期，将标价压得很低，使其他厂商无法与之竞争。但他有一个条件，要求签订承包合同时先收一部分预付款作为备料之用（其实是在经济上解决一下燃眉之急），预付款在以后工程进度款结算时络绎扣还。将此精神列入合同，作为合同条款之一。这种办法是惯例的突破，那时是极其少见的，行家的俗语叫作“树上开花”。此事在武汉传开之后，外汇金价马上大涨，影响之大可见一斑。那时建筑工程所用材料，外货甚多，吃亏不迭……

尽管亏本如此之大，汉协盛还要赠建一座自来水贮水塔，花了三万元（按：档案记载为 1.83 万元）造价。武大建委会考虑他们确实亏了本，这三万元造价如数付给了。

3. 珞珈山新校舍一期工程施工概况

1930 年 3 月，主要由汉协盛营造厂承建的国立武汉大学珞珈山新校舍一期工程正式开工。由于武大新校址位于此前毫无开发建设的乡村地带，建筑基地又皆为丘陵山地，因而工程开工之初，首先必须完成开山平基和修路等基础工作，而这些工作皆由汉协盛承担。此外，大量工程机械设备和数百名工人齐聚新校址工地，水电供应等后勤保障工作，也需要一并配套进行。当时的工程量之浩大，可想而知。

建筑设备委员会会所（听松庐）

1930年春，国立武汉大学珞珈山新校舍一期工程全面开工之后，因“原有工程处房屋一栋”（即珞珈石屋）“不敷应用”，学校遂在石屋东面不远处增建了一栋建筑设备委员会会所。这是一栋两层的小洋楼，因其位于一片松林之中，故得“听松庐”之雅名。听松庐由缪恩钊、沈中清设计，胡道生合记营造厂承建，1930年4月开工，9月竣工，建筑面积约360平方米，造价约1.15万元。听松庐落成后，除作为建委会办公室之外，还被用作学校招待所，来校访问的社会名流均下榻于此。1938年“武汉抗战”期间，蒋介石、宋美龄夫妇亦曾多次在此居住。武汉沦陷后，该建筑被损毁。20世纪90年代初，武汉大学在听松庐旧址附近修建了一座名为“珞珈山庄”的学术交流中心和招待所。

位于珞珈山西北面的狮子山，是武大新校舍建筑群的中心，根据开尔斯的设计要求，须将原本海拔65米的山顶削去10米，开出一片广场作为建筑基地。由于狮子山是石头山，开山的主要方式是人工打炮眼灌进炸药引爆，开出来的石头则就地码方。据统计，狮子山开出来的土石方约5万立方米。在后来的施工过程中，砌筑挡土墙、制作混凝土所用石料都是从这里就地取材，节省了不少材料费和运费。

珞珈山新校舍一期工程建设时期，既没有电源，水的供给亦相当困难，条件极为艰苦。不论是施工动力还是生活照明，均无电使用。在无法启用机械的前提下，钢筋混凝土工程的施工，用人工搅拌和人工浇捣；钢筋制作亦用人工；垂直运输，用人力肩挑走跑道上脚手架，或用绞车及葫芦等手工设备解决。在供水方面，李四光曾建议在狮子山北山坡东头打一口井，但由于缺乏机械，未打到要求的深度便停了下来。后来又决定取用山下大水塘里的水，在水塘边安装抽水机，用柴油机拖动，将水抽送上山，并在山上设置了许多储水大木桶，以供给施工与生活用水。

在建筑材料方面，砖、瓦、石灰、沙子是一般传统地方材料；石料是狮子山平地基开出来的石头，就地取材；绿色琉璃筒瓦是从湖南采运而来；水泥既有象牌、马牌、泰山牌等国产货，还有来自日本、英国、美国的进口货；钢筋多为从英、美、德、日等国进口的竹节钢；木材多为从美国进口的“花旗松”，另有少量国产松杉木；钢窗由上海钢窗厂制作，原料从外国进口，无钉铁丝及门窗小五金等则部分为上海货，部分为进口货。

在运输方面，部分建筑材料采取陆运方式，在武昌江边起货装车，一直运到珞珈山施工现场卸车，比较方便快捷。部分材料则由长江水运，在青山闸翻堤进入东湖，扎木排运到珞珈山湖边起坡，再用人力肩负上山。1931 年夏，长江流域发生特大洪水，青山堤坝决口，长江和东湖连成一片，就连小火轮也驶进了东湖。由于这场大水灾，木料的运输也更加方便，甚至可以从汉阳鹦鹉洲将木排直接运送至珞珈山湖边。

4. 珞珈山——汉协盛的“滑铁卢”

在珞珈山新校舍的施工过程中，武大建委会对于工程质量极为重视，特地聘请了两位有丰富经验的监工员，在现场监督和检查工程质量，重点放在钢筋混凝土工程方面，因为钢筋工序和混凝土浇灌工序隐蔽性大，如有差错，问题可能比较严重。在技术监督方面，他们只要发现不按图纸施工或工艺操作不规范的情况，就要坚决制止或推倒重来。例如理学院工程，在图纸和施工说明书中规定门厅两侧主垟的基础要求用 1 ∶ 3 ∶ 6 的水泥混凝土建筑，但汉协盛营造厂却用了 1 ∶ 3 ∶ 6 的石灰三合土建筑。当时，新校舍建筑工程师开尔斯的全权代表石格司到工地检查时未发现这一问题，而代表建委会监造工程师缪恩钊执行职权的绘图员沈中清则敏锐地注意到了这一点，便赶紧向王世杰校长报告此事。王校长和建委会委员兼秘书叶雅各审阅了图纸和说明书之后，立即致信石格司，指出了理学院基础工程施工错误的问题，并且强调未经建委会同意，不得随便修改设计。于是，第二天一大早，石格司便上了山，指令汉协盛营造厂即日将石灰三合土基础全部挖掉返工，按照图纸用 1 ∶ 3 ∶ 6 的水泥混凝土完成基础工程。

此外，开尔斯为武汉大学珞珈山新校舍所设计的所有校园建筑，其屋角均为比较平缓的北方式屋角，然而，汉协盛却并未严格按图纸施工，而是依照自己既往的经验与习惯，将文学院、学生饭厅以及男生宿舍亭楼的屋角做成了翘而尖的南方式屋角，从而违背了建筑师开尔斯的设计意图与初衷。这一错误在施工阶段未能及时纠正，等到工程完竣后，已无法更改。后来，上海六合建筑公司续建珞珈山新校舍二期工程时，均严格按照图纸规定

1930年，正在狮子山南坡建设中的国立武汉大学男生寄宿舍

以及开尔斯本人的强烈要求，将图书馆、工学院、法学院、体育馆、华中水工试验所等建筑的屋角都做成了北方式屋角，这就无可奈何地导致珞珈山校园建筑群的屋角造型已无法做到整体风格上的统一与协调。

由于汉协盛在施工过程中遇到严重的经济困难，一度陷入半停工状态，因而各种偷工减料的情况在所难免。据沈中清回忆："例如大屋顶钢筋混凝土屋面板不用水泥砂浆抹面即行盖瓦。铺底瓦用的石灰砂浆，沙子是东湖边挖的泥沙，而不是采购的标准沙，尔后绿瓦屋面上生长小树杂草，都是泥沙在起作用。又如一区教授住宅墙体砌筑砂浆，也是用的泥沙。每月月终不能按时发送工资，工人有意见有情绪，影响操作质量，例如理学院外墙面水泥砂浆粉饰工程，不按工艺操作规程施工，而是抹灰一次成功。房子交工不久，外粉饰即起壳龟裂，屋面则漏雨浸水。"另据建委会工程处技工姜保春回忆，由汉协盛承建的珞珈山新校舍一期工程，"由于工程量大，时间要求快，因此在质量上不够过关。交付使用后，文、理学院，饭厅以及宿舍门楼，琉璃屋顶全部漏水。后由学校工程处组织工人进行全部翻修"，而到了二期工程建设时，接手大部分工程的上海六合建筑公司"整个施工管理，工程质量都很严格"，承担了部分工程的袁瑞泰营造厂也"完成得很好"。对于一向极为看重建筑质量和工程信誉的汉协盛营造厂而言，在施工过程中出现如此之多的问题，可以说是颇不寻常的，由此也不难想见该厂在当时所遭遇的困难之巨大。

总之，由于汉协盛营造厂对于武汉大学珞珈山新校舍工程从一开始便估价错误，标价

由汉协盛营造厂承建的国立武汉大学珞珈山新校舍一期工程部分建筑，从左到右依次为学生饭厅及礼堂、男生寄宿舍、文学院、理学院

由汉协盛营造厂承建的国立武汉大学第一教职员住宅区（即一区“十八栋”），其左下角的附设小学校舍由汉口永茂隆营造厂承建

过低，而在建设过程中，又不幸遭遇了百年不遇的大洪灾，导致其出现了非常严重的亏损，并最终不可避免地出现了若干建筑质量问题，于是，“汉协盛既亏了大本，又影响了名声。尔后在续建工程中，汉协盛便自动放弃了投标权”（沈中清语）。就这样，武汉大学珞珈山新校舍，竟然成了汉协盛这家在武汉三镇最负盛誉的建筑厂商的“滑铁卢”！

无论如何，汉协盛毕竟是在非常艰难的情况下为国立武汉大学完成了珞珈山新校舍一期工程建设，使武大得以在1932年初最终由武昌东厂口的老校舍整体搬迁至珞珈山新校舍。尽管整个工程建设中确实出现了不少问题，但从总体上来讲，仍然是瑕不掩瑜。对此，武汉大学方面自然也是心存感激。1932年3月7日，武大全体师生首次在新校舍集会，王世杰校长向大家简单介绍了新校舍建设的大致经过，在对建筑工程师开尔斯先生和建筑设备委员会诸多重要人物所作出的贡献依次表达了诚挚的谢意之后，还特别提到了沈祝三及其

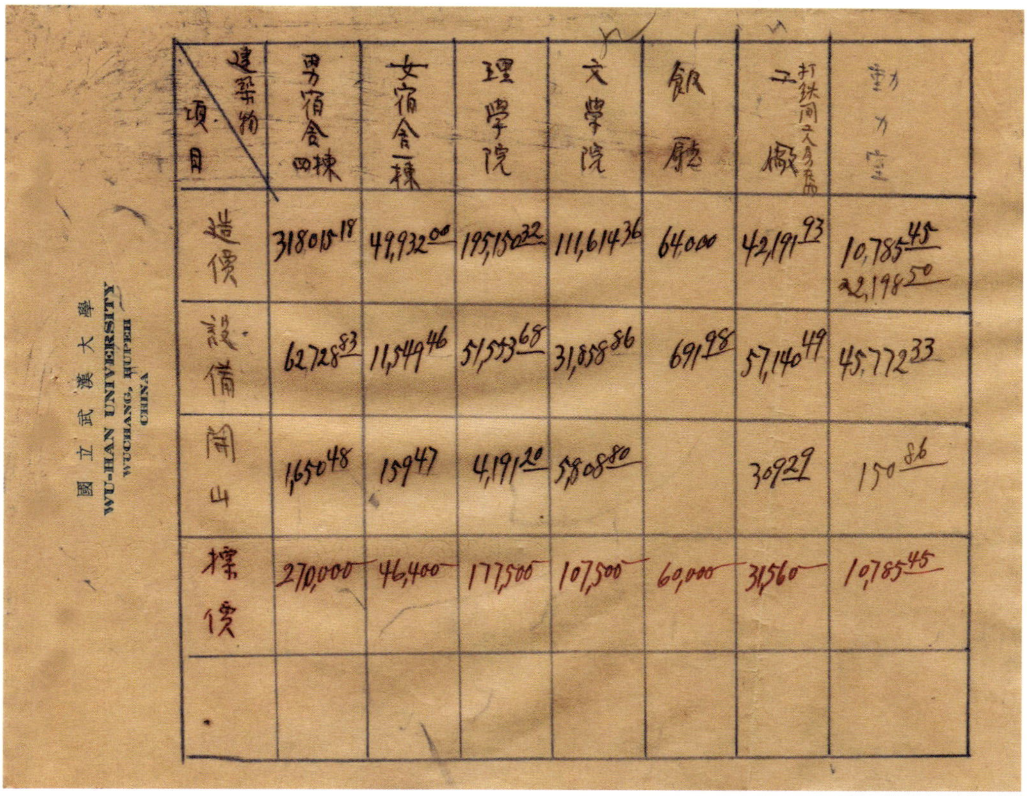

國立武漢大學
WU-HAN UNIVERSITY
WUCHANG, HUPEH
CHINA

項目 \ 建築物	男宿舍四棟	女宿舍一棟	理學院	文學院	飯廳	工廠（打鐵間文具房）	動力室
造價	318015.18	49,932.00	195150.32	111,614.36	64,000	42,191.93	10,785.45 22,198.50
設備	62728.83	11,549.46	51,553.68	31,858.86	691.98	57,140.49	45,772.33
開山	1,650.48	159.47	4,191.20	5,808.80		309.29	150.86
標價	270,000	46,400	177,500	107,500	60,000	31,560	10,785.45

国立武汉大学珞珈山新校舍一期工程部分建筑的标价、造价、设备及“开山”费用一览，其中男生宿舍、理学院、文学院、饭厅、工厂均由汉协盛营造厂承建，由此可见其亏损程度

名下的汉协盛营造厂，他既充满感激又深表惋惜地向广大师生介绍道：

再则，承包主要建筑物的是汉协盛营造厂，老板是沈祝三先生。他的出身原很微贱，在汉口经营建筑事业有数十年之久，汉口的大部分的主要建筑如汇丰银行等都是他造的。可是现在他的目盲已有十多年了。他每天自早至晚，都坐在他的小办公室的桌边接应电话，指挥珞珈山及其他部分的工人从事工作。我们真抱歉得很！在他投标之后，金价大涨，而他所用的材料中，外货又甚多；因此，据他交工的时候的估计，亏本有二十四万元之多。他的估计是不是十分精，我们虽不得而知；而他的亏累却是无可置疑的事实。可惜本校的经费也在十分困难中，无法补偿他。可是无论如何我们应该感谢他，当时肯以比较低廉的标价，担任这个巨大的而且困难的工事。

武汉大学珞珈山新校舍一期工程结束后，汉协盛损失甚巨，经过结算，亏损竟在40万元以上！可谓元气大伤。为了渡过难关，沈祝三不得不将他旗下的三元里房屋、阜成砖瓦厂等多处资产抵押给浙江兴业银行。这笔贷款后来连本带利滚成100余万元，直到武汉沦陷时期，才用汪伪政府发行的“中储券”还清。1941年1月，沈祝三在汉口病逝，享年64岁。他的两个儿子当时在抗战大后方读书，1945年抗战胜利后返汉继承父业，但此时的汉协盛，早已一蹶不振。到了1949年，曾经鼎鼎大名的汉协盛营造厂，最终消失在历史的长河之中。

国立武汉大学部分建筑图纸上所盖“汉协盛”钤印，该公司英文名“Han Yah Shing”系依照宁波官话读音拼写的

女生宿舍建筑图纸上的永茂隆营造厂和国立武汉大学建筑设备委员会印章

学生饭厅及礼堂建筑设计图纸中建筑师开尔斯（F. H. KALES）与合作建筑师李锦沛（POY G. LEE）的署名。上方钤印为“国立武汉大学关防”，左侧为汉协盛营造厂印章

二、黉舍初成

1. 珞珈山新校舍一期工程的落成

经过将近两年的施工建设，到了 1931 年 11 月，国立武汉大学事务部会同建筑设备委员会一起接收了新校址内已经完成的房屋和校具。11 月 15 日，武大全体师生从武昌东厂口旧校舍一同前往珞珈山新校址参观了新校舍。11 月 20 日，国立武汉大学第 140 次校务会议议决设置迁校事务委员会，以邵逸周为委员长。12 月，学校开始将图书仪器设备等迁往珞珈山新校舍。1932 年 1 月，珞珈山新校舍一期工程包括理学院（暂供理、工两学院之用）、文学院（暂供文、法两学院之用）、礼堂及饭厅、学生寄宿舍、第一住宅区各项房屋，工厂、动力厂、商场及消费合作社、小学校等建筑物及其内部设备全部竣工。2 月，珞珈山新校址内自来水及电灯设备完工。从 2 月 23 日起，全校学生开始陆续迁往珞珈山新校舍。

1932 年 2 月 26 日，国立武汉大学在珞珈山新校舍召开了第一次校务会议（第 150 次校务会议）。3 月 3 日，正式在新校舍开学上课。3 月 7 日，全体师生首次在新校舍集会，王世杰校长在会上指出："本来，关于新校舍建筑之告一段落，我们是打算在这里举行一个纪念仪式的；但因目前国难日亟，校务会议同人便决意将那个仪式延到一个相当时期举行。"在此次讲话中，他向全校师生介绍了学校新校舍建筑设备的一些最新的进展：

1932 年初的国立武汉大学珞珈山校园，从左到右依次为学生饭厅及礼堂、男生寄宿舍、文学院、理学院、女生寄宿舍

主要的建筑，除现在已经完成的外，在这狮子山顶，文学院的西旁，另有图书馆、法学院。在操场的北〔南〕边有工学院，操场的东首有大礼堂及理学院第二院。狮子山后面的山上有医学院，医学院西北的山头为农学院院址。现在已经完成和将要完成的建筑共有九大栋：计学生寄宿舍四栋，大饭厅及临时礼堂一栋，文学院一栋，理学院一栋，女生寄宿舍一栋，工厂一栋。此外教职员住宅，现在完成及行将完成者共五十余栋。另外有零星小屋十余栋，如消费合作社、洗衣店、商店、诊疗所、汽车站、发电厂等。在设备方面：自来水是已经完成了的，但只少一层滤水的工事未完成，在一个月内，此项滤水工事就可安置好；现在一起风，湖水便有点混浊，将来经过滤水的手续以后，那末生水都或者可以喝了。电灯的设置，大部分也已经完成，现在只有文、理两学院及一部分的路灯线还未竣工，一两个礼拜之内都可以装置完妥。电话的设置，一方面我们预备与城内通话，另一方面为了我们校内的区域广大，预备安置自动电话数十余架，以利消息的传达。这大约也在一两个礼拜以内可以完成。除此之外，尚有电钟电铃的设备。因为教职员和学生的住所离教室饭厅太远，关于上课和吃饭的警号，决非钟声可以让各处都听得见；因此，我们便已预备在理学院设置一个干电池，发动总钟，而在各处都分设子钟及电铃，在一定的时间里都同时响起来。这种装设，在两三个星期之内也可以告竣。

关于建筑的经费，到现在止，已经用去一百六十余万元，而完成的工程仅及预计的一半。（当初规定全部的工程，只是一百五十万元。）然而，我想只要国内安定一点，武汉也安定一点，那末这里容纳到两三千人是极自然的事；然则这样的建筑也并不是很大的了。

国立武汉大学珞珈山新校舍一期工程主要建筑一览表（1929—1932 年）

工程项目	开工时间	竣工时间	建筑设计	结构设计	承建厂商	建筑面积（平方米）	造价（万元）
珞珈石屋	1929 年 7 月	1929 年 10 月	缪恩钊 沈中清	缪恩钊 沈中清	国立武汉大学建筑设备委员会工程处	约 190	约 0.58
听松庐	1930 年 4 月	1930 年 9 月	缪恩钊 沈中清	缪恩钊 沈中清	胡道生合记营造厂	约 360	1.15
男生寄宿舍	1930 年 3 月	1931 年 9 月	开尔斯 李锦沛	李锦沛 石格司	汉协盛营造厂	约 13800	31.8
学生饭厅及礼堂	1930 年 6 月	1931 年 9 月	开尔斯 石格司 李锦沛	李锦沛 石格司	汉协盛营造厂	约 2700	6.4
文学院	1930 年 5 月	1931 年 9 月	开尔斯 石格司 李锦沛	彦沛记建筑事务所	汉协盛营造厂	约 3900	11.2
理学院	1930 年 5 月	1931 年 11 月	开尔斯 石格司	石格司	汉协盛营造厂	约 4700	19.5
工学院实习工厂	1931 年 1 月	1931 年 7 月	缪恩钊 沈中清	缪恩钊 沈中清	汉协盛营造厂	约 680	4.2
运动场	1931 年 2 月	1931 年 10 月	缪恩钊 沈中清	缪恩钊 沈中清	不详	不详	不详
第一教职员住区	1930 年 11 月	1931 年 9 月	石格司	石格司	汉协盛营造厂	约 7000	约 28
水塔	1931 年 4 月	1931 年 9 月	石格司	石格司	汉协盛营造厂	不详	1.83
附设小学校	1931 年 6 月	1931 年 12 月	缪恩钊 沈中清	缪恩钊 沈中清	永茂隆营造厂	约 1100	2.28
女生寄宿舍	1931 年 10 月	1932 年 6 月	石格司	石格司	永茂隆营造厂	约 1600	5

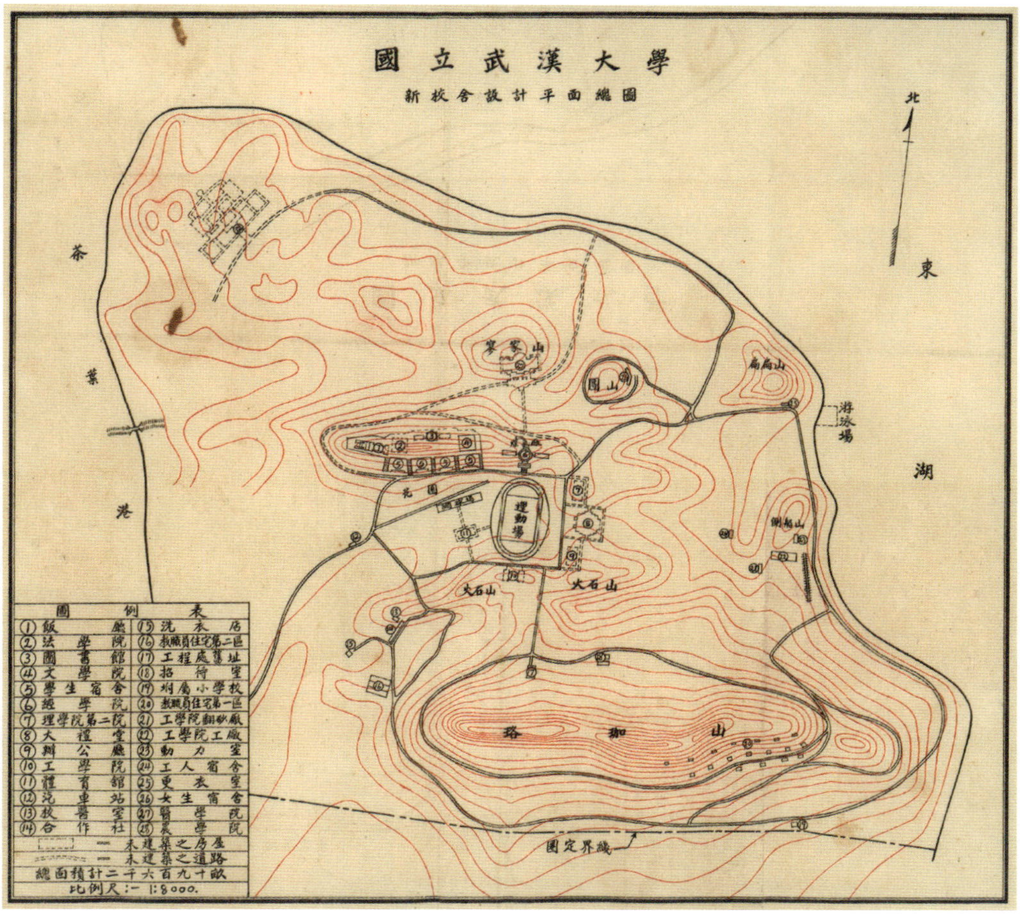

1932 年的国立武汉大学新校舍设计平面总图

2. 国联调查团参观珞珈山

1931 年的九一八事变后，应中国政府的一再要求，国际联盟于 1932 年 1 月组织了一个以英国人李顿（Victor Bulwer Lytton）伯爵为团长的调查团，先后前往日本和中国等地实地调查九一八事变的基本情况。1932 年 4 月初，国联调查团从南京乘船沿长江西上，前往汉口考察。4 月 4 日，该团抵汉后，曾“约集各该国驻汉领事会谈，得悉自沈阳事变后，中国朝野皆益励精图治，加强建设，其中如武昌近郊珞珈山武大新校区之伟大现代化工程……情况至为突出，尤以此一工程设计新颖，费用俭节（涓滴归公），而规模宏壮，代表中国之新气势”。

4 月 5 日下午，国联调查团从汉口渡江来到国立武汉大学参观，在武大方面为之举行的招待茶会上，理学院教授钟心煊、工学院教授赵师梅、法学院教授梅汝璈、文学院教授高君珊等 4 人作为代表，向国联调查团提交了一纸意见书，明确提出了四项反对侵略、维护国家主权的基本诉求。值得一提的是，其中的梅汝璈教授（1931—1933

1932 年 4 月 5 日，国联调查团参观国立武汉大学珞珈山新校舍，并与武大部分教职员在文学院大楼（学校行政办公室所在地）前合影。图中前排左二为国联调查团团长李顿，第二排中立者为中国代表及顾问顾维钧，前排右三为校长王世杰，右二为教务长兼理学院院长王星拱，右一为工学院院长邵逸周，左一为文学院院长陈源，第二排右三为法学院教授、政治系主任周鲠生

年在武大任教）在抗战胜利之后，曾代表中国政府出任远东国际军事法庭法官，参与了对那些发动侵略战争并犯下滔天罪行的日本战犯的正义审判。

会谈结束后，国联调查团“随即纵览珞珈之山光与东湖之水色，复各登车，由校长座车前导，凡绕湖滨及山前山后一周，每至一处皆停车暂驻，由校长或邵院长分别说明校务革新与建设工程进度诸情况，每令听者悦服”。参观完武汉大学之后，李顿在归途中与记者谈话时，曾“对武汉建筑，尤表赞扬，并称许国人建设力之宏伟”。后来，他还在自己的日记中称赞武汉大学“位置极好，群山环抱，湖光山色，风景宜人”。

4 月 5 日当晚，国联调查团乘船离开汉口，临行前，李顿“对记者发表此行之印象谈话”时声称：“汉口此行，印象极佳，京汉间沿途新建筑甚多，中国前途，极有希望……至于武汉大学，诚为最完备之学府，其建设〔筑〕尤为美观而坚固。总之我们此次到汉口来，及在上海南京等地的观察，觉得贵国已经在积极着手于物质方面的建设，一切的一切，皆给我们以事实上的证明。”4 月 7 日，李顿从南京去往北平之前，再次向记者表示：“赴汉印象极佳，经水灾国难，有此建设，至佩，武汉大学尤力求上乘，教育前途甚有希望。”

3. 珞珈山新校舍落成典礼

1932 年 5 月 20 日，国立武汉大学第 150 次校务会议通过了“举行新校落成典礼案”，决定“于最近期内补行新校舍落成典礼，但纪念仪式不附游乐事项”。5 月 26 日下午 1 时，国立武汉大学珞珈山新校舍落成典礼在学校大礼堂隆重举行，到会的除了武大在校师生千余人之外，还有行政院代表、国立中央研究院院长蔡元培，教育部代表、国立中央研究院地质研究所所长李四光（名义上亦兼任国立武汉大学建筑设备委员会委员长之职），地方党政要员何成濬、夏斗寅、李书城、曾庆锡等，上海银行汉口分行行长周苍柏，国立北京大学理学院院长、国立武汉大学前任代理校长刘树杞，私立武昌华中大学校长韦卓民，私立武昌中华大学校长陈时，私立武昌文华图书馆学专科学校校长沈祖荣等嘉宾。在此次典礼上，王世杰、蔡元培、李四光、何成濬、夏斗寅、曾庆锡、刘树杞、陈时、邵逸周等人均先后发表了演讲，其中的部分重要内容节选如下：

王世杰演说

▲在武汉建设一个完全的大学，不仅要能应现在武汉的需要，并且要能应将来武汉的需要。

▲要建筑坚固的房屋，不但能住五六十年，并且要求永久的存在。

▲建筑设备的经费。原来的预算是一百五十万元，中央及湖北各负担七十五万元。后来因物价增高，文化基金会有少数的津贴，汉口市政府也有十几万元的津贴。同时本校最初二年的节余一共三十多万也挪用于内，省政府的七十五万已陆续拨清，中央及市府大部均已付清，据建委会的报告，现在我们已用去的总数，约为一百七十万元，已超过原来的预算，而已完的工程洽〔恰〕好一半。

▲本校的工程，尚只完成一半，此后需要中央及地方的指导与帮助正切。我们的建设不仅是物质的建设，还有最大的精神建设，无论在学术建设方面或文化事业方面，我们都在努力。请大家看我们所走的路是不是中华民族的出路，是不是人类向上的路。

蔡元培演说

▲到民国十七年，政府请王先生暨许多现在武大服务的先生来此，想建设一个理想的大学，何谓理想大学呢？我想低限度有两点：第一点，要有适宜于研究学问的场所，并且要实实在在地努力学术；第二点，即养成健全的人格。

▲中国办大学，过去多注重于学问方面，故多采取大陆派，及后渐渐觉悟，采学问与人格双方并重。盖学问方面，其重要点在设备之完善，如标本仪器图书之充足，教员之能指导学生，提起兴趣，而养成人格之伟大、习惯之高尚，尤为重要，故吾人大学教育，应学问与人格并重。

▲中国三十年来，有新式之大学后，总计全国大学约百数十所，多因过去历史关系，虽时时改革，总不如武大之与旧历史一刀截断重新创造之痛快，且武汉为水陆中心，地点在全国很重要，应该建一合科学的美化的大学，现在校中又注重卫生及新村之建设，将来一定有很好成绩，不过大学区——学村内，无论什么事，应该受校方支配，照英国牛津剑桥两大学办法，无论建筑及一切设备，均须依照大学的设计而行，否则即不“和谐”。

李四光演说

▲这个学校完全从无中生有，好像在白纸上做文章一样，完全系由理想而实现的，这一点值得我们注意的。

▲这个学校在革命潮流激动中，时代极纷乱的时期成立，正如为革命而牺牲，事后建纪念碑一样，而这个学校，不但是一个死的纪念碑，仅供人之凭吊，而且是活的纪念碑，诸君为纪念碑中之一员，今后要赖诸君发扬光大，使这个纪念碑在社会上建一伟大成绩来。

▲今天虽然是武大新校舍落成典礼，但因为工程上仅完成二分之一，也可说只是武大迁移的典礼而已。从前武大设在城内，现在已迁珞珈山，从此我们要表示决心，来改造环境，建设新的社会，好像一个人，跳出旧世界，走入新世界一样。我们现在要忍痛一时，暂与旧社会绝交，待我们有了经验时，再与旧社会复交，来感化他，并创造新社会。我们现在所采取的态度，是积极的，不是消极的。中国人每次消极时，或不满现社会时，只晓得入山修道，这种态度是不对的。大学是有机体，他的生命是进步的、向上的，应该随时创造新生活，改造环境，为人类指导者，使人类生活合理化、科学化，所以希望诸君向学理——真理而努力。

何成濬演说

▲兄弟历曾在平京沪粤等处，所见各大学，以贵校建筑为最宏壮最伟大，兄弟希望贵校成绩在全国亦首屈一指。现在中央与地方财力困难，但学校为文化之母，其发展与否，关系一国之盛衰，且大学为科学发明之中心，国家各大学，能潜心研究学问，制造利器，保国家之生存，故地方亦极愿尽力协助。

夏斗寅演说

▲贵校筹备建筑期间，兄弟曾亲到珞珈山查勘，当时并无途径，一片荒凉，荆棘遍地，正如中国纷乱之现象，现经王校长等设计建筑，居然另一世界，希望诸君学业日见进步，以改造珞珈山之精神，来改造社会。

曾庆锡演说

▲武大为鄂中最高学府，并在革命潮流激动中产生，革命是求政治之光明，而大学是求社会之光明，是促进人类动作向上、生活日见科学化之有机体。现在政治与社会，尚在黑暗中，人民之生活，如半开化境地，外人视中国为次殖民地，最近更目中国民族为无进步之民族，言之诚堪痛心。今幸武大产生，社会前途，现出一线曙光，诸君将来之责任，在指导民众，以诸君为中心，改造环境，使社会文明，社会一文明，政治自可光明，望诸君努力为之。

1932 年夏，国立武汉大学第一届全体毕业生在珞珈山新校舍前合影留念

4. 胡适造访珞珈山

在国立武汉大学珞珈山新校舍的建设过程中，利用美国退还的部分庚子赔款建立起来的中华教育文化基金董事会，曾经给予过大力的资助。当时，著名学者、国立北京大学文学院院长胡适先生在该会担任董事兼秘书，对于王世杰、王星拱、陈源、皮宗石等昔日的北大老同事领导下的国立武汉大学，他自然也是长期予以积极关注和鼎力支持。1932 年，武大珞珈山新校舍一期工程落成后，王世杰、周鲠生等人曾多次致信胡适，诚挚邀请其来校考察，但胡适还是非常遗憾地错过了 5 月 26 日的武大新校舍落成典礼。后来，在武大众多“旧友”的多次邀请和一再催促下，胡适最终于当年 11 月 27 日来到了他曾寄予厚望并给予过巨大帮助的国立武汉大学，并下榻于珞珈山上的听松庐。

1932 年 11 月 28 日，胡适在王世杰（字雪艇）、皮宗石（字皓白）的陪同下参观了国立武汉大学珞珈山校园，并在当天的日记里写下了他的观感：

> 上午与雪艇、皓白同去参观武汉大学。计看过的地方有工场、小学、女生宿舍、文学院、理学院、图书馆、男生宿舍。雪艇诸人在几年之中造成这样一个大学，校址之佳，计画之大，风景之胜，均可谓全国学校所无。人说他们是“平地起楼台”，其实是披荆榛，拓荒野，化荒郊为学府，其毅力真可佩服。
>
> 看这种建设，使我们精神一振，使我们感觉中国事尚可为。

1932年底，胡适访问国立武汉大学期间，在武大招待所（听松庐）前与部分教职员的合影，前排左四为胡适

1932年秋天的这次武大之行，给胡适留下了非常深刻和美好的印象，从此以后，他只要与他人谈到武大，便赞不绝口，极力向对方宣扬武汉大学的建设成就。1933年12月11日，武大文学院院长陈源在学校“总理纪念周”上作了题为“读书与环境”的演讲，在结尾处特别提到：“我们学校在天灾人祸、内忧外患纷至沓来的时期中，创造出这个环境来，不可不说是一种异数。怪不得一位来华游历的美国外交官问胡适之先生中国究竟进步没有，胡先生说‘你去武昌看一看武汉大学便知道了’。这一种改造环境的精神，希望各同学能够推广到各处去。”1947年10月31日，在国立武汉大学19周年校庆大会上，时任校长周鲠生也在其报告中提到了这件事，他指出：

学界上对于本校最有认识的，要推胡适先生。他认为武汉大学珞珈山校舍设备是国内最值得称许和赞助之一个新建设。他曾经对一位在北平的美国朋友说，你如果要看中国怎样进步，可以去到武昌看看珞珈山武汉大学。那位朋友有一年果然来到本校参观了。胡先生在许多地方帮助本校，如关于战前中美基金会的捐助；最近李民基金会的奖学金，他为本校说话最有力。最大的帮助，还在他不断给予我们精神上的鼓励和友谊的批评。

1933年4月20日，国立武汉大学校长王世杰被任命为教育部部长，理学院院长王星拱则再次被委任为代理校长（次年5月正式出任校长）。对于王世杰在武大珞珈山新校舍建设中所作出的巨大贡献，周鲠生在1947年的校庆大会上曾有如此评价：

真正实现李四光先生的理想而创立本校规模的，则是第一任校长王世杰先生[。王先生]于民十八年由京辞官来主校政，当时学校尚在东厂口，珞珈山新校址圈地手续尚未办了，而所谓新校舍之建筑费一百二十五万（应为一百五十万——引者注）中，实际领到的只有二十万元，加以省政府已改变，情势变迁，一切都有落空之象。王先生在最困难的时期就职，不到一年，珞珈山新校舍工程居然开始，再过两年武汉大学居然迁到珞珈山新校舍授课了。及至民二十二年王先生因被任为教育部长离开学校，本校建筑设备以及制度人事都已树立规模，我们继任的人，至今大部犹可说是萧规曹随。他对本校创建的伟大功绩，真是不可磨灭的。

1933 年春，国立武汉大学首任校长王世杰与继任校长王星拱在珞珈山上的合影

1933 年夏，国立武汉大学第二届全体毕业生在理学院大楼前合影留念

1933 年的国立武汉大学珞珈山新校舍全景

三、再续华章

1. 珞珈山新校舍二期工程的经费筹措与初步启动

1932 年初，国立武汉大学珞珈山新校舍一期工程基本落成后，由于经费困难，大规模的校舍建设也停顿了一年半之久。为努力筹措建筑经费，国立武汉大学于 1932 年 6 月致函中华教育文化基金董事会，请求补助若干“图书馆建筑费”。当时，该会已补助武大“理科设备”经费 8 万元，并追加补助了“增购科学设备”经费 3 万元，最后决定：“本会对于武汉大学请补助图书馆建筑费案，表示同情；惟本会经济现在非常拮据，应俟财政稍裕有力补助新事业时，再予该案以充分之考虑。”

另一方面，在 1932 年 10 月，时任校长王世杰还专门致函湖南省教育厅厅长朱经农，指出武大的总图书馆和法学院两项工程“目前亟需继续兴工”，其中图书馆建筑费约为 35 万，法学院建筑费约为 15 万，并请求该省补助这两项建筑费中的一部分。由于此事迟迟没有进展，到了 1933 年 7 月，继任校长王星拱又致函湖南省政府主席何键，指出武大的这两项工程因建筑经费“为数甚巨，非得各方实力援助，断难早观厥成，本校同人，深冀长江中部各省政府力予赞助。湘省与本校关系夙密，本校学生人数，若就省份比较，亦以湘省为最多。迩来贵省政府对于建设及教育，力求进步，即本校一切进行计划，亦在夙承赞许之中，极为感纫！故本校同人及湘省在校员生，对于贵省政府物质上之援助，尤具热烈之期望”，

1933 年 10 月，中华教育文化基金董事会董事孙洪芬来国立武汉大学考察时与部分教职员在珞珈山上的合影，左起依次为叶雅各、查谦、皮宗石、孙洪芬、周鲠生、陈源

于是便重申前请，希望湖南省政府能“就此两种建筑物中择一协助其建筑费之全部或一部”。经再三恳请，湖南省政府最终于 1934 年 9 月决定资助武大法学院建筑费 12 万元，自当年 10 月起按月拨付 5000 元。然而，这笔拨款时断时续，从 1934 年 11 月到 1936 年 6 月，实际上总共只拨付了 5 万元，此后便不见下文。

与湖南省政府的敷衍拖沓形成鲜明对比的是，1933 年 7 月 14 日，中华教育文化基金董事会第九次年会正式决定补助国立武汉大学图书馆建筑费 5 万元，1934 年 6 月 29 日，该会第十次年会又决定对武大追加拨款 5 万元，以协助其“完成图书馆建筑”，这笔经费最终于 1935 年 4 月拨付完毕。至此，中华教育文化基金董事会总共已资助国立武汉大学 21 万元，其中理学院设备费 11 万元，图书馆建筑费 10 万元。

另外，从 1933 年 5 月起，国民政府财政部开始每月向国立武汉大学拨发“临时建筑费”2 万元，到 1935 年 4 月为止，已累计拨款 48 万元。从 1935 年 7 月开始，改为每月拨发 1 万元。到 1937 年 8 月为止，累计为武大拨发“临时建筑费”74 万元。至于湖北省政府，从 1934 年 1 月到 1937 年 8 月，也总共补助了武大建筑设备费 8.62 万元。

正是在中央、地方政府以及若干社会团体的共同支持下，国立武汉大学珞珈山新校舍二期工程才得以顺利启动。1933 年 8 月，狮子山顶的总图书馆工程开始平地基，标志着珞珈山新校舍二期工程全面拉开帷幕。9 月，学校审定通过了开尔斯的总图书馆建筑设计图案，随后又“指定上海、芜湖、汉口各殷实厂家投标”，“经两次开标，选定上海六合公司承包”。12 月 1 日，总图书馆工程正式开工。此后，珞珈山新校舍二期工程中的工学院、法学院、体育馆等主体工程亦先后由上海六合建筑公司中标承建。

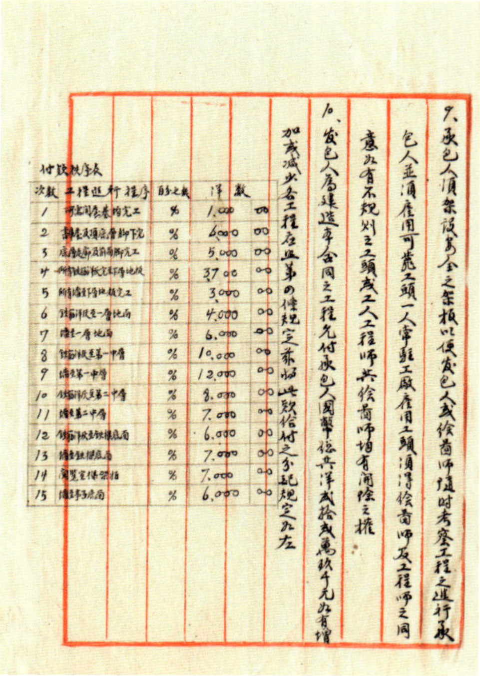
9、承包人須架設高仝之架板以便發包人或繪圖師隨時考察工程之進行承
包人並須雇用可靠工頭一人常駐工廠雇用工頭須得繪圖師及工程師之同
意如有不規則之工頭或工人工程師與繪圖師均有開除之權
10、發包人為建造本合同之工程允付承包人國幣總共洋貳拾貳萬玖千元如有增
加或減少各工程應照第〇條規定辦理此款俗付之分配規定如左

付款秩序表

次數	工程進行程序	百分之數	洋數	
1	所有周圍基脚完工	%	1,000	00
2	書庫及填混凝土脚下完	%	6,000	00
3	底層走廊及前面脚完工	%	5,000	00
4	所有鐵筋水泥完工底層地板	%	37 00	00
5	所有牆至底層地板完工	%	3,000	00
6	鐵筋洋灰至一層地面	%	4,000	00
7	牆至一層地面	%	6,000	00
8	鐵筋洋灰至第一中層	%	10,000	00
9	牆至第一中層	%	12,000	00
10	鐵筋洋灰至第二中層	%	8,000	00
11	牆至第二中層	%	7,000	00
12	鐵筋洋灰至鐵樑底面	%	6,000	00
13	牆至鐵樑底面	%	7,000	00
14	閱覽室樑架搭	%	7,000	00
15	牆至屋頂底面	%	6,000	00

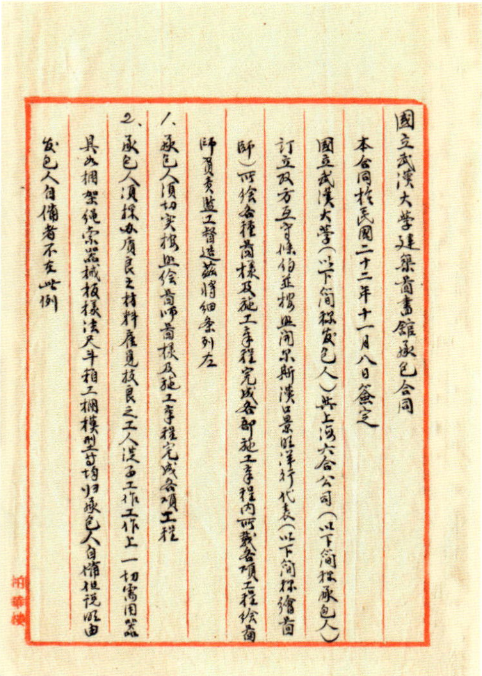
國立武漢大學建築圖書館承包合同
本合同於民國二十二年十一月八日簽定
國立武漢大學（以下簡稱發包人）與上海六合公司（以下簡稱承包人）
訂立雙方互守條約並據與開爾斯漢口景明洋行代表（以下簡稱繪圖
師）所繪各種圖樣及施工章程完成各部施工章程內所載各項工程繪圖
師負責監工督造茲將細條列左
1、承包人須切實按照繪圖師圖樣及施工章程完成各項工程
2、承包人須採好質良之材料雇覓技良之工人從事工作工作上一切需用器
具如搁架繩索器械板樣法尺斗箱工棚模型等均歸承包人自備但從由
發包人自備者不在此例

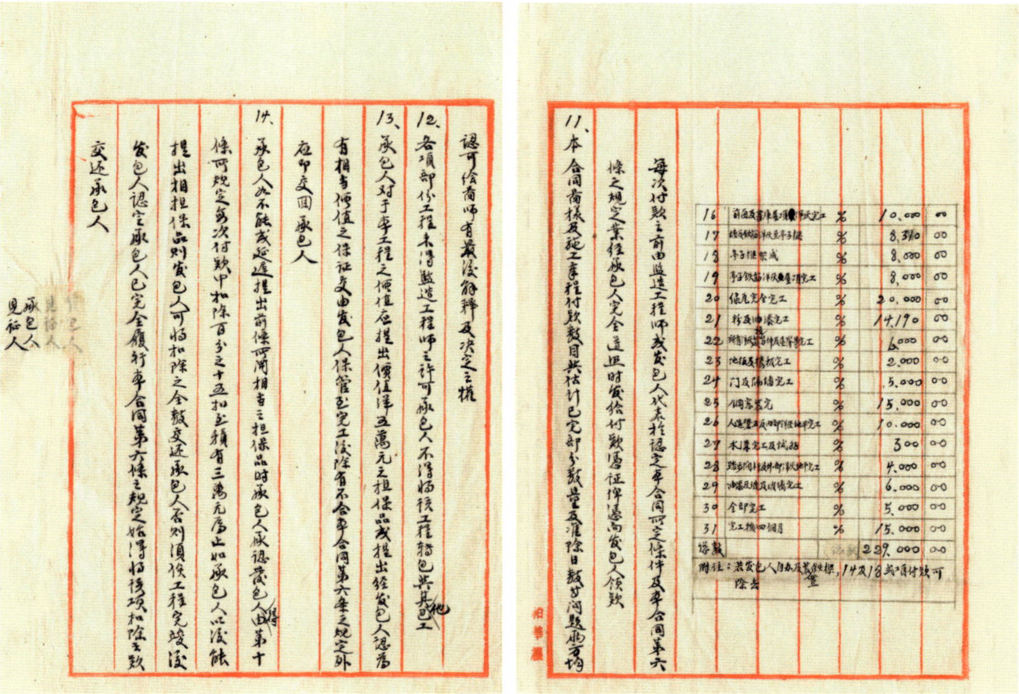

1933 年 11 月 8 日国立武汉大学与上海六合公司签订的《国立武汉大学建筑图书馆承包合同》（部分）

与珞珈山新校舍一期工程的主要承建者汉协盛营造厂一样，二期工程的主要承建者上海六合建筑公司也是“宁波帮”的企业。该公司的老板李祖贤（1894—1981）出生于镇海小港，其家族为宁波近代著名的“小港李氏”。李祖贤 1912 年考入清华学校，1914 年赴美国纽约州特洛伊城伦斯勒理工学院攻读土木工程专业，1918 年毕业后在美国桥梁公司实习，1921 年回国，随后在上海创办了六合建筑工程公司。他与缪恩钊一样，都是清华庚款留美生，在美留学时即已相识。据沈中清所述，“上海六合公司是缪恩钊监造工程师介绍”。与手工工匠出身、自学钻研成才的沈祝三不同，李祖贤是土木工程专业科班出身，对现代建筑工程技术颇为精通。在包建图书馆工程时，李祖贤对于外籍结构工程师所绘制的结构图纸提出异议，认为阅览大厅屋顶结构的支撑柱截面不够，将会导致出现斜裂缝，结果建成后果然出现了裂痕，最终按照李祖贤提出的方案进行了补强才达到验收标准。1935 年 9 月，总图书馆大楼正式竣工。

2. 管理中英庚款董事会、平汉铁路管理局与工学院的建设

1931 年春，管理中英庚款董事会刚刚成立不久，国立武汉大学便函请其资助工学院试验室建筑费及设备费 30 万元，并年拨讲座费 6 万元。该会于当年 6 月复函称：“此时款项尚未过付利息，更无从计算所有教育文化机关之请求补助各案。经议决，俟将来利息收到

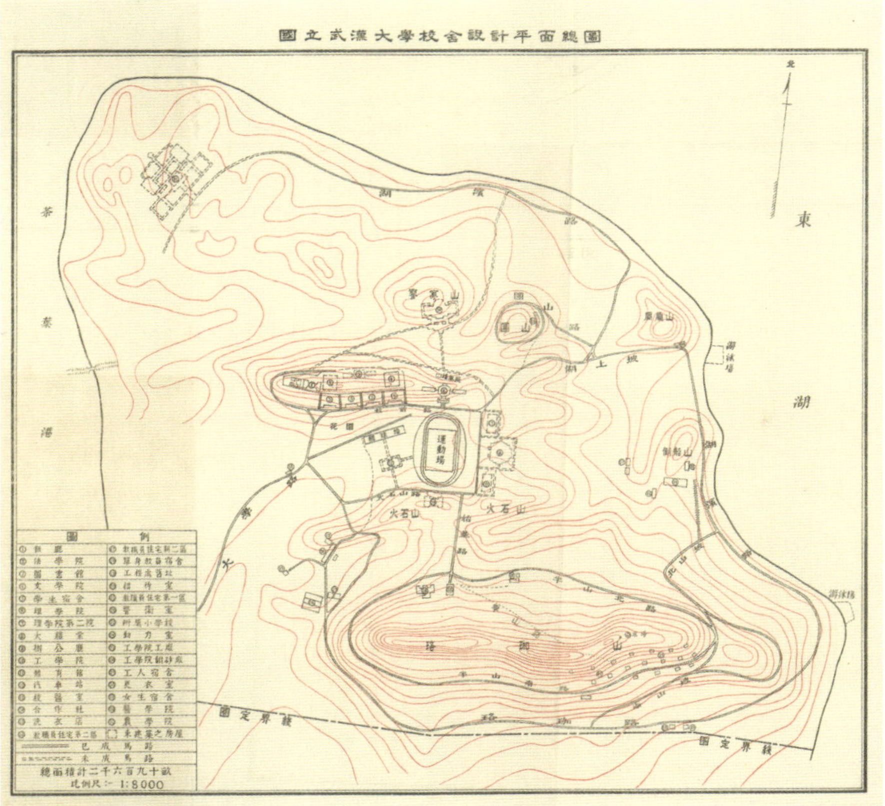

1933 年的国立武汉大学校舍设计平面总图

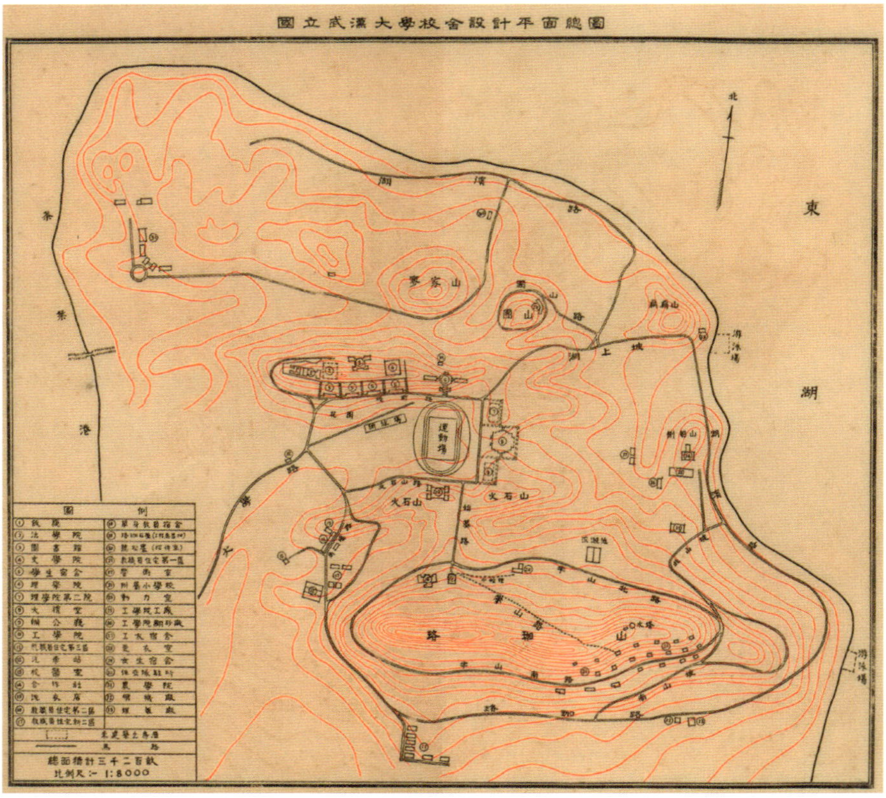

1934 年的国立武汉大学校舍设计平面总图

并支配标准确定，再行讨论。”1932 年 6 月，武大又向管理中英庚款董事会重申前请。这一次，该会再次复函婉拒：“查本会成立仅及一载，所借与各机关款项今年虽开始计算利息，然为数尚微，实难即言分配于文化教育事业之用，一俟本会所收利息达到可能分配时，当尽先将贵校前函提会讨论。”

1933 年 12 月 5 日，国立武汉大学第三次向管理中英庚款董事会提出经费补助申请，指出一年多以来，“敝校班次逐渐加多，规模亦扩大，工学院之建筑设备刻不容缓，而兼负研究责任之讲座亦有设置之亟需”，故“此项资助，关于本校之进行与发展至为重要”。12 月 12 日，管理中英庚款董事会董事长朱家骅在回函中称，中英庚款已结算利息者“为数尚属不多。利息之积存，依上月份会计报告，仅国币四十余万；而各地教育文化机关之请求补助，截至六月底止，已达五千万左右，相差过远，挹注实难”，同时息金的详细支配办法尚在拟订中，未经确定，故只能“俟将来支配时尽先提会讨论”。对于武大的再三申请，朱家骅本人也至为重视，除公函回复外，他又于 12 月 23 日专门以个人名义致信王星拱与周鲠生，具体解释和承诺道，中英庚款“俟积有成数，拟于明年夏季以后开始支配，将来讨论请款案时，对于贵校事自当特别注意，并与各董事言之”。

1934 年 6 月 26 日，管理中英庚款董事会再次致函国立武汉大学，决定补助武大工学院建筑费 12 万元、讲座费 3 万元。该函全文如下：

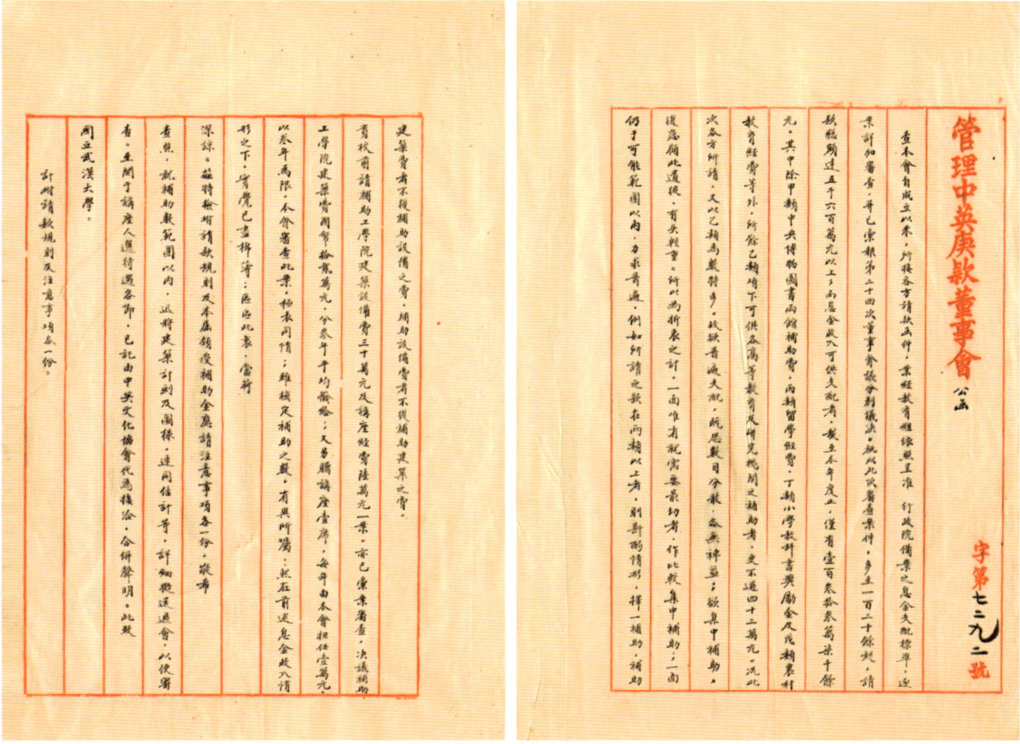
管理中英庚款董事會公函

字第七二九二號

查本會自成立以來，所接各方請款函件，業經教育部依照呈准行政院備案之息金支配標準，逐案計加審查，并已彙報第二十四次董事會議分別議決。祇以此次審查案件，多至一百二十餘起，請款總額達五千六百萬元以上，而息金款之可供支配者，截至本年度止，僅有壹百叁拾叁萬柒千餘元。其中除中期中央博物圖書兩館補助費，丙期留學經費，丁期小學教科書獎勵金及戊期農村教育經費等外，所餘乙期項下可供各高等教育及研究機關之補助者，更不過四十二萬元。況此次各方所請，又以乙期為最特多。故欲普遍支配，既恐數目分散，各無裨益；欲集中補助，又復應顧此遺彼，首失輕重。所以為折衷之計，一面惟有就需要最切者，作比較集中補助；一面仍于可能範圍以內，力求普遍。例如所請之款在兩期以上者，則斟酌情形，擇一補助。補助建築費者不復補助設備之費，補助設備費者不復補助建築之費。

貴校前請補助工學院建築設備費三十萬元及講座經費陸萬元一案，亦已彙案審查，決議補助工學院建築費國幣拾貳萬元，分叁年平均撥給；又另購講座壹席，每年由本會担任壹萬元，以叁年為限。本會審查此案，極表同情；雖核定補助之數，有異所請，然在前述息金收入情形之下，實處已盡棉薄；匪函此達，當荷深諒。茲特檢附請款規則及本屆領受補助金應請注意事項各一份，敬希查照，就補助數範圍以內，迅將建築計劃及圖樣，連同估計等，詳細擬送過會，以便審查。至關于講座人選待遇各節，已託由中英文化協會代為接洽，合併聲明。此致

國立武漢大學。

計附請款規則及注意事項各一份。

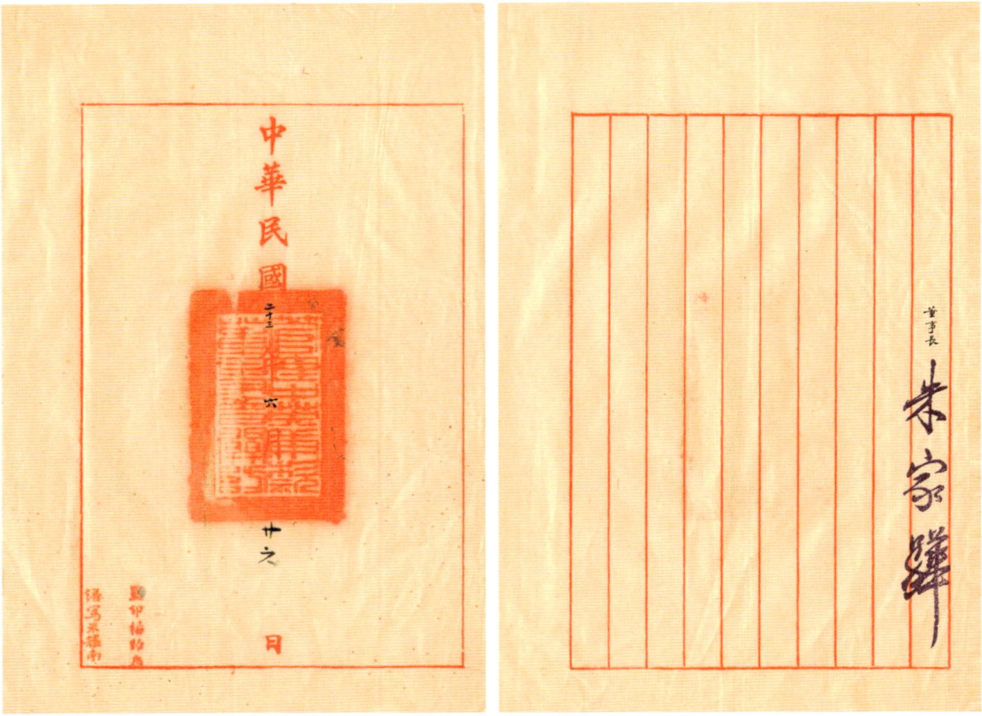

管理中英庚款董事会公函（第 7292 号）

查本会自成立以来，所接各方请款函件，业经教育组依照呈准行政院备案之息金支配标准，逐案详加审查，并已汇报第二十四次董事会议分别议决。只以此次审查案件，多至一百二十余起，请款总额达五千六百万元以上；而息金收入可供支配者，截至本年度止，仅有一百三十三万七千余元。其中除甲类中央博物图书两馆补助费、丙类留学经费、丁类小学教科书奖励金及戊类农村教育经费等外，所余乙类项下可供各高等教育及研究机关之补助者，更不过四十二万元。况此次各方所请，又以乙类为数特多。故欲普遍支配，既恐数目分散，各无裨益；欲集中补助，复虑顾此遗彼，有失轻重。所以为折衷之计，一面唯有就需要最切者，作比较集中补助；一面仍于可能范围以内，力求普遍。例如所请之款在两类以上者，则斟酌情形，择一补助，补助建筑费者不复补助设备之费，补助设备费者不复补助建筑之费。贵校前请补助工学院建筑设备费三十万元及讲座经费六万元一案，亦已汇案审查，决议补助工学院建筑费国币十二万元，分三年平均拨给；又另赠讲座一席，每年由本会担任一万元，以三年为限。本会审查此案，极表同情；虽核定补助之数，有异所嘱，然在前述息金收入情形之下，实觉已尽棉薄；区区此衷，当荷深谅。兹特检附请款规则及本届领受补助金应请注意事项各一份，敬希查照，就补助数范围以内，迅将建筑计划及图样，连同估计等，详细拟送过会，以便审查。至关于讲座人选待遇各节，已托由中英文化协会代为接洽，合并声明。此致

国立武汉大学

计附请款规则及注意事项各一份。

董事长　朱家骅

中华民国二十三年六月廿六日

由上可知，当时国立武汉大学向管理中英庚款董事会请款的数量尚不到全国各教育文化机关请款总额的百分之一，最终得到的补助却超过了补助总额的十分之一，在中英庚款息金收入十分紧张的情况下，实际所获补助也超过了原请款项的三分之一，由此可见管理中英庚款董事会对于武大的建设与发展所提供的支持力度之大。

除了向管理中英庚款董事会请求补助之外，国立武汉大学还于1932年3月致函国民政府铁道部及平汉铁路管理委员会（后改称平汉铁路管理局），主动提出与之开展技术合作，并请其每月津贴武大8000元，以供理、工两学院"随时扩充设备与增设讲座之需"，得到了铁道部的认可。4月，武大便与平汉铁路管理委员会签订了此项技术合作协议。不过，平汉铁路方面在执行这一协议的过程中，长期拖延款项，甚至多次试图反悔。对此，蒋介石曾两度出面督促平汉铁路继续执行协议，后来出任教育部部长的王世杰亦曾就此事从中斡旋。最终，从1932年5月到1937年6月，平汉铁路管理局断断续续地累计资助了国立武汉大学工学院建筑设备费43.3万元。

本校工学院建筑计划

（1934年9月）

本校工学院建筑设备两项，原定预算，计洋四十万元：计房屋建筑费洋三十万元，坪基费洋二万五千元，绘图费洋二万元，修路费洋一万五千元，电料设备费洋一万元，卫生设备费洋一万五千元，器具及杂件设备费洋一万五千元。曾于二十二年十一月，委托建筑师开尔思（美国籍）设计绘图，拟建房屋五大栋，中栋系四层楼房，面积160英方，为工学院教室、图书室、仪器室、机械室、办公室等用；四周圜以三层楼房四大栋，面积共132方，为四学系教授学生研究实习之用，全用钢骨水泥建造。业于本年九月五日，标得上海六合公司营造厂承包建造，计总标价洋二十八万六千元，已与该公司签订合同，即日兴工，限三百天完成。坪基工程，早经开辟完竣，其余如电料、卫生等设备，现正向国内外各大公司订购，俟房屋建筑有相当时期，即可装设，此项建筑设备经费预算经呈请中央政府核准发给洋二十万元，自本年七月起拨，每月拨洋二万元，今承贵会开会决议，补助工学院建筑费洋十二万元，分三年平均发给，两项合计，计共有洋三十二万元，其余不足之八万元，查有平汉铁路局每月津贴本校洋八千元，业由学校指定此项十个月津贴计洋八万元，作为工学院建筑经费，合计以上三项，共洋四十万元，是符本项建筑物之用，合并声明。

国立武汉大学工学院大楼最终于1934年9月开工，1936年1月竣工，仍由上海六合建筑公司中标承建。关于六合公司中标的具体细节，沈中清曾有这样一段回忆："工学院工程，六合公司原来的标价较高，无得标希望，在开标之际，该公司派一位业务员来会议室，探听得一点风声，便使巧计，向委员会作了口头申明说：我们上海公司来电，最近物价跌了，因而我们的标价也可以降低，愿意按最低标价承造。由于六合公司的施工技术和设备较其他厂商高超一筹，二家同样的标价，建委会肯定愿意选中六合公司承造。"

1935 年夏，德国飞行员科斯特（J. P. Koster）航拍的国立武汉大学珞珈山校园。这是目前所发现的珞珈山校园最早的一张航拍照，当时狮子山顶的图书馆大楼已封顶，其西侧的法学院大楼尚未开工，南面山脚下的中心花园已初具雏形，东南面珞珈山北麓、火石山上的工学院大楼正在建设中

1935 年底的国立武汉大学珞珈山新校舍，当时图书馆已建成，工学院即将封顶，法学院正在建设中

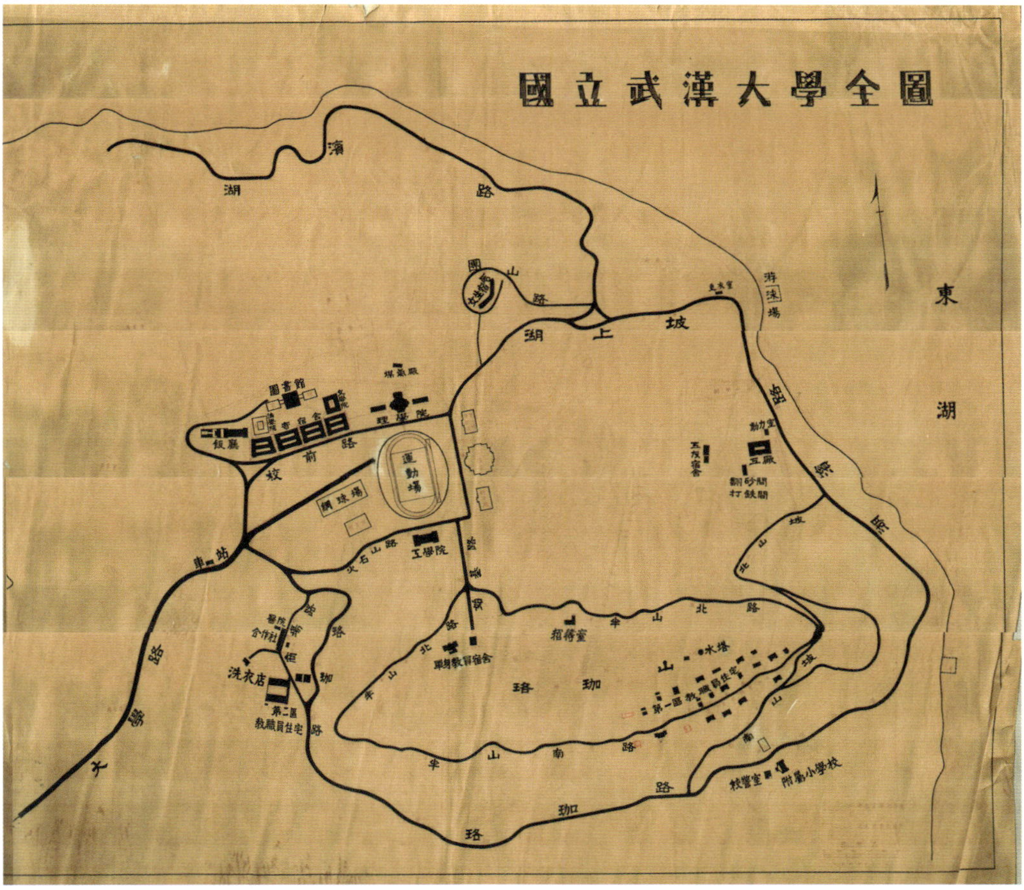

1936 年初的国立武汉大学全图

1936 年夏，张学良和蒋介石的私人飞行员、美国人朱利叶斯·巴尔（Julius A. Barr）航拍的国立武汉大学珞珈山校园。当时，狮子山顶的法学院大楼已落成，狮子山东头理学院后排的两座附楼尚未动工

3. 黎元洪父子与宋卿体育馆的建设

1934 年 3 月，已故中华民国大总统黎元洪之子黎绍基（字重光）、黎绍业（字仲修）联名致函国立武汉大学，表示愿将其父生前用来筹办江汉大学的十万元遗产赠予武大，该函全文如下：

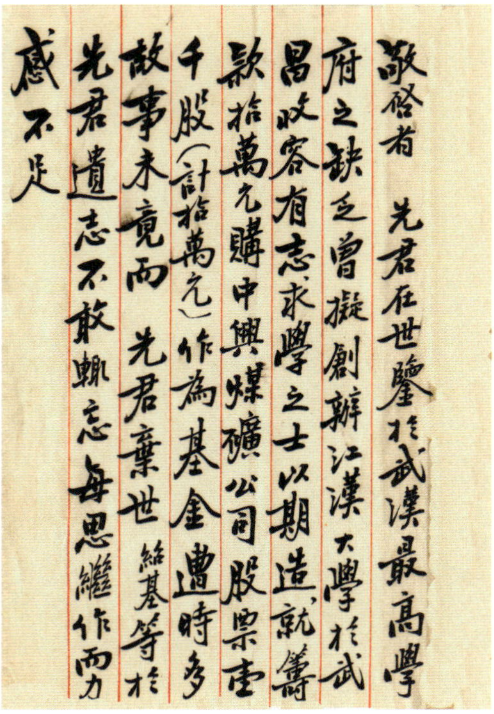

敬啓者 先君在世鑒於武漢最高學府之缺乏曾擬創辦江漢大學於武昌收容有志求學之士以期造就籌款拾萬元購中興煤礦公司股票壹千股（計拾萬元）作為基金遭時多故事未竟而 先君棄世紹基等於 先君遺志不敢輒忘每思繼作而力感不足

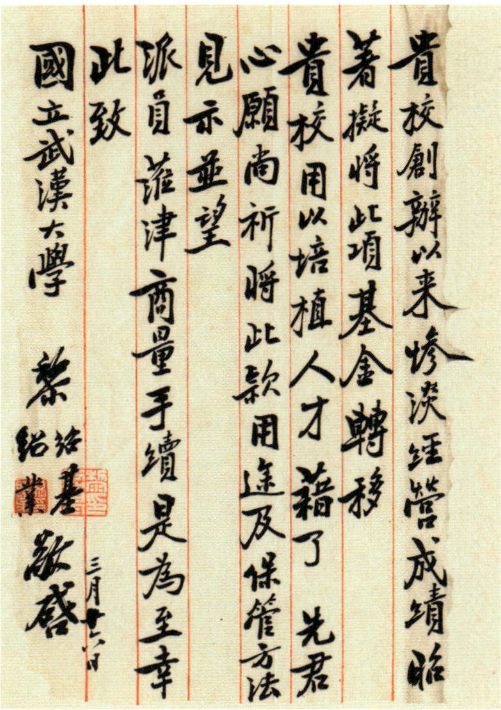

貴校創辦以來慘淡經營成績昭著擬將此項基金轉移貴校用以培植人才藉了 先君心願尚祈將此款用途及保管方法見示並望派員蒞津商量手續是為至幸此致

國立武漢大學

黎紹基 紹業 敬啓 三月六日

敬启者：

先君在世，鉴于武汉最高学府之缺乏，曾拟创办江汉大学于武昌，收容有志求学之士，以期造就。筹款十万元，购中兴煤矿公司股票一千股（计十万元）作为基金。遭时多故，事未竟而先君弃世。绍基等于先君遗志，不敢辄忘，每思继作，而力感不足。贵校创办以来，惨淡经营，成绩昭著，拟将此项基金转移贵校，用以培植人才，借了先君心愿。尚祈将此款用途及保管方法见示，并望派员莅津，商量手续，是为至幸。此致

国立武汉大学

黎绍基、绍业 敬启

三月六日

时任校长王星拱接函后，立即予以回复，盛赞黎氏兄弟“作育愿弘，孝思弥笃，曷胜钦佩”，并按照他们的意见，拟定了该款项的具体用途及保管办法：

一、中兴公司股票票额洋十万元过户后，由校抵借现金，用以建筑体育馆，颜其额曰“宋卿体育馆”；

二、在宋卿体育馆内特辟一适当部分为宋卿前大总统纪念堂，即在堂内设辛亥革命首义文献保存处，由校指定专人，负责搜集、编纂辛亥首义史实刊行；

三、中兴公司股票十万元之股权，由学校委托黎重光先生或黎仲修先生及另一经校指定之一代表共同行使之；

四、上述用途及保管办法双方请凭李仲揆、李介如先生作见证人。

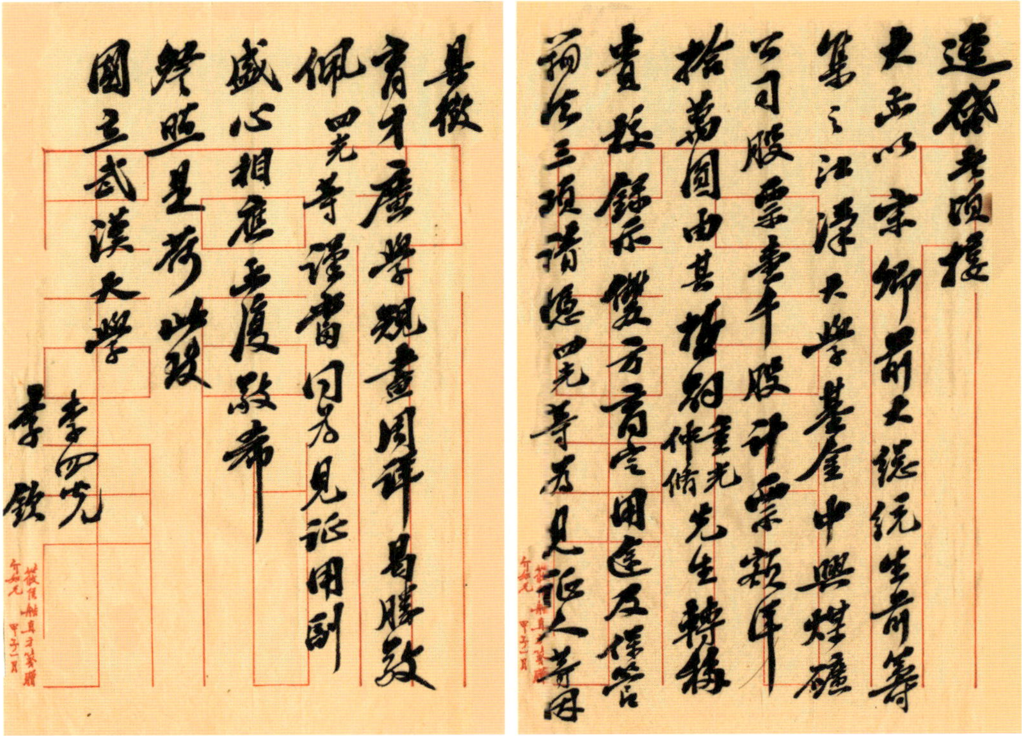
逕啟者頃接大函以宋卿前大總統生前籌集之江漢大學基金中興煤礦公司股票壹千股計票額拾萬圓由其哲嗣重光仲修先生轉移貴校録示雙方商定用途及保管辦法三項請延四光等爲見證人等因具徵育才廣學規畫周詳曷勝欽佩四光等謹當同爲見證用副盛心相應函復致希察照是荷此致國立武漢大學

李四光
李欽

李四光、李钦（字介如）二先生同意为国立武汉大学接受黎氏兄弟捐款商定用途及保管办法作见证的复函

与此同时，王星拱还派学校事务部主任熊国藻携带复函前往天津，与黎氏兄弟面商。对于武大所拟定的该款项用途及保管办法，黎氏兄弟认为“甚为妥善”，表示愿“照来示原议进行一切”，并将这些股票当面交予熊国藻带回武汉，以办理过户手续。

值得一提的是，在黎氏兄弟将黎元洪的这笔遗产捐赠给武汉大学后不久，还发生过一段小小的插曲。据说，黎元洪生前非常看好武昌珞珈山一带的“风水”，曾表达过死后安葬于此的愿望。然而，就在黎元洪去世后不久，珞珈山便被国立武汉大学圈定为新校址。这一带本是坟冢遍地的荒山野岭，当初武大在此建设新校舍时，历经波折，才将山岭间的累累坟茔全部迁出。到了1932年3月18日，国立武汉大学第153次校务会议正式作出决议：“在政府圈定本校校址界内一切土地既经学校依法收有，作为学校建筑设备之用，校内外任何私人或团体概不得在此界内取得土地或营新坟。”1935年11月，国民政府在武昌为黎元洪举行国葬。此前，黎家曾多次与武大交涉，表示“如果让黎大总统葬在珞珈山，则愿意另捐巨款盖一座行政大楼”。当时，武大早有修建总办公楼的计划，只是苦于经费不济而迟迟未能动工，然而，面对黎家的巨额捐款许诺，时任校长王星拱宁可不盖行政办公楼，也仍然要坚决履行学校过去所作出的决议，因此，尽管黎氏父子曾经为武汉大学的建设提供过巨大的帮助，但因黎元洪的这一遗愿有悖于学校的有关规定，最后还是遭到了王星拱校长的婉言谢绝。于是，黎家最终也只好另选墓址，将黎元洪下葬于珞珈山附近的卓刀泉土公山了。对此，武汉大学校友袁恒昌曾评价道：“这种坚守原则不用权术的君子之风，其沉毅精神，即此小事也令人肃然起敬。”

早在1929年国立武汉大学首次编制的建筑设备预算概书中，便列有“体育馆”一项，然而，由于经费所限，体育馆的建设一直未能提上日程。1934年3月，黎氏兄弟捐赠的这笔巨款从天而降，正好弥补了武大建设体育馆的经费空缺。在建筑师开尔斯根据学校建筑设备委员会和体育部的意见完成了体育馆的规划设计工作之后，宋卿体育馆在1935年3月和9月两次招标，由上海方瑞记营造厂中标承建。在双方签了合同，立了保人，甚至连搅拌机也已经运进工地现场之后，方瑞记却迟迟不肯开工，后来甚至还提出加价要求。经校方多次催促，均无结果，导致整个工期被延误了将近一年之久。学校迫不得已，只好于1936年5月重新招标，最终由上海六合建筑公司中标承建，合同标价14.5万元，黎家捐款之外的不足之数由学校自行筹资予以弥补。直到1936年7月，宋卿体育馆才终于开始动工兴建，并于1937年初完成主体工程，当年秋季开学后正式投入使用。

4. 湖北省政府与华中水工试验所的建设

1933年10月，湖北省政府决定“商请武汉大学特设水利讲座，养成治水专才”，特别是要致力于“研究鄂省之水利兴革问题”。这一计划经中央批准后，由湖北省政府每年向国立武汉大学分期拨付常年经费1.2万元，以供水利讲座之用。当时，武汉大学已“有建筑水工实验室之议，惟原定计画及设备，仅足敷学术上理论研究之用，对于实用上一切水工困难问题之解决，尚难应用”。1935年夏，长江流域再次暴发特大洪水，湖北地区的灾情十分严重。在此背景下，当时的江汉工程局经与武大校长、工学院院长及水利教授等磋商之后，决定呈请湖北省政府“与武汉大学共同设立华中水工试验所一所”。该局在呈文中指出：“吾国水利学者近亦注意此项水工试验，北洋工学院、黄河水利委员会，及华北水利委员会，所合办之中国第一水工试验所，系以华北水利问题，为其研究中心，近闻中央大学，亦拟设置水工试验所，可作为华东水利问题研究之场所，至华中方面，尚付阙如，查两湖水道纵横，湖泊综错，水利问题之复杂与重要，不亚于任何区域，实有单独设立水工试验所之必要。”

1936年2月，湖北省政府与国立武汉大学正式决定联合华中其他各省，共同创建一所“华中水工试验所”，其建筑设备经费暂定为15万元，由双方各分担一半，建设周期分为三年。第一年“建筑房屋”，约需6万元；第二年“建筑水槽、水塔及抽水机、水管等”，约需5万元；第三年“设备河床模型、量速仪器及其他零星设备”，约需4万元，并专门为此

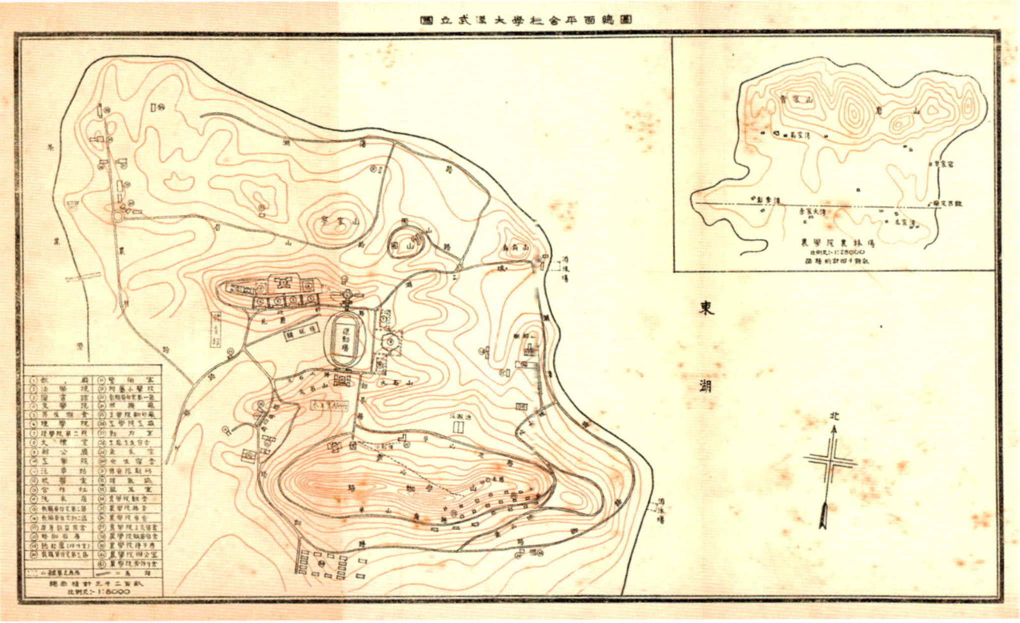

1936年底的国立武汉大学校舍平面总图（当时体育馆与水工试验所仍在建设中）

1937年全面抗战爆发前后的国立武汉大学珞珈山校园（武汉市档案馆供图），当时宋卿体育馆（左上）与华中水工试验所（左一）均已落成

成立了一个“华中水工试验所建筑设备委员会”。1936 年 6 月，汉口胡道生合记营造厂中标承建华中水工试验所，其承包合同规定的工程造价为 4.4 万余元。1936 年 8 月和 9 月，湖北省政府分两次拨付了 2.5 万元建筑费，武大方面亦于当年 8 月和 12 月分两次拨付了 2.5 万元，使该建筑工程得以顺利进行，并于 1937 年初完成主体建筑。然而，该工程的后续建筑设备经费却因故迟迟未能到位，直到 1937 年全面抗战爆发前后，仍然未能按照原有计划完成内部的设备布置。

国立武汉大学珞珈山新校舍二期工程主要建筑一览表（1933—1937 年）

工程项目	开工时间	竣工时间	建筑设计	结构设计	承建厂商	建筑面积（平方米）	造价（万元）
半山庐	1933 年	1933 年	缪恩钊 沈中清	缪恩钊 沈中清	胡道生合记营造厂	约 500	约 2
供水设施（扩建）	1933 年	1933 年	缪恩钊 沈中清	缪恩钊 沈中清	胡道生合记营造厂	不详	不详
第一教职员住宅区（扩建）	1933 年	1934 年	缪恩钊 沈中清	缪恩钊 沈中清	胡道生合记营造厂	约 1000	约 4
国立武汉大学木牌坊	不详	1935 年春	缪恩钊 沈中清	缪恩钊 沈中清	不详	不详	不详
私立武昌东湖中学	1935 年	1935 年夏	缪恩钊 沈中清	缪恩钊 沈中清	不详	不详	不详
图书馆	1933 年 12 月	1935 年 9 月	开尔斯	华懋地产有限公司	六合建筑公司	约 5000	22.9
工学院	1934 年 9 月	1936 年 1 月	开尔斯	华懋地产有限公司 H. S. Wang	六合建筑公司	约 7400	28.6
法学院	1935 年 8 月	1936 年 6 月	开尔斯 景明洋行	景明洋行	六合建筑公司	约 4000	14.3
国立武汉大学水泥牌坊	1936 年	1936 年夏	缪恩钊 沈中清	缪恩钊 沈中清	不详	不详	不详
农学院园艺实验室	1936 年	1936 年	缪恩钊 沈中清	缪恩钊 沈中清	蔡广记营造厂	约 900	约 3.5
第三教职员住宅区	1933 年	1936 年	缪恩钊 沈中清	缪恩钊 沈中清	胡道生合记营造厂	约 3000	约 13.6
第二教职员住宅区	1932 年	1937 年	缪恩钊 沈中清	缪恩钊 沈中清	协昌华记营造厂	约 4400	约 17.4
宋卿体育馆	1936 年 7 月	1937 年初	开尔斯 景明洋行	列文斯比尔	六合建筑公司	约 2700	14.5
华中水工试验所	1936 年 6 月	1937 年初	开尔斯 景明洋行	华懋地产有限公司 列文斯比尔	胡道生合记营造厂	约 2200	4.4
理学院（扩建）	1936 年 8 月	1937 年 9 月	开尔斯 景明洋行	列文斯比尔 H. S. Wang	袁瑞泰营造厂	约 5400	约 15
农学院	1937 年 3 月	1937 年 9 月停工	缪恩钊 沈中清	缪恩钊 沈中清	袁瑞泰营造厂	建成约 1700	11.7
	1946 年底复工	1947 年夏竣工	缪恩钊 沈中清	缪恩钊 沈中清	六合建筑公司	约 5000	约 5 亿（法币）

图书馆建筑图纸上的六合公司与国立武汉大学建筑设备委员会印章

法学院大楼照明安装施工图上的印章，左为武大建委会印章，右为承包大楼照明安装工程的韩秀记公司印章

理学院扩建工程图纸上的武大建委会印章与“袁瑞泰营造厂”钤印

承建农学院园艺室的蔡广记营造厂建筑工程处印章

1929—1937 年国立武汉大学珞珈山新校舍建设主要经费来源统计表

款项名称	应到金额（万元）	实到金额（万元）	实到金额占实到总额的百分比
中央政府承担建筑设备费	75.00	75.00	21.84%
湖北省政府承担建筑设备费	75.00	75.00	21.84%
汉口市政府资助理学院建筑设备费	17.00	17.00	4.95%
中央政府追加临时建筑设备费	84.00	74.00	21.55%
湖北省政府追加临时建筑设备费	10.80	8.62	2.51%
平汉铁路管理局技术合作协定补助款	49.00	43.30	12.61%
湖北省政府承担华中水工试验所建筑设备费	7.50	2.50	0.73%
湖南省政府资助法学院建筑设备费	12.00	5.00	1.46%
管理中英庚款董事会资助建筑设备费	24.00	12.00	3.49%
中华教育文化基金董事会资助建筑设备费	21.00	21.00	6.11%
黎绍基、黎绍业兄弟捐助体育馆建筑设备费	10.00	10.00	2.91%
总　计	385.30	343.42	100 %

资料来源：刘文祥：《珞珈筑记——一座近代国立大学新校园的诞生》，第 345 页

四、劫后重光

1. 戛然而止

1936年8月，国立武汉大学理学院扩建工程开工。1937年3月，农学院大楼开工。这两项工程均由汉口袁瑞泰营造厂承建。到了1937年9月，全面抗战爆发后不久，国立武汉大学珞珈山新校舍工程被迫全面停工，就当时的情况而言，“理学院实验室及研究室大体完成”，“内部一切装修仍未竣工”，“尚有实验及研究仪器未添置齐全”，“农学院房屋现完成三分之二”，“建筑第二层楼面，尚有第三层瓦面及内部粉刷各项工程未完成”。

此外，截至1937年9月，武汉大学珞珈山校园内尚有大礼堂、生物楼、地质楼、总办公厅、医学院等多处建筑以及总图书馆、工学院、学生宿舍的扩建工程未及兴工，开尔斯规划设计的珞珈山新校舍全部建筑，大约只完成了三分之二，便被日本帝国主义所发动的全面侵华战争无情地打断了。

从1929年初国立武汉大学选定武昌珞珈山一带作为新校址，到1937年秋珞珈山新校舍工程因全面抗战爆发而被迫中止，这所新兴的大学在社会各界人士的鼎力支持下，共耗资400多万元，在珞珈山校园总共建成了7.8万多平方米的新校舍建筑，将这片荒山野岭变成了世界上最美丽的大学校园之一，不论是从中国现代高等教育史还是从建筑史的角度而言，均可谓是留下了一篇光彩夺目的壮丽华章。

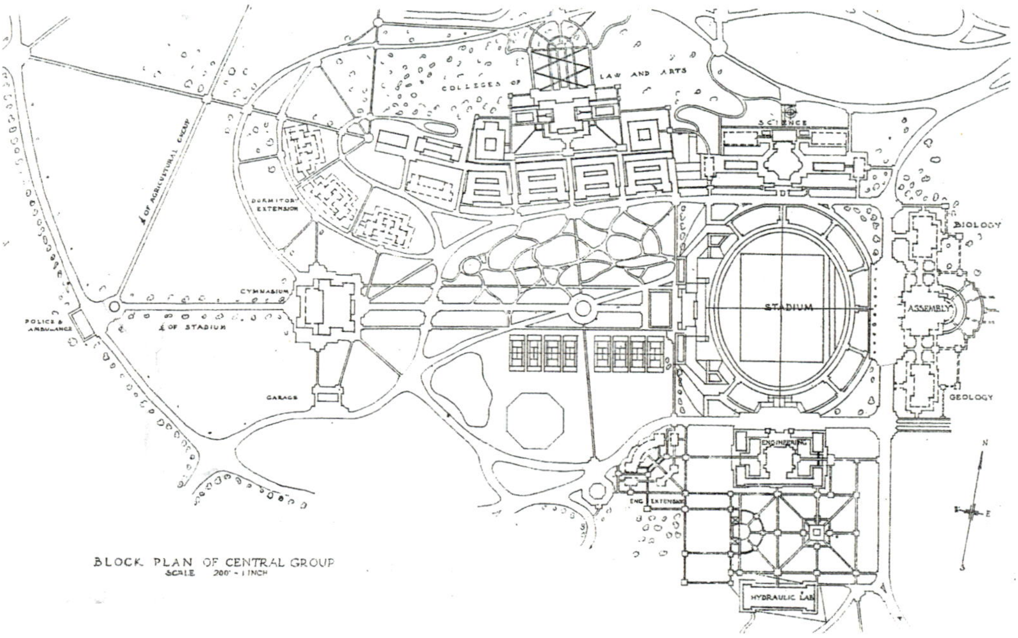

1936 年的国立武汉大学校园核心区设计平面总图，这是目前所见的全面抗战爆发前武大的最后一版校园规划图，据其所示，体育馆从大操场西侧西移到狮子山西山头下，之前规划建设体育馆的场地被改成一个主席台，大操场东侧大礼堂规划用地南面的原行政楼规划用地又被改为地质楼，但行政楼改建于何处，图中并未显示，另外，理学院、工学院、总图书馆、男生宿舍等建筑群均有扩建的规划

全面抗战爆发前夕的国立武汉大学珞珈山校园

2. 抗战中枢

1937 年底，在上海、南京相继沦陷之后，武汉逐渐成为中国的“战时首都”以及全国抗日救亡运动的中心，国立武汉大学珞珈山校园也随之成为国共合作、团结抗战的重要场所，曾有多处校舍被国民政府、国民党中央以及其他众多社会团体多次借用于与抗战有关的各类活动。

中華民國二十七年三月十四日

監印 校對 董明遠

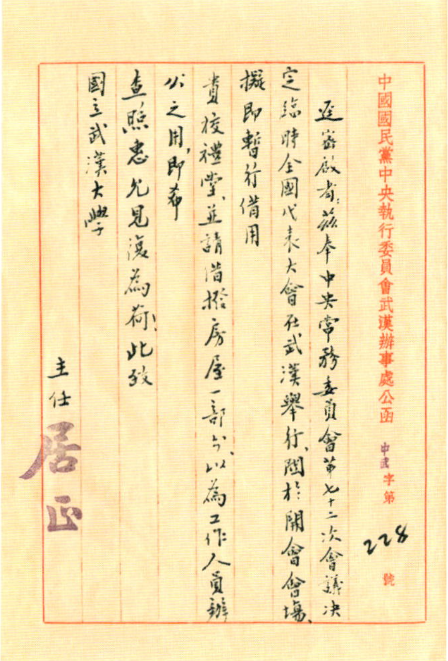

中國國民黨中央執行委員會武漢辦事處公函 中武字第228號

逕啟者：茲奉中央常務委員會第七十二次會議決定臨時全國代表大會在武漢舉行，關於開會會場，擬即暫行借用貴校禮堂，並請借給房屋一部分，以為工作人員辦公之用，即希查照惠允見復為荷，此致

國立武漢大學

主任 居正

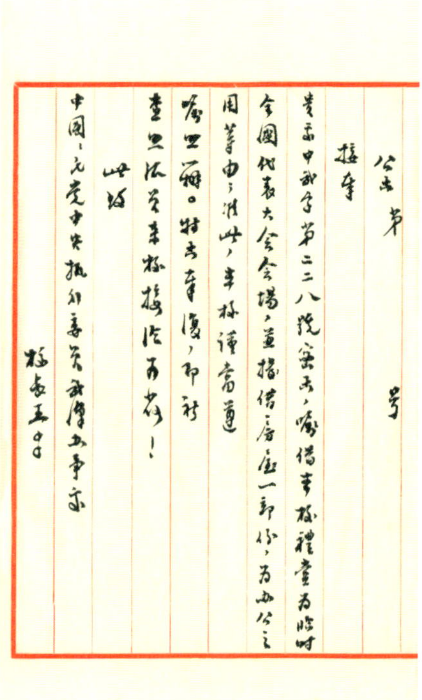

公函 第 號

接奉

貴處中武字第二二八號函，以借用本校禮堂為臨時全國代表大會會場，並撥借房屋一部份，為辦公之用等由；准此，自當照辦，即希查照為荷！此致

中國國民黨中央執行委員會武漢辦事處

校長王○○

國立武漢大學稿

文別 公函

送達機關 中國國民黨中央執行委員會武漢辦事處

事由

校長 王星拱

秘書 教務長

中華民國廿七年三月廿一日擬稿

1938 年 3 月，国民党中央执行委员会武汉办事处向国立武汉大学借用礼堂举行临时全国代表大会的公函及武汉大学的回函底稿

1938 年 3 月 29 日至 4 月 1 日，中国国民党临时全国代表大会在武昌珞珈山国立武汉大学图书馆召开，会议推举蒋介石为国民党总裁，决定召开国民参政会，还通过了《抗战建国纲领》，号召全国军民团结抗战。

1938 年 3 月，蒋介石在武汉大学校园内开办了珞珈山军官训练团（后升格为国民党中央训练团），并兼任团长，陈诚为教育长，万耀煌为副教育长。在此期间，蒋介石在学校的操场、礼堂、体育馆以及东湖中学校舍等处均检阅或训练过该团的参训军官，周恩来亦曾多次为军官训练团学员授课。

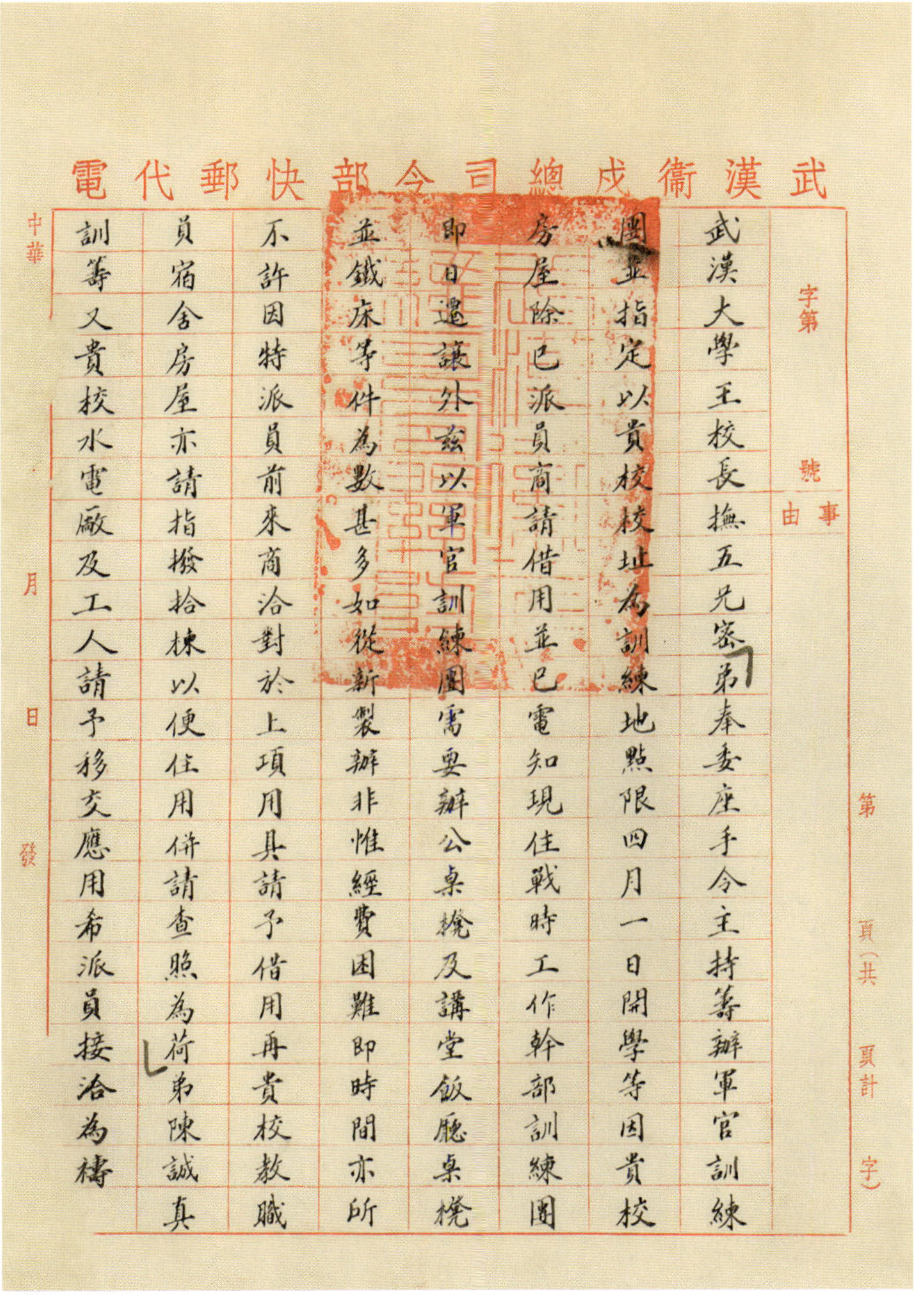
武漢衛戍總司令部快郵代電

字第 號

事由

武漢大學王校長撫五兄密弟奉委座手令主持籌辦軍官訓練團並指定以貴校校址為訓練地點限四月一日開學等因貴校房屋除已派員商請借用並已電知現住戰時工作幹部訓練團即日遷讓外茲以軍官訓練團需要辦公桌椅及講堂飯廳桌椅並鐵床等件為數甚多如從新製辦非惟經費困難即時間亦所不許因特派員前來商洽對於上項用具請予借用再貴校教職員宿舍房屋亦請指撥拾棟以便住用併請查照為荷弟陳誠真訓籌又貴校水電廠及工人請予移交應用希派員接洽為禱

第 頁（共 頁計 字）

中華 月 日發

1938 年春，武汉卫戍总司令部商借国立武汉大学校舍开办军官训练团的快邮代电

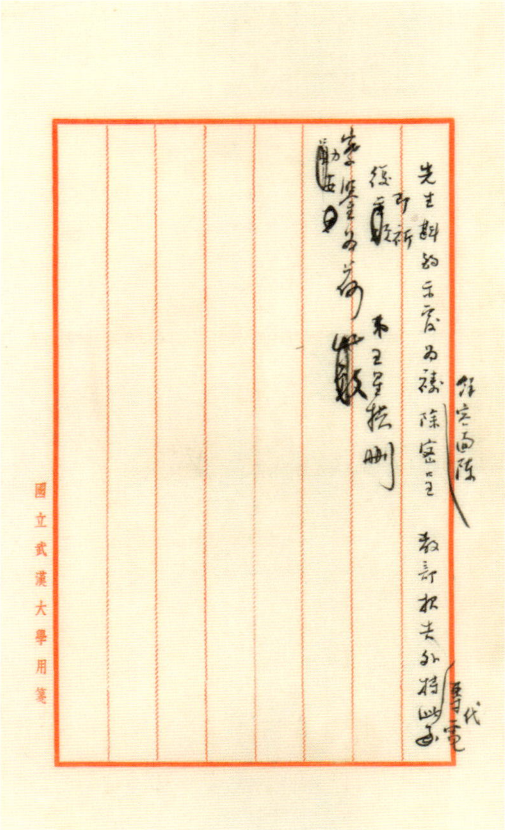

國立武漢大學用箋

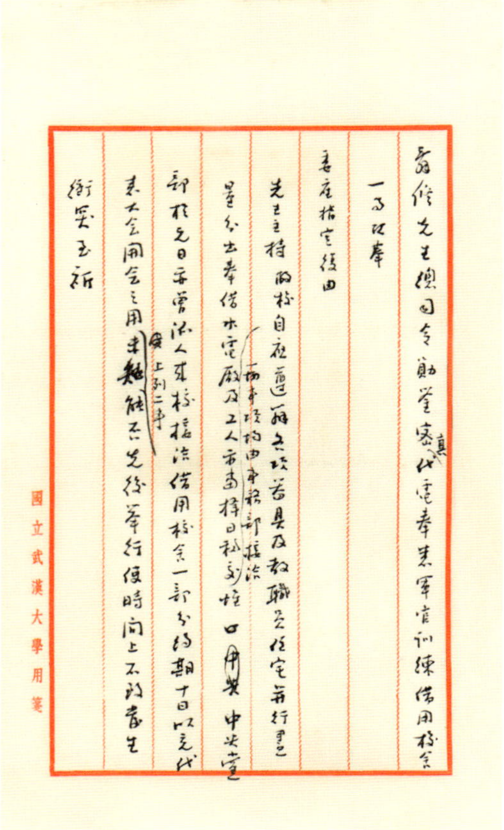

國立武漢大學用箋

1938 年春，国立武汉大学复武汉卫戍总司令部函底稿

关于珞珈山军官训练团当时的办理情形，实际负责此项事务的万耀煌曾在其 1938 年 4 月的日记中写道：

> 军官训练团的地址，系借用珞珈山武汉大学，因抗战关系，该校已随政府西迁入川，在嘉定上课。此地冈峦起伏，森林茂密，滨临东湖，湖光山色，气象万千，值此暮春四月在此举办此重大训练，确有天时、地利、人和之美。
>
> 训练团利用武汉大学宽敞宏伟之校舍，不仅在此受训者心旷神怡，且地处武昌郊区，教育训练不受敌机光顾而中辍，实为难得。
>
> ……
>
> 此次调训对象，凡未直接参战之部队，副军长、师长、旅长、团长甚至营长等均抽调前来后方，区分为将官班、校官班，惟少数将官编入校官班担任队职，将官班则选梁华盛为队长。珞珈山上一时英气勃勃，昼夜兢兢业业，惟恐疏虞。

当时，蒋介石、宋美龄夫妇以及陈诚等人曾多次下榻于珞珈山西北坡的听松庐，周恩来、黄琪翔、康泽、郭沫若、万耀煌等国共两党要员亦曾一度寓居于珞珈山东南坡的一区“十八栋”。一时间，珞珈山上可谓风云际会，举世瞩目。

珞珈山军事训练场景

蒋介石在国立武汉大学大操场检阅珞珈山军官训练团学员

在1937—1938年的“武汉抗战”期间，先后担任国民政府教育部部长、军事委员会参事室主任的国立武汉大学前任校长王世杰，曾多次来到珞珈山校园活动，并在其日记中留下了不少相关记载：

1937年

十二月一日

午后抵武昌，晚间寄宿珞珈山武汉大学。

十二月六日

……予于今晨出席武汉大学纪念周，作一小时之讲演。讲毕，巡视全校新建筑物及新近设备。工学院、图书馆及体育馆均为新近建筑，均大体完善；惟用玻璃似太多，微嫌炫耀夺目耳。

十二月十七日

晚晤陈诚于武汉大学招待所……

1938年

一月六日

敌机三四十架袭击武汉；武汉大学附近湖滨亦落数弹。

一月七日

晚宿珞珈山大学。

一月八日

午后偕段书诒参观武汉大学最近完成之理学院扩充部，工学院及体育馆。校中图书、仪器、机器大部分已装迁宜昌，闻之黯然。晚仍宿珞珈山。

一月十三日

今日予复由汉口渡江往至珞珈山作数日留。

二月一日

今日午后渡江至珞珈山，并向抚五、鲠生推荐吴之椿君为武汉大学教授。吴为一思想极锐作事极有定性之人，近年同去教部服务，予始终以畏友待之。晚宿珞珈山。

三月二十四日

今日偕李仲揆渡江，赴珞珈山，校园中桃花盛开，鲜艳无比。校中仅四年级生在校上课，余则正往四川嘉定迁徙。但军事机关则正假校舍，举办诸种短期训练，学生达一二千人。

三月二十九日

晚八时，在武昌珞珈山武汉大学图书馆举行会议……

四月一日

临时代表大会，今晚续在武汉大学图书馆举行……

五月二十六日

今日渡江，赴珞珈山度宿。

七月卅日

……珞珈山为武汉大学所在地，有甚多之房屋。且与城市隔离，划为安全区实较妥当。外侨方面，经杭君立武等转告以此意，闻拟增列珞珈山为安全区，即向中日双方接洽。

十月三日

……珞珈山之军官训练已于前日结束，盖已为武汉不幸失陷完成一切准备。

十月七日

今日午后四时由汉口渡江，往珞珈山校舍察看一周。自南京失陷后，十阅月来，政府即假珞珈山武汉大学校舍为训练军官或战地服务青年之所。近因敌军逼近武汉，自九月底起，各该项训练遂均结束，或移往他处办理。校址内之水电供给亦已停止。至于大学本身则已于上春迁往嘉[定]。武汉大学教职员之驻校者，现仅庶务余君一人。校境顿呈极端寂寞景象。忆十年以前，余首至此地，辟建此校之时，珞珈湖山原为荒凉冷僻之境。不意今日又复旧态。所不同者，今尚有伟丽之建筑，以慰湖山之寂寥耳。自战事发生以迄今兹，武汉大学尚未被敌机轰炸。以视他校，已为大幸。所望此校，即在未来亦能逃脱战事浩劫，终获成为民族复兴一个基点。余今日独自亲临其地，感慨危悚之余，而热望仍未稍减。今日为旧历中秋之前夕，湖光月色，益形妍美，愈令人留恋不忍去。归汉口寓时，已夜深。

十月十二日

今日余已购定明晨由汉口飞渝机票。下午四时渡江，拟往珞珈山度宿。行至江中，遇空袭警报，遂又折回。五时后仍复渡江，抵珞珈山武汉大学已六时余。晚宿珞珈山前山招待所。侄德芳及武大留驻学校之庶务余君同在招待所中度宿。晚间偕往湖畔山坡，观月出，悲寂之至。当余渡江时，忽闻日军开始进攻华南之讯。

1938—1939 年间，侵华日军空军奥田部队航拍的国立武汉大学珞珈山校园全景

3. 黉宫蒙尘

1938 年 10 月底，武汉三镇相继沦陷，侵华日军进驻国立武汉大学珞珈山校园。在武汉沦陷期间，武汉大学珞珈山校舍虽基本保存了下来，但仍有部分校舍遭到了不同程度的损坏。其中，农学院筹备处、煤气厂、听松庐、一区 309—310 号双栋别墅等建筑均遭损毁，图书馆内的铁制书架、书柜，大礼堂内的铁椅，学生宿舍里的铁床以及多处校舍中的锅炉、水管、铁门、铁板、桌椅等校具均被洗劫一空，校园内的树木也遭到大量砍伐。

1938 年夏，在武汉沦陷前夕，国立武汉大学法学院经济系助教汤商皓曾奉王星拱校长之命留守护校。据其回忆，武汉沦陷后，武大校园内驻有一日军联队，联队部设于文学院，经其努力交涉，对方同意将住在学生宿舍的大部分官兵迁出，“至于文、理、工学院已均由华中派遣军大批文职人员使用，教授宿舍皆由高级官员居住，自能小心维护。至于饭厅楼上楼下，现为野战医院，不便他迁”。后来，他曾“驱车自运动场至女生宿舍转至东湖

日本人发行的国立武汉大学校景明信片

之滨自来水厂，回至理学院，绕往山后教授宿舍。只见各门前均有一二士兵进出，皆未便下车。继至附中，见军车云集，已为车辆调度场。至原邮局附近，则已为一片马厩。饭厅楼下之原室内运动房已成为一军官俱乐部”。对此，汤商皓不禁感叹道：“大好湖山，不久以前弦歌传道授业之地，忽一变而为柳营黩武之场，感喟曷已！”

1939年春，汤商皓还亲身见证了侵华日军在武汉大学校园引进栽植日本樱花树的计划，并留下了这样的回忆：

数月后闻珞珈驻军换防，予乃与原班人员重往探访，接见者乃一文职武官高桥少将，因驻军减少，校园已成为办理后勤之地区，其态度较为和善。畅言对此一较日本日光、箱根之风景尤美的文化地区，当尽力加以保护。惟值此春光明媚，尚欠花木点缀，可自日本运来樱花栽植于此，以增情调。继引予等至文学院前，遥指将栽植樱花之处所，予曰：可同时栽植梅花，因中国人甚爱梅也（予意，樱为彼之国花，梅乃我国国花）。彼云：樱苗易得，梅种难求，明年今日君等可来此赏樱。予漫应之。随即告辞巡视山前山后各地，见无异状而归。

1939年，侵华日军在国立武汉大学学生宿舍前种下的日本樱花树。该照片大概摄于1947或1948年春，为目前所见的武大樱花最早的历史照片之一

4. 湖山光复

抗战胜利后，国立武汉大学于1946年秋从四川乐山复员武昌珞珈山。在复员之后，学校方面除了努力修缮在沦陷期间遭到不少破坏的原有校舍之外，已无力按照先前的计划继续进行大规模的校舍建设了，仅仅完成了战前进行到一半左右的农学院大楼的建设。1946年底，农学院大楼开始重新招标，着手复工，并最终由上海六合建筑公司中标承建。然而，当时的标价仍然超出了校方原定的底价，于是，学校只得“决将屋顶形式，绿瓦改为洋瓦，并将内部材料，亦略予更变”，经过修改，六合公司的标价由近7亿元（法币）减为近5亿元。1947年夏，农学院大楼落成。此外，为了纪念在1947年6月1日的珞珈山“六一”惨案中不幸遇难的三位学生，学校还专门在校园里修建了一座“六一纪念亭”。

三十四年秋九月，倭寇请降，明年夏，本大学奉部令复校，东还武昌，兵燹之余，颓垣败瓦，无在而不可见，独本大学岿然完好如故，若有仙灵护持者然，不可谓非不幸中之大幸也。

——《校史》，《国立武汉大学毕业纪念刊（民三七级）》（1948年）

廿六年对日全面抗战爆发，次年，我随学校迁徙四川，在川西一个名为乐山的县份，一住八载。乐山风景虽亦优美，我们却老是怀念着珞珈。珞珈的山光水色常常萦绕于我魂梦之中，不是乌尤和大渡的秀色所能冲得淡的。

抗战到了卅二年，情势日益恶劣，卅三年冬间，桂林失守，寇氛逼近独山，人心大震。我们这群知识分子更是有死之心，无生之气，以为此生永无再回珞珈之望了。想不到胜利突从天降，

1947年底的国立武汉大学珞珈山校园

我们固为国家民族庆幸，也都为自己私人庆幸，因为我们又可以投入可爱的珞珈怀抱，尽量享受她的温存。

我们复员的时候，一路虽饱受艰辛，因前途有光明的希望闪耀着，仍载歌载笑，满腔愉快。当我们的船抵达江汉关，心弦便开始紧张，登上赴校的公共汽车，一路风掣而进，我们还嫌车子走得太慢。过了洪山，武汉大学的校舍已巍然在望。我们全体同仁，不禁都自车中起立瞻眺，像孩子似的发出一阵阵的欢呼。太太们中间甚有喜极而涕者。

——苏雪林：《怀珞珈》（1962 年）

1947 年即将竣工的农学院大楼，其左边的建筑为抗战前建成的园艺室

下篇 黌宮胜景

HONGGONG SHENGJING

国之文物

一、国立武汉大学牌坊

国立武汉大学牌坊位于武昌街道口大学路起点处，距今天的武大新校门约一公里。该牌坊始建于1935年春，初为木结构，由缪恩钊、沈中清设计，是一座三间单檐庑殿顶牌楼，“油漆彩画甚是别致”（沈中清语）。牌坊正反两面的横幅上，均书有“国立武汉大学”的六字校名。然而，这座牌坊的整体比例不大协调，不仅明间跨度过大，而且四根柱子也过于纤细，整体上给人以“头重脚轻”之观感，在建筑的坚固性方面存在着很大的隐患。最终，这座木牌坊在建成仅一年左右之时，即于1936年4月21日毁于一场大风。

1935年春在武昌街道口落成的“国立武汉大学”木牌坊

“国立武汉大学”木牌坊背面风景

关于木牌坊被毁的情景，当时的武大中文系教师苏雪林曾在日记中写道：

> 昨日温度竟达八十五度，晚间十二时许，飓风第二度降临武汉，其势汹汹，有排山倒海之状，令人恐怖。余与大姊起床数次，关闭窗户，移猫入斋，直到二时，风势始稍弱。今日温度斗降，闻全校屋瓦被掀、窗玻碎破者有之，而大门壮丽堂皇之牌楼亦被大风吹倒，实为可惜。下午曾冒雨往观，皆木柱过细而材料又不坚固之故……下午……睡了一大觉，起来看牌楼，直到晚餐后，方校对文学史四章。

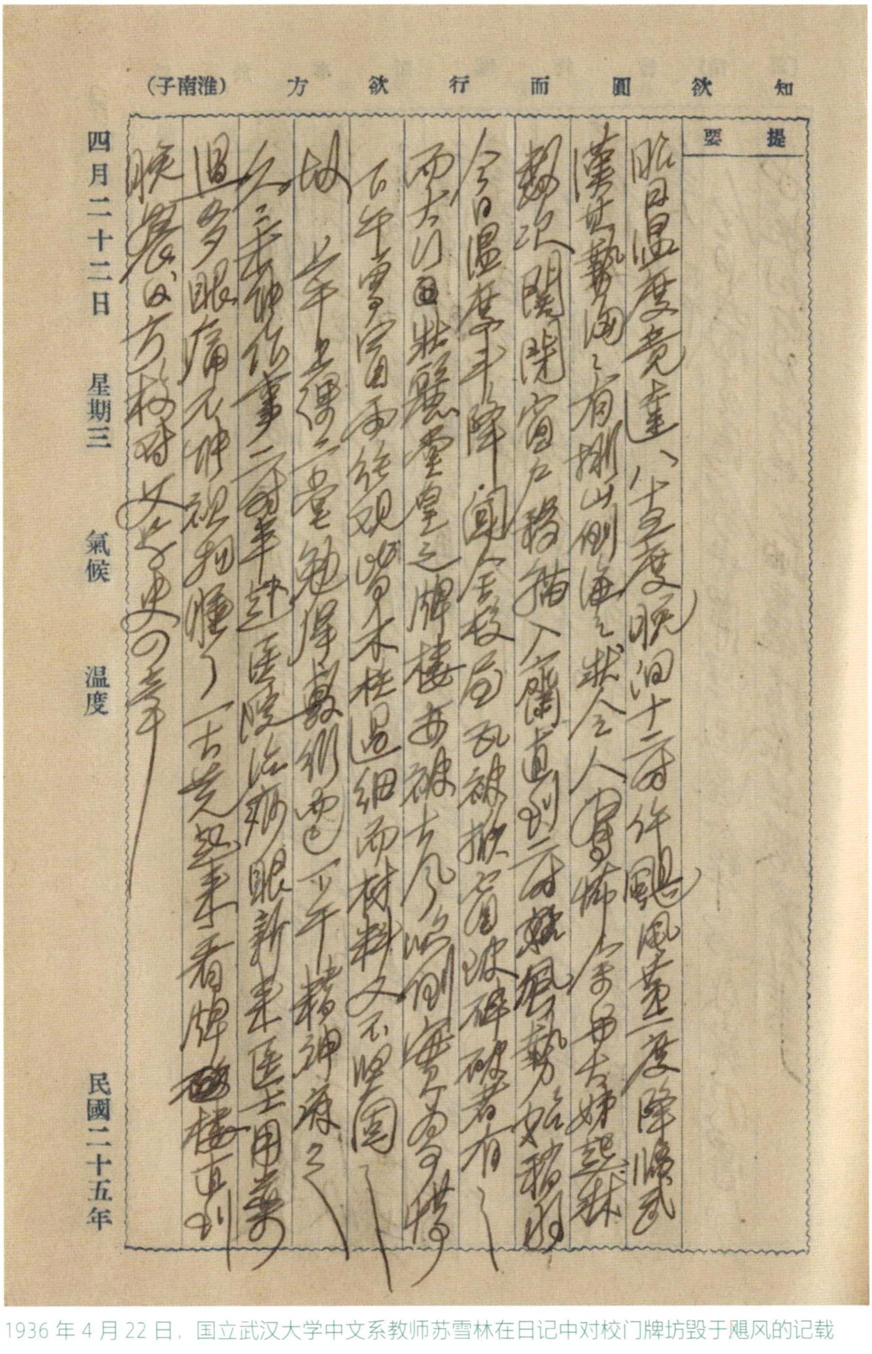

知欲圓而行欲方（淮南子）

提要

四月二十二日　星期三　氣候　温度　民國二十五年

1936 年 4 月 22 日，国立武汉大学中文系教师苏雪林在日记中对校门牌坊毁于飓风的记载

1936年夏，国立武汉大学在街道口木牌坊原址重新修建了一座牌坊。这一次，学校充分吸取了之前的教训，放弃了木结构，而代之以钢筋水泥材质。这座新牌坊仍由缪恩钊、沈中清二人设计，改用四柱冲天式，造型较为朴素敦实。据沈中清晚年时回忆：“此牌楼是我设计，Kales（开尔斯）来工地时见了牌楼和我握手表示赞赏。”除了建筑材质和造型的改变之外，该牌坊背面的文字，也换成了由时任武大中文系主任刘赜教授手书的小篆体“文法理工农医”六字，明确地标示了武汉大学在当时所追求的理想办学格局与学科结构。

1936年夏在武昌街道口重建的“国立武汉大学”牌坊

“国立武汉大学”牌坊背面的“文法理工农医”六字

由于街道口的“国立武汉大学”牌坊距离珞珈山校园尚有一公里多的路程，而连接牌坊与校园的大学路南端大约一半的路段，也从不属于武汉大学的校址范围，因此，这座牌坊的实际功能与象征意义，并不是我们今天所理解的“校门”，而只是在街道口这个交通要冲，起到了一个“指路牌”和引导标志的作用，即告知广大社会公众——到了街道口之后，须循着这个牌坊所指示的方向拐弯进入大学路继续前行，方能通达国立武汉大学校园，而并不是说只要过了这座牌坊就进入武大校园了。

武汉沦陷期间的“国立武汉大学”牌坊

20 世纪 50 年代的“国立武汉大学”牌坊

在“文化大革命”期间，“国立武汉大学”牌坊上的六字校名一度为毛体的“武汉大学”四字所覆盖，直至 20 世纪 80 年代初仍是如此。到了 1983 年，在武汉大学 70 周年校庆前夕，学校决定恢复这座老牌坊的历史原貌，于是又抹去了毛体的“武汉大学”校名，重新刻上了“国立武汉大学”六字。

20 世纪 50 年代的"国立武汉大学"牌坊，该牌坊后面的几处建筑为当时的中南民族学院（今中南民族大学）校舍（现为湖北省军区所在地）

"文化大革命"期间的"武汉大学"牌坊

20 世纪 80 年代初的“武汉大学”牌坊

21 世纪初的武昌街道口“国立武汉大学”老牌坊

最初，在武昌郊外开展建设的国立武汉大学珞珈山新校址并没有任何围墙。数十年后，随着武汉城市的发展与市区的不断扩充，原本处在郊区的武汉大学校园，逐渐与这座日益膨胀的大都市连成一片。由于大学路的南段与街道口的“国立武汉大学”牌坊均在校园范围之外，时日一久，便逐渐被包围和淹没在熙熙攘攘、喧嚣嘈杂的闹市之中，失却了往日那般绝世而独立的风采。于是，这座孤悬于校园之外的老牌坊，更加不能起到“校门”的作用，而在大学路真正进入武汉大学校界之处，却只有一座非常简易的校门，这就使得这所风景优美的著名学府，逐渐陷入了“一直没有一座与校园环境相称的大门”的尴尬境地。

改革开放以来，不断有武大师生和校友建议学校修建新校门，并表示愿意解囊相助。1991 年底，武汉大学校友总会向广大师生校友及社会各界人士发出了捐款修建新校门的倡议。当时，学校先后聘请了诸多知名专家学者设计了十余种方案，经广泛征求意见，几经

1992 年底公布的武汉大学新校门设计方案，当时牌坊上的校名采用的是毛体的“武汉大学”四字，后来又改回了“国立武汉大学”六字

1993 年落成的“国立武汉大学”校门牌坊（2012 年拆除）

对比、推敲、修改，最终还是决定仿照街道口老牌坊的基本样式进行修建。在海内外校友的大力支持和资助下，武汉大学新校门于1992年底破土动工，1993年9月宣告落成。这座新的校门牌坊位于八一路与珞珈山路的交会处，其大小与街道口老牌坊基本一致，只是柱底夹杆石造型有所不同，并增加了一些装饰图案。牌坊两侧的门房，则是以1990年落成的人文科学馆塔楼为原型设计而成。牌坊后方不远处的“校训墙”背面，则镌刻着“个人捐助一百元以上”人士的姓名及“单位捐助一千元以上者”的名称，以感谢和纪念广大师生校友及社会各界人士为武汉大学慷慨解囊的善举。

将近20年后，为改善武汉大学正门周边的环境与交通条件，武汉市政府决定在武大文理学部与信息学部之间的八一路沿线修建一条地下通道，并将路面改为绿化广场，使两个校区实现无缝对接，更加紧密地连为一体。由于1993年落成的校门牌坊正处在八一路拓宽工程的范围之内，为了配合这一惠及学校的市政工程的施工，武汉大学遂于2012年10月将这座建成还不到20年的校门牌坊予以拆除，然后进行异地重建。

2013年9月，在这座被拆除的牌坊旧址以北约10米处，武汉大学历史上的第四座“国立武汉大学”牌坊正式登场亮相，其造型与1993年建成的第三座牌坊基本保持一致，只是尺寸略有放大，所有石材均取自“中国石雕之都”——福建惠安。两个月后，与之配套的校门广场也全面完工，总面积2.5万平方米，其中绿化面积1.3万平方米。广场两侧种植着由广大校友慷慨捐赠、以高大常绿植物为主的“校友林”，高大挺拔，四季葱茏，与焕然一新的校门牌坊一道，喜迎莘莘学子与四海宾客。

2013年9月落成的武汉大学新校门牌坊（徐应荣摄）

综上所述，在武汉大学历史上先后存在过的四座“国立武汉大学”牌坊中，目前尚存1936年建于街道口的老牌坊与2013年在武大正门重建的新牌坊这两座。前者饱经沧桑数十载，最终于2001年入围国家重点文物保护单位，时至今日，已有80多年的历史。后者与前者样式相仿，只是尺寸与装饰略有差异，以崭新的姿态成为武汉大学的地标性建筑。这一新一旧两座牌坊，虽然空间距离不过数百米，但在时间维度上，却跨越了近80年，充分见证了武汉大学珞珈山校园的沧桑变迁。两座牌坊上的四根八棱石柱，通常被人们解读

1935年在武昌街道口落成（1936年损毁）的“国立武汉大学”木质牌坊上的校名字体（题写者不详）

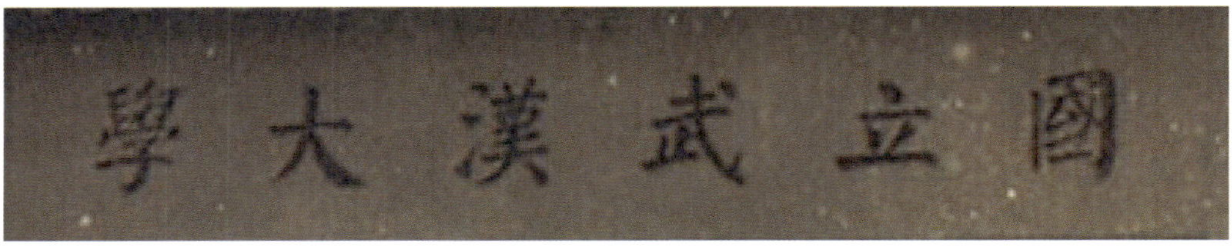

1936年在武昌街道口落成的“国立武汉大学”水泥牌坊最初的校名字体（题写者不详）

武昌街道口“国立武汉大学”水泥牌坊目前的校名字体（曹立庵题）

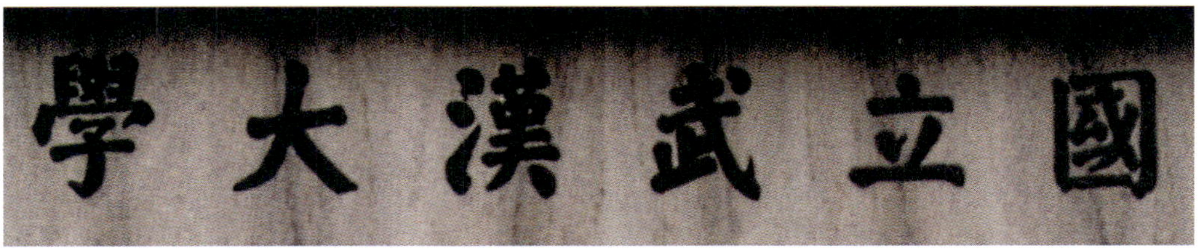

1993年落成（2012年拆除）的“国立武汉大学”校门牌坊上的校名字体（曹立庵题）

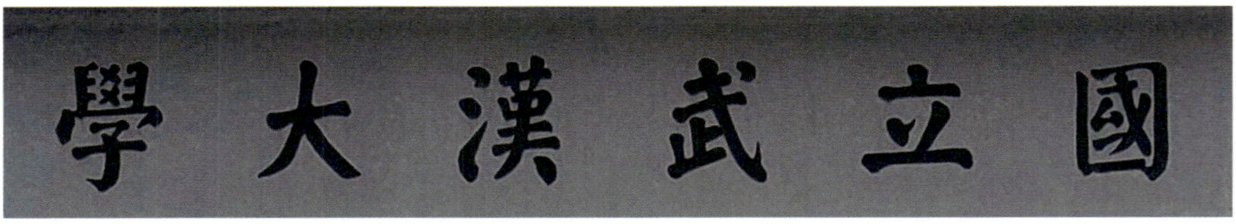

2013年落成的“国立武汉大学”校门牌坊上的校名字体（曹立庵题）

为欢迎来自“四面八方”的莘莘学子。80 多年过去了，武汉大学校门牌坊的地理位置与“版本”几经变迁，不变的则是“辟门吁俊”“得天下英才而教育之”的使命与胸怀。

长期以来，关于“国立武汉大学”牌坊上的这六字校名究竟是何人所题，一直都是人们津津乐道并且众说纷纭的一大热门话题，甚至总共有过蒋介石、汪精卫、谭延闿、于右任、王世杰、闻一多、刘永济、萧君绛、郭霖、曹立庵以及摘录颜真卿字帖等十多种说法。然而，以上的每一种说法，都没有确凿的历史证据足以证实之。值得注意的是，我们在一些历史照片中可以看到，1935 年在街道口建成的木牌坊与 1936 年在同一地点建成的水泥牌坊，其中的“国立武汉大学”校名字体是不一样的，而后者在“文化大革命”期间又曾被替换为毛体的“武汉大学”四字，到了 1983 年学校决定恢复其历史旧观之时，因之前被覆盖的 30 年代的旧有字迹已无法恢复，于是便特别邀请了著名书画家曹立庵先生重新题写了“国立武汉大学”六字。1993 年和 2013 年，武汉大学两次在八一路边复建校门牌坊，其中的“国立武汉大学”校名字迹均是由 1983 年曹立庵为街道口的老牌坊重新题写的字迹直接复制并沿袭而来。至于 20 世纪 30 年代在街道口的木牌坊与水泥牌坊上先后出现的两种不同的“国立武汉大学”校名，其题写者分别为何人，至今也没有一个证据确凿、令人信服的准确答案，可以说已基本不可考，而且随着时光的不断流逝，越来越成为武汉大学历史上的一大难解之谜。

二、男生寄宿舍

男生寄宿舍（又称男生宿舍，后称老斋舍，现名樱园宿舍）位于狮子山南坡，为国立武汉大学珞珈山新校舍一期工程的重要组成部分，由开尔斯、李锦沛设计，汉协盛营造厂承建，1930年3月开工，1931年9月竣工，建筑面积约13800平方米，工程造价31.8万元。整个建筑顺应狮子山的山势而建，如同将整座山变成了一座雄伟的城堡，显得气势恢宏。

本校學生寄宿舍遠視圖

該宿舍倚山之斜坡而建現先築三大棟占地五百九十七英方有樓四層高四十七尺地板面積共計一千六十英方寢室三百八十七間衛生室十二間可住學生七百三十人於三月六日動工現已造至三樓

男生宿舍侧面效果图

落成之初的男生宿舍全景

老斋舍的建筑布局很有特点，它顺应了自然地形的变化，在不同标高处建成不同层次的房屋，并借助山势构成气势磅礴的立面效果。整座宿舍共分为四栋，沿着狮子山的半山腰一字排开，全长 128 米，每一栋均由两个大天井将其分为前、中、后三排，各排房屋底层地面位于不同高度，从前往后渐次抬升，而后两排的屋顶则在同一平面上。每栋宿舍依山势高低分为一至四层，每层各有东西两个出入口，其外设置有 95 级阶梯，这既是一种独

男生宿舍的天井

特的“外置”的宿舍楼梯，又是从宿舍楼下登狮子山、上图书馆的主要通道。中间三座楼梯的上下两端最初各有一座大铁门，其中山下的三座大门由两根水泥立柱支撑，山上的三座则由方铁柱作为门轴，门上均铸有简洁的花纹装饰，与斋舍建筑浑然一体。遗憾的是，这六扇大铁门已全部被拆除，只是其原址地面上还保留着当年铁门下方的弧形铸铁滑轨遗迹。

男生宿舍的大小铁门

1930 年国立武汉大学男生寄宿舍奠基纪念碑及其楼梯铁门下的弧形铸铁滑轨遗迹

老斋舍每一层的房间布局都不尽相同，而且房间数量也从下到上逐次递增——一楼房间最少，呈“一”字形排开，二楼的房间围合成“口”字状，三楼则在同样大小的“口”字两角增加了几个房间，而四楼又比三楼增加了更多的房间。各栋各层宿舍分别以《千字文》开篇的“天地玄黄，宇宙洪荒，日月盈昃，辰宿列张”这 16 个字依次命名和编号，从东边第一栋开始，从一层到四层依次为天字斋、地字斋、玄字斋、黄字斋，以此类推，形成天、地、玄、黄、宇、宙、洪、荒、日、月、盈、昃、辰、宿、列、张等 16 组斋舍，共有 502 个房间，可容纳 1000 多人同时居住。

男生宿舍第一栋各斋门牌

有意思的是，东边第一栋第三层的玄字斋原本名为“元字斋”，这是因为清代为避康熙帝玄烨之名讳而将《千字文》的首句“天地玄黄”改成了“天地元黄”，到了民国时期，虽然“玄”字已不用再避讳，可是两百多年来人们早已习惯了“天地元黄”，因此武大当时也沿用了这个清代版本的《千字文》，将学生宿舍的第三个单元命名为“元字斋”。不过，如今这个斋舍还是被改成了“玄字斋”。另外，按照建筑师开尔斯最初的规划，当年的男生宿舍本来还要沿着狮子山的山坡往西边再修建两栋，如果当初真能依照规划建成的话，这两栋宿舍的各个单元似乎也会依照《千字文》中的下一句“寒来暑往，秋收冬藏”继续往后命名。

老斋舍的四栋宿舍由三个圆形拱门连成一线，其下部基础采用了简化的须弥座造型，而上方圆拱处则装饰以花草锦带纹路的浮雕。这一设计，无论是整体造型还是细节装饰图案，均与南京中山陵碑亭的门洞高度相似。三个拱门上还分别建有三座单檐歇山顶的中式楼阁，斗拱飞檐，碧瓦朱窗，宛若三座飘逸凌空的天上宫阙。这三座楼阁既突出了老斋舍三个入口的导向性，又使四栋建筑连为一体，避免呆板，且与周围的建筑顾盼呼应，相得益彰。特别是中间的拱门和楼阁还与其身后狮子山顶的老图书馆大楼位于一条轴线上，使得后者在拱门内形成了一幅美妙的“框景”，而整个狮子山建筑群也以这条轴线为中心形成了一个巨大的对称体。这三座楼阁最初是作为教员休息室使用，后来又成为学生活动的重要场所。

男生宿舍的拱门

1929 年 11 月国立武汉大学男生宿舍初版设计方案中的门洞装饰细节

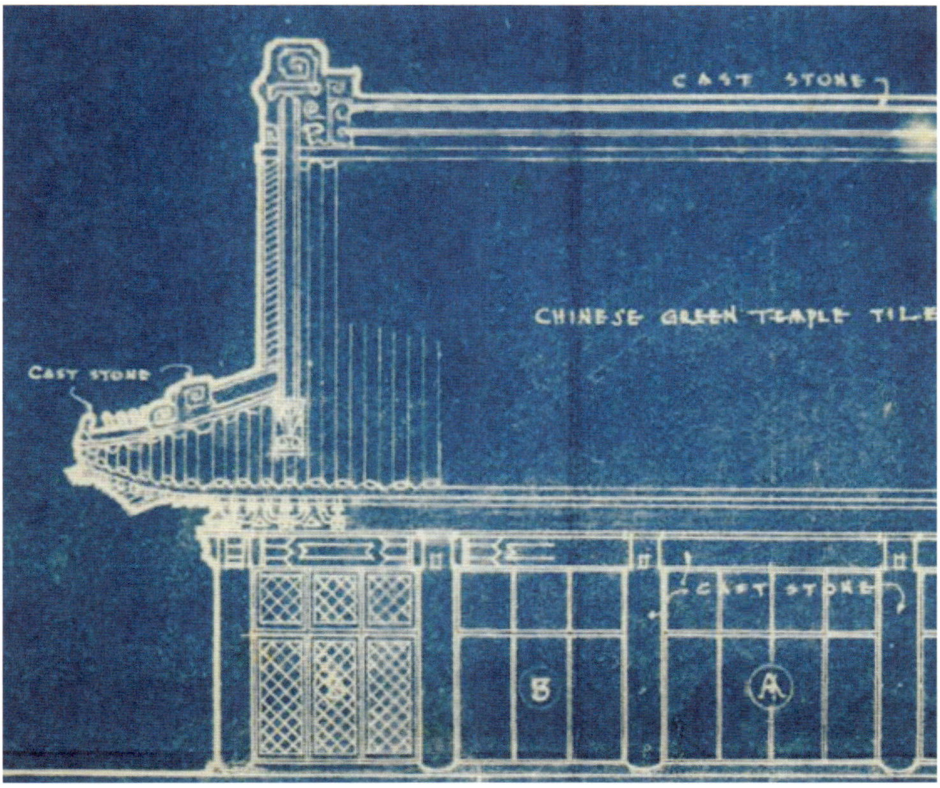

1929 年 11 月国立武汉大学男生宿舍初版设计方案中的屋顶阁楼

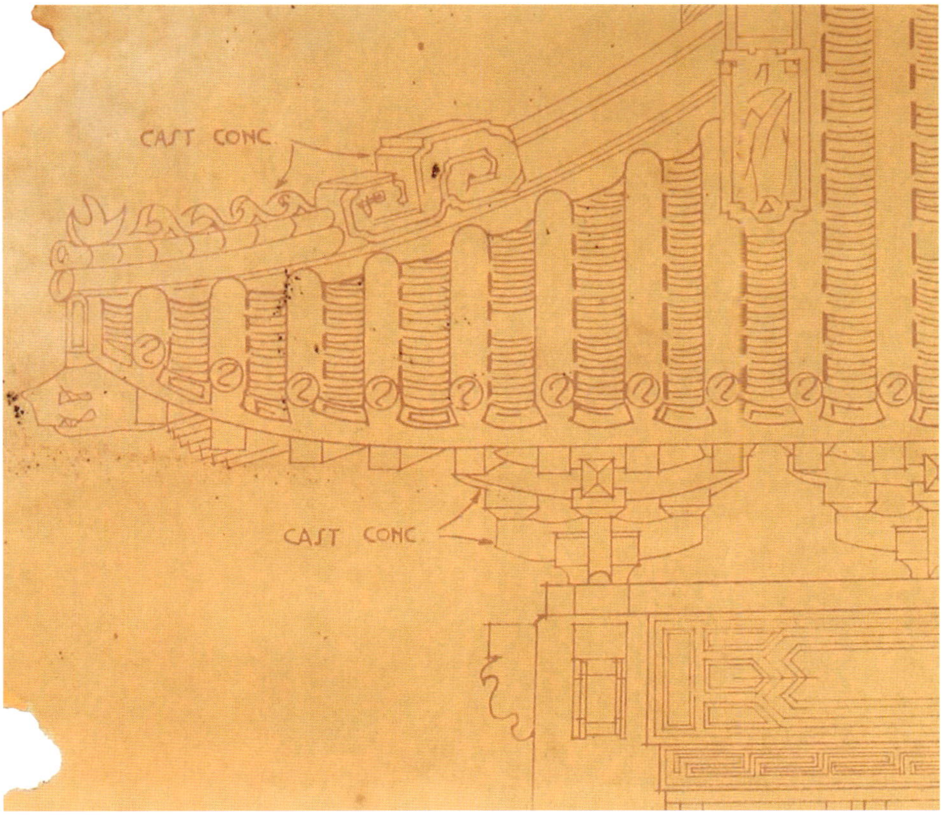

男生宿舍屋顶阁楼设计图纸中的屋角细节

建设中的男生宿舍屋顶阁楼（1931 年）

男生宿舍屋顶阁楼及平台

男生宿舍屋顶阁楼及平台

在老斋舍的这三座阁楼最初的设计方案中，其屋顶装饰细节与中山陵各建筑的屋顶高度雷同，后来虽然有所修改，但在最终的设计图纸中，依然保留了以抽象几何化的手法简化传统脊兽的设计，将屋角上的走兽改成了云纹图案。然而，汉协盛营造厂在施工过程中，却没有完全按照图纸来建造这些细节构件，对于体量较大的鸱吻、垂兽、戗兽等部位，的确照图做成了几何云纹形状；但对于较为细小的屋檐走兽，却完全抛开图纸，做成了小狗

男生宿舍屋顶阁楼及平台

的造型，且尺寸过大，比例明显失调，而且檐角下的套兽也没有照图制作出来。不过，无论是开尔斯还是武汉大学校方，对于这些细节上的小小偏差都不是特别在意，而在后续的图书馆、工学院、宋卿体育馆、华中水工试验所等建筑的设计中，开尔斯干脆又将所有大屋顶的脊兽重新设计成了更接近清代官式建筑原初样貌的走兽和仙人造型，而且戗脊和仙人之间的走兽无论数量多少，一律都是造型完全相同的狮形蹲兽。

老斋舍的最上层已达到狮子山山顶，其屋顶做成平面，形成一个开阔的平台（如今通常被武大学子称为“樱顶平台”），并与老文学院、法学院大楼前的地面标高取齐，与老图书馆外的地面亦仅有 1.5 米的高差，基本上连成一片，共同构成了一个面积广阔的山顶广场，有效地拓展了老图书馆与老文学院、法学院教学区前的空间范围，扩大了活动场所，同时也使老图书馆虽居于山顶却不显得地形局促。

1932 年的寒假期间，国立武汉大学全体学生从武昌城内拥挤、狭小的东厂口旧校舍集体迁入城郊刚刚落成的壮丽、恢宏的珞珈山新校舍。当年 9 月初，曾经为 1929 年的西湖博览会设计场馆的著名建筑师刘既漂慕名参观了武大珞珈山新校舍，对于在狮子山的半山腰“列成一排”的学生宿舍，他高度称赞道：“最妙是排在一座枕木式的山上，换而言之，把整个山变成一个伟大的建筑物，这一点十分值得赞美，好像西藏拉庥庙之危立悬崖一样，这种少有的天才……我认为这是武大全部建筑最精彩之一点。”除此之外，亦有不少游客不约而同地将这座宿舍“比之为布达拉宫”，从那以后，这座依山而建的校园建筑便多了一个“武汉的布达拉宫”之雅号。

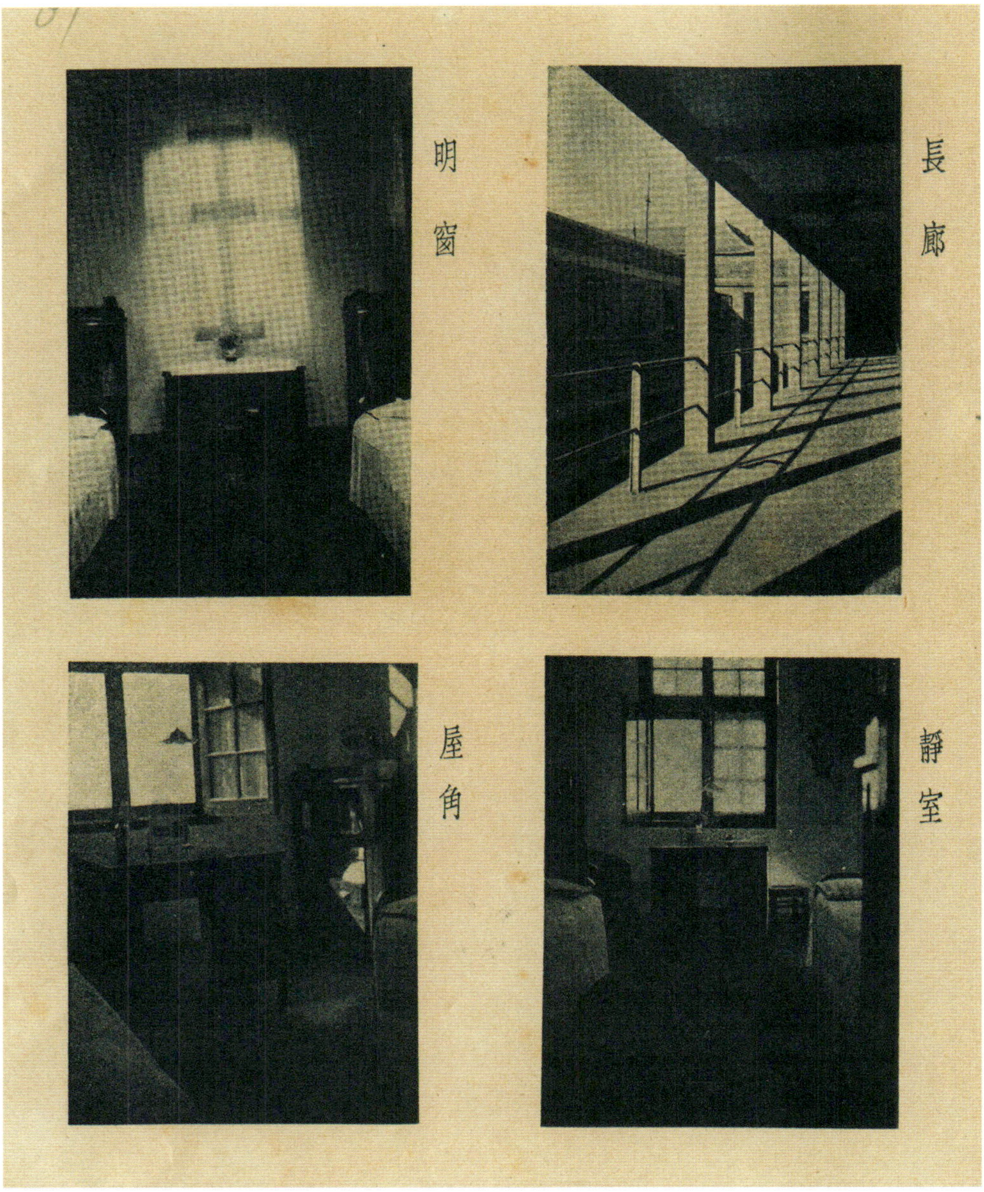

男生宿舍内景

1935 年，狮子山顶的图书馆大楼落成后，与男生宿舍相映生辉

1936 年秋，法学院大楼落成之后的狮子山建筑群远景

全面抗战爆发后，国立武汉大学于 1938 年春西迁四川乐山，在武汉沦陷期间，盘踞在武大珞珈山校园的侵华日军曾将这处男生宿舍作为其官兵宿舍使用，并于 1939 年在该宿舍前的道路内侧栽种了数十株日本樱花树。抗战胜利后，武大师生于 1946 年秋重返珞珈山校

园，考虑到日本侵略者在男生宿舍前所遗留的这批樱花树颇具观赏价值，又是开展国耻教育的良好素材，便将其作为“战利品”与国耻的印记保留了下来，并一直繁育至今。

20 世纪 30 年代中期的国立武汉大学男生宿舍

1939 年，侵华日军在国立武汉大学男生宿舍前种下的日本樱花树，该照片大概摄于 1947 或 1948 年春，为目前所见的武大樱花最早的历史照片之一

1947 年 6 月 1 日，国民党军警在国立武汉大学珞珈山校园制造了震惊中外的“六一”惨案，后来，为了纪念在这场惨案中不幸遇难的陈如丰、王志德、黄鸣岗三位学生，学校便按照他们三人殉难的具体地点，将男生宿舍的三座拱门由东往西分别命名为“如丰门”“志德门”和“鸣岗门”，并且在中间的志德门的台阶上，将王志德当时留下的血迹处涂成红色，以作永久的警示。此外，20 世纪 40 年代后期的国立武汉大学学生自治会以及 1950 年成立的武汉大学广播台，均设在这三座拱门上方的阁楼里，而此处至今也依然是武汉大学学生会所在地。

1948 年夏，国立武汉大学学生自治会全体成员在男生宿舍屋顶阁楼前合影

20 世纪 50 年代以后，随着武汉大学办学规模的不断扩大与学生宿舍的逐渐增多，这座 20 世纪三四十年代唯一的一处男生宿舍，也就慢慢地被武大师生称作“老斋舍”。到了 1983 年，学校将樱花道旁的老斋舍正式命名为“樱园”（樱园宿舍）。每到樱花盛开的季节，这座雄伟、大气的宫殿式建筑便与那片洁白如雪的花海交相辉映，蔚为壮观，于是，浪漫的武大人便又给老斋舍起了一个更加动听的雅号——“樱花城堡”。

经过岁月的磨洗，老斋舍早已显得陈旧、老迈，但其风姿、魅力及其对广大学子强大的吸引力，却依然不减当年。尽管一栋又一栋新的学生宿舍不断地在校园内落成，但老斋

今日老斋舍鸟瞰

舍一直都是、也将永远是全武大最漂亮、最经典、最有韵味的学生宿舍，甚至还有不少学生放出豪言——没住过樱园宿舍（老斋舍），就等于没读过武汉大学！

令人欣慰的是，2015—2016 年，樱园老斋舍经历了自落成以来规模最大的一次修缮，不仅昔日的风韵又重新焕发，还平添了不少现代化的生活设施——原有的木制门窗被换成外观相同的铝合金材质，每个房间均配备一整套深棕色木家具，无线网络全覆盖，还安装了冷热双制的中央空调，通过电脑或手机 App 就可进行实时监测、管控和缴费的智能用电管理系统，安全可靠的监控设施与门禁系统……2016 年秋，修葺一新的樱园老斋舍正式亮相，作为博士研究生宿舍继续使用。

三、图书馆

武汉大学老图书馆位于狮子山顶的中间位置，是武汉大学最具代表性、最为人熟知的地标性历史建筑。该建筑由开尔斯设计，上海六合建筑公司承建，1933 年 12 月开工，1935 年 9 月竣工，建筑面积约 5000 平方米，藏书容量约 20 万册，工程造价约 22.9 万元，当时管理美国退还中国庚款的中华教育文化基金董事会曾捐助建筑费 10 万元。

1935 年落成的国立武汉大学图书馆大楼

在开尔斯 1929 年为武汉大学所制订的最早的一版校园规划方案中，便已选定了狮子山顶作为图书馆馆址。1930 年，他在对狮子山南坡的男生宿舍进行建筑设计的过程中，也已经对其正后方的图书馆大楼进行了初步的立面设计。在其最初的规划方案中，图书馆被设计为一主二从三座中式阁楼组成的建筑群，居中的主楼为一座四方形的攒尖顶阁楼，东西两侧的副楼则是两栋对称的重檐歇山顶书库楼。后来，由于学校预算的限制，工程的建筑规模有所缩小，两侧的副楼被暂时取消，只先期建造中央主楼。开尔斯遂对主楼的设计方案进行了修改，在其前后两翼的四角设置了与之相联结的四座附楼，其中后排的两座附楼比前排更为狭长，从而形成一个倒写的“工”字形平面。与此同时，主楼的屋顶造型也发生了变化，开尔斯放弃了之前的攒尖顶方案，重新设计了一个颇为别致的“八角歇山顶”——在传统歇山顶的基础上，增加了四条戗脊，形成一个八边形的平面。此外，在屋顶正脊的中央，还加设了一座尺寸颇大、造型脱胎于塔刹相轮的脊刹。这一屋顶造型与当时刚刚重建的厦门南普陀寺大悲殿屋顶极为相似。就整体外观而言，这座大楼的上半部分形似一顶皇冠，其正面下方的两座歇山顶的附楼之间，则是一个由两对方形双柱托起的高大宽阔的门廊，大楼内外的诸多装饰细节，既有中国传统的鸱吻、云纹、斗拱、雀替、仙人走兽等，又有西式的罗马柱、石拱门等，充分体现了“中西合璧”的建筑风格，成为武汉大学校园内最为雄伟壮观的标志性建筑。

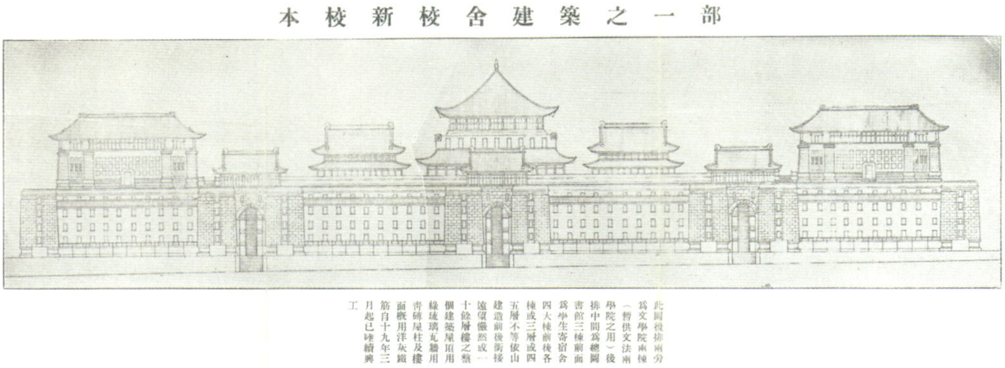

1930 年，国立武汉大学图书馆及周边建筑最初的规划设计图

1934 年开尔斯修改后的图书馆设计图，当时中央塔楼屋顶正脊中央并未设置脊刹

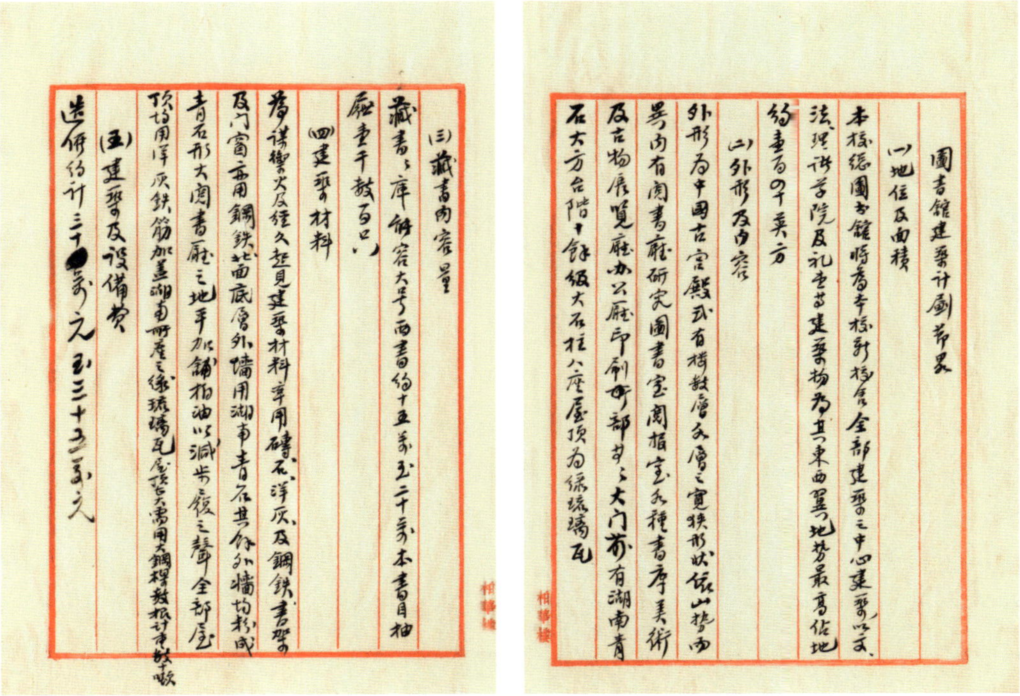

图书馆建筑计划节略

（1933 年）

（一）地位及面积

本校总图书馆将为本校新校舍全部建筑之中心建筑，以文、法、理诸学院及礼堂等建筑物为其东西翼，地势最高，占地约一百四十英方。

（二）外形及内容

外形为中国古宫殿式，有楼数层，各层之宽狭形状，依山势而异；内有阅书厅、研究图书室、阅报室、各种书库、美术及古物展览厅、办公厅、印刷部等等；大门前有湖南青石大方台阶十余级，大石柱八座；屋顶为绿琉璃瓦。

（三）藏书内容量

藏书书库能容大号西书<约>十五万至二十万本，书目抽屉一千数百只。

（四）建筑材料

为谋御火及经久起见，建筑材料率用砖、石、洋灰及钢铁，书架及门窗亦用钢铁；北面底层外墙用湖南青石，其余外墙均粉成青石形；大阅书厅之地平加铺柏油，以减步履之声；全部屋顶均用洋灰铁筋，加盖湖南所产之绿琉璃瓦，屋顶甚大，需用大钢梁数根，计重数十吨。

（五）建筑及设备费

造价约计三十万元至三十五万元。

1934 年国立武汉大学图书馆奠基纪念碑

建设中的图书馆大楼（1935 年）

整体平面呈倒“工”字形、屋顶平面呈八边形的图书馆大楼（刘文祥摄）

图书馆中央塔楼的屋顶为造型独特的八角歇山顶

由于老图书馆大楼建在狮子山顶的坡地上，地基空间比较狭小，开尔斯便刻意将其位置略微后移，直至部分悬空，从而使得其前方更加平坦宽阔，背面也更显高峻宏伟；同时还利用狮子山北坡向北下降的地势，在北侧东西两翼设置了上下共七层的书库，而从南面看过去，书库的地上部分只有四层高。书库采用夹层来扩大使用面积，层高仅 2.4 米，充分考虑了空间利用的经济性。

图书馆正面

图书馆侧面

图书馆背面

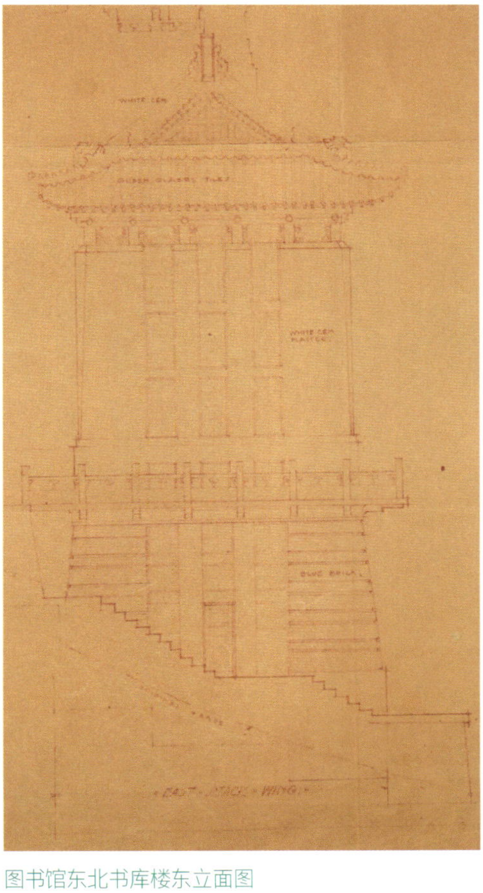

图书馆东北书库楼东立面图

图书馆中文书库

图书馆西文书库

老图书馆大楼南面主入口外有一段回廊，廊前有两对方形双柱。这两对柱子可谓武大建筑“中西合璧”特征的一个典型范例——柱子的柱础采用了具有中国南方建筑特色的造型，而上方与之相连的额枋和雀替则为简化的北方官式造型，但这种双柱并排使用的做法并不见诸中国传统建筑，而是脱胎于西方古典主义建筑。

步入老图书馆的正门，即可看到一座造型古朴典雅的木门，其装饰细节极具中国传统风格，给人以庄重肃穆之感。这扇门同时也起到了屏风的效果，使得图书馆大门的开合不致影响到室内师生的阅览学习。穿过这座木门，便是宽敞高大的阅览大厅，其平面呈八边形，面积400多平方米，层高9.6米，空间宽广，视野开阔，四面有一圈回廊，东西两侧均有一面巨大的落地玻璃窗，使得大厅内光线充足。厅内摆放有供阅览书报之用的24张黑褐色长木桌及近200张配套木椅，这些桌椅古香古色，具有浓郁的中国传统家具造型和风格。尤其难得的是，这批桌椅从20世纪三四十年代一直使用至今，是武汉大学校园内如今保存最完好、数量最多的一批民国时期桌椅。

除了主入口的大门为木质外，老图书馆大楼所有的外墙门窗均采用钢制玻璃门窗，这些钢门钢窗大小不一，形状各异，但均造型考究，且经久耐用，其钢件均在上海专门定制，至今已经使用了80多年，不仅锁扣弹簧依然保持良好弹性，轴承、连杆等构件也都转动自如，不禁令人惊叹当年的这些国产建筑构件的优良质量。另外，值得一提的是，当时的上海顾发利公司曾经为武汉大学图书馆大楼设计了一套取暖系统——在西北附楼最下一层半地下室装置有三台采暖锅炉，并由此通过热水管和暖气片，贯通大楼各楼层厅室，可惜这套系统最后并未实际安装使用。

图书馆大门上方的窗花雕饰

图书馆阅览室正面

20 世纪 30 年代中期国立武汉大学图书馆阅览大厅内景

位于图书馆一楼大厅环廊处的出纳台

老图书馆的旋转楼梯（付元辰摄）

老图书馆阅览大厅环廊的四隅切角处设有半圆弧形楼梯，这些旋转直上的楼梯，给人一种深邃幽秘的美感。由此拾级而上，来到阅览大厅上方，便可看到一个在巨大的钢桁架结构空间内形成的夹层，其内部空间被纵横交错的四品桁架分割为“井”字形。

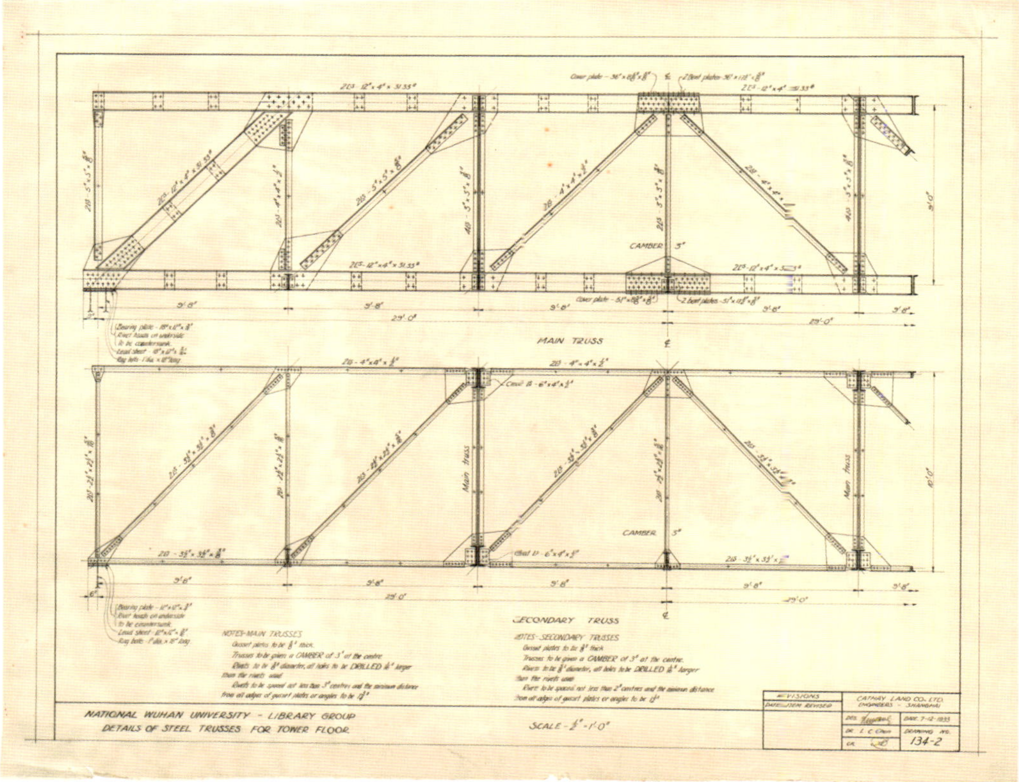

图书馆阅览大厅屋顶钢桁架结构图

20 世纪 30 年代设置在图书馆顶楼大厅的期刊阅览室

夹层上方是一个高敞开阔的顶层大厅，其外墙亦为八边形，并设有环形外走廊。这里是整个校园的制高点所在，堪称全武大位置最好、视野极佳的户外观景平台，在此环顾四周，远眺八方，武汉大学珞珈山校园的青山翠谷与壮丽黉舍，以及东湖的碧波万顷，都尽收眼底。

老图书馆下方的“百步梯”

武汉大学老图书馆所在的狮子山，原本海拔65米，其最高点在老法学院大楼一带，后来在施工建设的过程中，原来的山顶被削低了10米，最高点也就被在其东面拔地而起的图书馆大楼取而代之。武汉大学将图书馆建在狮子山顶，置于整个校园“至高无上”的位置上，“龙门千尺，高不可攀”（苏雪林语），充分体现了人类对知识与科学的尊崇和敬畏。从老斋舍楼下的樱花大道起步，直到走进老图书馆的大门，需要跨过100多级台阶。在持续攀爬的路途中，不时仰望巍峨典雅的老图书馆，会使人感到莫名的庄重，待到登上山顶，“升堂入室”，又甚觉登临万物之上，自然而然地滋生一种“会当凌绝顶，一览众山小”的感受来。这也正昭示着，在崇高的知识殿堂面前，若是没有朝圣者的虔诚、虚怀若谷的胸襟和持之以恒的毅力，是无法登堂入室的。在求知的道路上，也许人人都应该走过这样一段有形或无形的“台阶”，只有这样，才能体验到追求的充实与成功的喜悦。

按照开尔斯最初的规划设计，武汉大学图书馆建筑群除了中央主楼外，还包括东西两侧的两栋扩展书库楼，而在1935年图书馆主楼刚刚落成之时，学校方面就已经预见到随着图书馆藏书量的不断增加，其馆舍将很快面临藏书空间不足的问题，因此便开始着手这两栋书库楼的扩建工程。与此同时，开尔斯还对图书馆的周边环境进行了总体设计，曾计划将拟扩建的两栋书库楼正南面，也就是图书馆与其东西两侧文、法二学院大楼间的空地开辟为两座对称的花园，其内种植花草灌木，还规划有水渠、小桥，颇为别致。如果上述计划能够付诸实施，那么，整个狮子山建筑群的核心区，无疑将更加壮美和精致。但令人遗憾的是，由于抗战的全面爆发，这些计划最终都只停留在了纸面上。

国立武汉大学图书馆大楼建成还不到三年，便见证了中国历史上的一次重大事件。全面抗战爆发后不久，武汉一度成为中国的战时首都。1938年3月，当武大师生正在陆续西迁四川乐山之时，国民党当局决定向学校方面借用校舍召开临时全国代表大会，并最终选定了狮子山顶的图书馆作为会场。关于当时大会会场的布置情形，时任国民党中央监察委员会铨叙部次长王子壮曾在日记中如此写道：

三月廿七日　星期日

……三时随叶先生往东湖珞珈山武汉大学，以学校正中建于山巅之图书馆为会场。庄严伟丽，极富东方建筑美，而去其雕梁画栋之纤巧部分者也。房计五层，全部以铁筋洋灰而覆以绿琉璃瓦，飞甍画栏，墙壁均为洋灰之本色，而有各式古代之图案浮雕，故其象庄严，其气雄浑，而可经久不变，较诸北京之各大学建筑，可为青出于蓝者，国内有数之伟大作品也……

会场系就图书馆略加改造，正中悬总理遗像及伟大之党、国旗。其墙则敷以蓝、白、红三色之条布。一入其中，极逞肃穆庄严之境象也。

雄渾莊嚴

国立武汉大学图书馆——1938 年 3 月 29 日至 4 月 1 日中国国民党临时全国代表大会会场

1938 年 3 月 29 日至 4 月 1 日，中国国民党临时全国代表大会在国立武汉大学图书馆举行，这次会议选举蒋介石为国民党总裁，汪精卫为副总裁；取消预备党员制，建立三民主义青年团；召开国民参政会；通过《抗战建国纲领》；等等。其中的部分举措，对于全民族团结抗战曾经发挥过不少积极作用。关于此次大会在武大图书馆召开的一些具体情形，时任国民政府军事委员会参事室主任、国立武汉大学前任校长王世杰曾在日记中写道：

三月廿九日

本党全国临时代表大会于今日开幕。在名义上开幕式在重庆举行，实则仅林主席等数人留渝。其用意，系避免敌军注意，增加武汉空袭之危险。晚八时，在武昌珞珈山武汉大学图书馆举行会议……

四月一日

临时代表大会，今晚续在武汉大学图书馆举行，至晚十二时遂宣告闭幕。闭幕前，出席大会之若干人，联名提出一案，推举蒋中正为总裁，汪兆铭为副总裁，并由提案人推吴敬恒向大会证明。当经全体起立通过……

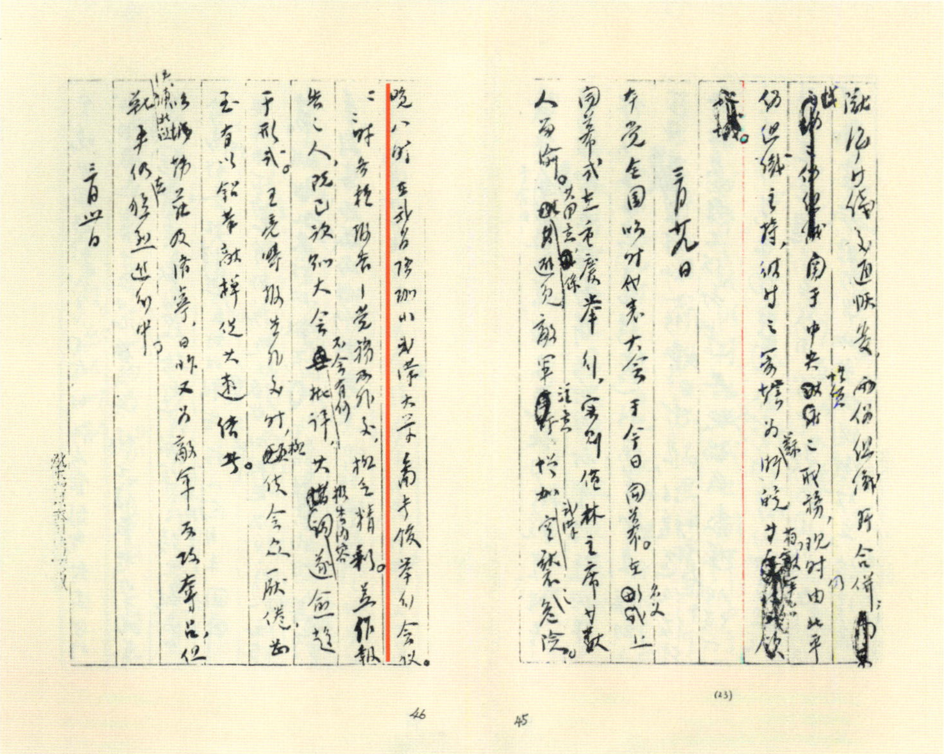

王世杰在日记中对国民党临时全国代表大会召开情况的记述

武汉大学老图书馆建成数十年以来，一代又一代的武大师生在这里刻苦攻读，潜心钻研，留下了永生难忘的宝贵记忆。随着 1985 年珞珈山麓的新图书馆大楼落成，老图书馆也成了武汉大学图书馆的古籍馆（又称“特藏部”），以收藏历史文献为主，同时仍然保留了阅览与自习功能。2008 年，武汉大学在老图书馆开设了全校最高层次的学术讲座——“珞珈讲坛”，广泛邀请海内外各学科领域的顶尖级学者来到这个神圣的学术殿堂讲学。2013 年，学校又将老图书馆改建为校史馆（2019 年，学校档案馆亦迁入此处办公），在此展示武汉大学建校百年来的风雨历程，从而在弘扬武大精神、传承优秀文化以及校际、国际交流中继续发挥着重要作用。

20 世纪 50 年代的武汉大学图书馆

20 世纪 40 年代后期国立武汉大学图书馆阅览大厅内景

1962 年春，武汉大学化学系四年级学生罗意（左）、刘述霞（中）、张俐娜（右）在图书馆前学习，张俐娜后来成为中国科学院院士

2013 年，正在修缮中的武汉大学老图书馆（刘文祥摄）

湖光山色中的武汉大学老图书馆

四、文学院

老文学院大楼位于武汉大学狮子山顶的老图书馆东侧，属于国立武汉大学珞珈山新校舍一期工程，由开尔斯、石格司、李锦沛设计，汉协盛营造厂承建，1930 年 5 月开工，1931 年 9 月竣工，建筑面积约 3900 平方米，工程造价 11.2 万元。该建筑平面呈“口”字形，为一栋绿色琉璃瓦庑殿顶的四合院回廊式建筑，在中式的大屋顶中间开有天井，

1931 年落成的国立武汉大学文学院大楼

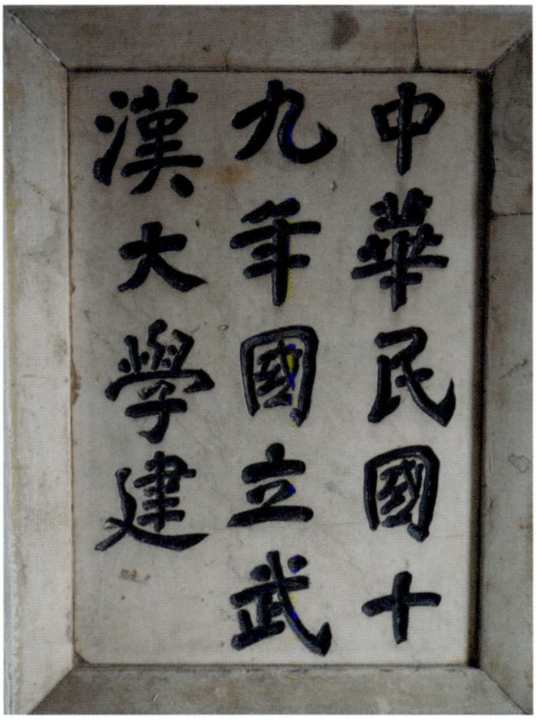

1930 年国立武汉大学文学院奠基纪念碑

文学院南立面图设计细节

并利用其地面空间加设了一间大教室。四面墙体的两端均设置了一对 2 米多宽、突出墙面的斜角大立柱造型作为装饰，既丰富了建筑外立面的造型，也增加了大楼四角在视觉上的敦实稳重感。其屋顶的四个檐角出挑较远且较为上翘，具有中国南方建筑风格。其顶层柱间额枋的装饰图案，则是以水泥线条勾勒出的传统中式彩绘图案的大致轮廓。

事实上，在国立武汉大学珞珈山新校舍总工程师开尔斯当年所绘制、并由武汉大学档案馆一直保存至今的大量建筑设计图纸中，包括文学院大楼在内的武汉大学所有中式屋顶建筑的屋角，均为起翘比较平缓的北方官式建筑样式。然而，承建珞珈山新校舍一期工程主体建筑的汉协盛营造厂，从老板到普通工人都是南方人，他们并没有严格地按照开尔斯的设计图纸进行施工，而是根据南方地区根深蒂固的建筑习惯，将文学院大楼、学生饭厅以及学生宿舍顶部三座亭楼的屋角全都做成了翘而尖的南方建筑样式。

由于在珞珈山新校舍一期工程的具体施工过程中，开尔斯远在上海，而代表其负责监工的德籍工程师石格司又未能发现并纠正这一细节上的错误，等到开尔斯 1932 年春终于有机会亲临武昌珞珈山现场查看由自己一手设计的武汉大学新校舍时，一期工程的所有建筑均已落成，屋顶上的脚手架也早已拆除，尽管开尔斯对此大为不满，但此时木已成舟，势难挽回。不过，开尔斯对这一细节问题仍然极为在意，以至于他宁可牺牲整个校园建筑群在屋角方面整体风格上的协调一致，也要在后续的诸多建筑中坚决地纠正这一失误。于是，在他的极力坚持下，由上海六合建筑公司承建的图书馆、工学院、法学院、体育馆、华中水工试验所等珞珈山新校舍二期工程建筑的屋角最后全都被纠正回北方式的平角。

如此一来，在法学院大楼落成之后，其屋顶的平角便与文学院大楼屋顶的翘角形成了鲜明的反差。近些年来，对于此二者在这一建筑细节方面的重大差异，有一种流传较广的说法——文学院应该活泼，所以要将其屋角做成翘角，象征着“文采飞扬”；法学院应该严肃，所以要将其屋角做成平角，意喻“法理严正”。这一说法乍听起来似乎是意境绝妙，颇值玩味，进而不禁会让人深深感慨这两座大楼的设计者实在是“别具匠心”。然而，这实际上只是一种昧于历史事实的牵强附会的曲解，它既是对建筑师开尔斯先生本人的设计原意的错误臆测，也不符合当时的建筑厂商并没有将设计方案严格贯彻落实的基本史实。

另外，需要特别说明的是，民国时期武汉大学的文学院和法学院，与当今武大所设的仅包括文学与法学单一学科的文学院、法学院概念完全不同。在 20 世纪 30 年代，当时的国立武汉大学文学院一共设有中国文学、外国文学、史学、哲学（一度改称哲学教育系）四个系，相当于几大主要人文学科的一个集合，法学院则下设法律、政治、经济三系（一度办有商学系），与今天的社会科学基本对应。正如同样隶属于当年的武大文学院的历史、哲学、教育等学科实在无法用“文采飞扬”一并概括一样，附设于武大法学院的政治、经济等学科，自然也不能用“法理严正”来以偏概全。因此，这种望文生义、牵强附会的解读，完全脱离了具体的历史语境与时空范畴，不论是在逻辑上还是在事实上都站不住脚，理应予以澄清和纠正。

1932—1935 年，暂设于文学院大楼内的学校图书馆

在文学院大楼建成之初，国立武汉大学的文学院、法学院、图书馆以及学校行政办公室均集中暂设于此。数年后，图书馆与法学院大楼先后落成，这两家单位也就此从文学院大楼迁出。但因经费所限，学校规划建设的总办公楼一直都未能开建，因此，国立武汉大学时期的王世杰、王星拱、周鲠生三任校长，新中国成立初期的校务委员会主任委员邬保良以及上任之初的李达校长等学校历任领导人均曾先后在文学院大楼办公。

20 世纪 30—40 年代，刘赜、刘永济、徐天闵、黄焯、席鲁思、苏雪林、谭戒甫、朱东润、程千帆、陈源、方重、袁昌英、陈登恪、胡光廷、吴宓等著名文学家，李剑农、吴其昌、方壮猷、郭斌佳、唐长孺、吴于廑等著名历史学家，高翰、范寿康、王凤岗、万卓恒、金克木等著名哲学家均曾在文学院大楼里潜心治学，教书育人，并培养出著名文学家胡守仁、胡国瑞、周大璞、叶君健、齐邦媛、孙法理，著名教育家刘佛年、朱九思，著名历史学家陶元珍、陈锡祺等一大批优秀人才。

1933 年 5 月 20 日，国立武汉大学青年义勇军在文学院大楼前合影

20 世纪 50 年代末以后，文学院大楼成为武汉大学数学系（现为数学与统计学院）所在地，并一直沿用至今。从那时起，曾昭安、李国平、熊全淹、张远达、余家荣、路见可、齐民友等著名数学家长期在此工作，培养了一大批国内外知名的数学人才，

文学院大楼远景

其中包括丁夏畦、王梓坤、陈希孺、沈绪榜、张明高等多位中国科学院院士和中国工程院院士，以及著名航天医学工程专家、中国载人航天工程副总设计师及航天员系统总指挥兼总设计师陈善广等。

五、法学院

老法学院大楼位于武汉大学狮子山顶的老图书馆西侧，其所在地原为狮子山的最高点，海拔 65 米，后来在施工建设的过程中被削低了 10 米。该建筑属于国立武汉大学珞珈山新校舍二期工程，由开尔斯和景明洋行设计，上海六合建筑公司承建，1935 年 8 月开工，1936 年 6 月竣工，建筑面积约 4000 平方米，工程造价 14.3 万元。由于当时的湖南省政府曾承诺资助国立武汉大学法学院建筑费 12 万元（但实际上最终仅支付了 5 万元），为表感谢，学校还专门在该建筑大门后的墙壁上镶嵌了一块刻有“中华民国廿四年湖南省政府协资建造”篆体字样的石碑，这也是当时武大各处校舍奠基纪念碑中唯一一块以篆体书写雕刻的石碑。

1936 年落成的国立武汉大学法学院大楼

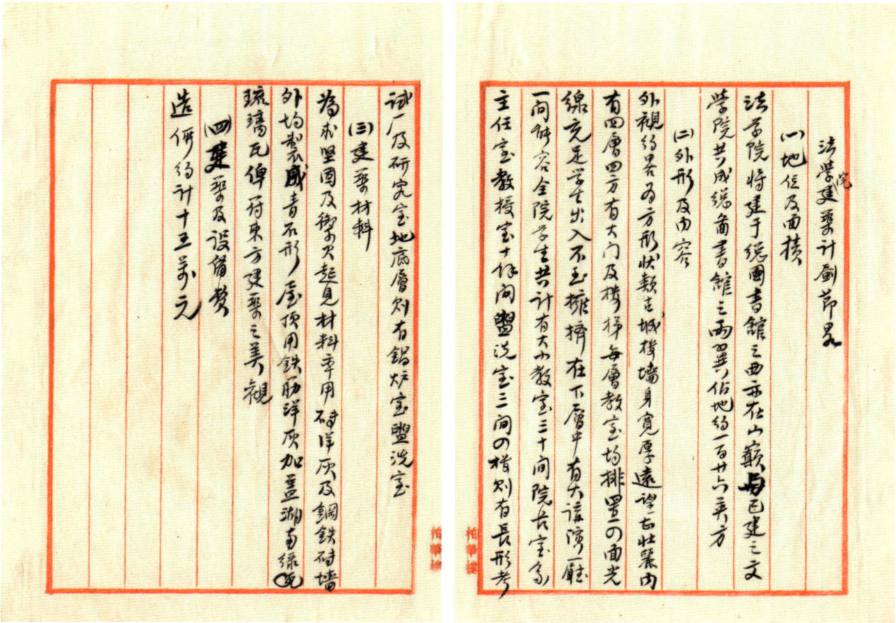

法学院建筑计划节略

（一）地位及面积

法学院将建于总图书馆之西，亦在山巅，与已建之文学院并成总图书馆之两翼，佔地约一百廿六英方

（二）外形及内容

外观约略为方形，状类古城楼，墙身宽厚，远望古壮严肃。内有四层，四方有大门及楼梯，每层教室均排置四面，光线充足，学生出入不至拥挤。在下层中有大讲演厅一间，能容全院学生。共计有大小教室三十间，院长室、各主任室、教授室十余间，盥洗室三间，四楼则有长形考试厅及研究室，地底层则有锅炉室、盥洗室

（三）建筑材料

为求坚固及耐久起见，材料率用砖、洋灰及钢铁，砖墙外均敷盖青石粉，屋顶用钢筋洋灰加盖湖南绿色琉璃瓦，俾获东方建筑之美观

（四）建筑及设备费

造价约计十五万元

法学院建筑计划节略

（1933 年）

（一）地位及面积

法学院将建于总图书馆之西，亦在山巅，与已建之文学院共成总图书馆之两翼，占地约一百廿六英方。

（二）外形及内容

外观约略为方形，状类古城楼，墙身宽厚，远望甚壮丽。内有四层，四方有大门及楼梯，每层教室均排置四面，光线充足，学生出入不至拥挤。在下层中有大讲演厅一间，能容全院学生。共计有大小教室三十间，院长室、系主任室、教授室十余间，盥洗室三间。四楼则有长形考试厅及研究室，地底层则有锅炉室、盥洗室。

（三）建筑材料

为求坚固及御火起见，材料率用砖、洋灰及钢铁，砖墙外均制成青石形，屋顶用铁筋洋灰，加盖湖南绿琉璃瓦，俾符东方建筑之美观。

（四）建筑及设备费

造价约计十五万元。

1935 年国立武汉大学法学院奠基纪念碑

法学院大楼的外形与文学院大楼大体一致，亦为一栋绿色琉璃瓦庑殿顶的四合院回廊式建筑，四面墙体上也加有斜角大立柱，所不同的是：第一，其内部完整地保留了中式大屋顶中部天井的地面空间；第二，在四四方方的主体部分北面又加建了一部分（上下设有三间大教室），将原本“口”字形的平面变成了“凸”字形；第三，在建筑师开尔斯先生的强烈要求下，其屋顶的檐角严格按照设计图纸进行施工，做成了完全不同于文学院之翘角的紧凑平缓的平角；第四，为了与狮子山西头山势和地形的变化相适应，法学院大楼的中轴线与其东侧的图书馆、文学院大楼中轴线并没有完全平行，而是进行了一点微调，向西南方向偏斜了 15°。

尽管法学院大楼与文学院大楼存在着上述细节方面的差异，但这并不影响它们在外观上的高度相近。在其落成之后，便与先期建成的文学院大楼构成了一对“姊妹楼”，

1936 年春，即将竣工的法学院大楼（左）

法学院正面

法学院屋角

法学院倒影

它们分别位于老图书馆大楼的东西两侧，左右对称，相对矗立，可谓左辅右弼，忠实地拱卫着位居中心的老图书馆，使之更显气势雄伟。

20 世纪 30—40 年代，王世杰、周鲠生、梅汝璈、胡元义、蒋思道、吴学义、燕树棠、韩德培等著名法学家，李剑农、时昭瀛、刘迺诚、曾炳钧等著名政治学家，杨端六、刘秉麟、陶因、戴铭巽、皮宗石、任凯南等著名经济学家均曾在法学院大楼传道授业，培养出著名法学家姚梅镇、李谟盛，著名政治学家曹绍濂、杨鸿年、端木正，著名经济学家张培刚、夏道平、刘涤源、万典武、董辅礽、何炼成、李京文等一大批优秀人才。

在 20 世纪 50 年代初的全国高校院系调整中，武汉大学法学院建制被取消，政治系与法律系合并为政法系（随后又更名为法律系），经济系更名为政治经济学系（数年后又复名为经济系）。1958 年，法律系被撤销，原法学院大楼中只剩下一个经济系。随后，外国语言文学系从文学院大楼迁入法学院大楼。到了改革开放初期，经济系从老法学院大楼迁出，此后这座大楼便一直为外文系（1990 年升格为外国语言文学学院）所专用。2005 年，外语学院迁入新落成的外语大楼，其所腾出的老法学院大楼则成为公共教学楼，并开始被武大师生称为“老外文楼”或“老外楼”。后来，这座大楼内又有一部分房间被辟为武汉大学数学与统计学院、质量发展战略研究院等单位的教学、科研与办公用房。

今日武大狮子山建筑群鸟瞰

六、学生饭厅及礼堂

在武汉大学狮子山建筑群的最西端，法学院大楼西侧地势稍低处，还有一座小巧而别致的学生饭厅（上层为礼堂）。其主体部分为一座中式风格的两层歇山顶建筑，西侧附有一座两层的炊事间，由开尔斯、石格司、李锦沛设计，汉协盛营造厂承建，1930 年 6 月开工，1931 年 9 月竣工，建筑面积约 2700 平方米，工程造价 6.4 万元。1936 年，在其西侧又扩建了一栋一层饭厅，建筑面积约 600 平方米。

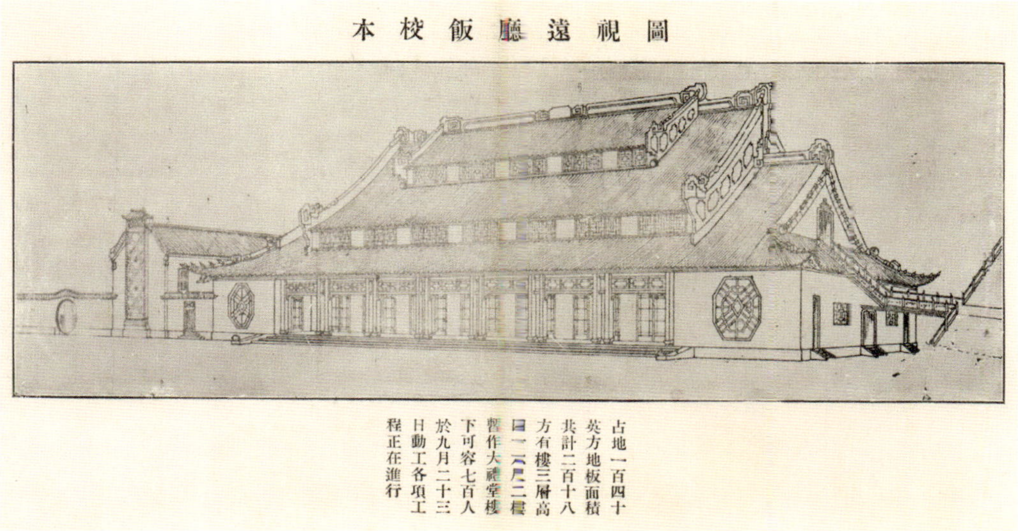

学生饭厅及礼堂规划图

1930 年学生饭厅及礼堂奠基纪念碑

学生饭厅及礼堂

学生饭厅屋顶一角

学生饭厅及礼堂的建筑平面为一个东西向的长方形，外观造型上采用了中国传统建筑中的歇山顶，二层的空间实际上全部位于一层楼顶屋檐之上的“大屋顶”内部。为了解决二楼室内空间的层高、采光和通风问题，开尔斯大胆地对传统歇山顶进行变形改造，在屋顶的中部接连抬起两层，形成了一个三层叠摞式的复杂结构，不仅丰富了屋顶造型，而且使得屋架下的室内空间得以增加，能够满足礼堂之需，同时还在两侧各开两排窗户，获得了良好的室内采光、通风效果，“这种构造在中国新建筑中确实是件新闻”（建筑师刘既漂语）。另外，饭厅西边炊事间南北两侧曲线形的封火山墙造型，带有浓郁的中国南方民居风格，且烟囱被设置在山墙顶上，显得独具一格。

学生饭厅炊事间的山墙和烟囱

学生饭厅内景

20 世纪 30 年代，武大学生在饭厅进餐及餐后洗碗时的情景

学生饭厅及礼堂也是武汉大学民国校园建筑中装饰较为复杂精美的一座，其装饰程度仅次于老图书馆。一楼饭厅的南北两侧均布置了一排双柱廊，显得通透疏朗（现已被封堵为外墙）；屋顶的三层叠摞，形成了极富立体感的造型，而屋顶的各条屋脊、各山墙面等处，也都布满了装饰图案。至于二楼礼堂的室内装修，那就更为精美了，其室内屋架上以水泥浮雕的形式展现了众多极富民俗特色的中国传统建筑装饰图案，

礼堂入口

礼堂内景

如房梁上有“宝葫芦插三戟”的图案，意为“连升三戟（级）”；柱间还有木质梁枋装饰，并使用了传统吉祥图案“蝠（福）在眼钱（前）”造型的雀替，而这也是武汉大学民国校园建筑中为数不多的室内木质装饰结构。

礼堂室内立柱“蝠（福）在眼钱（前）”造型雀替设计图及其实景

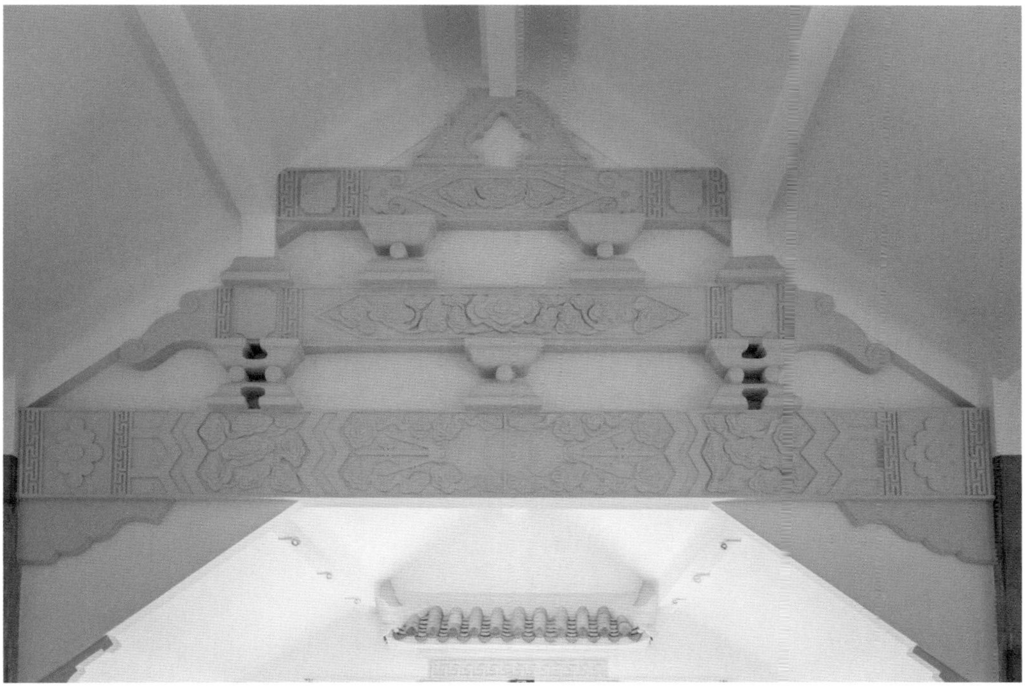

“连升三戟（级）”

20世纪30年代，国立武汉大学在武昌珞珈山建设新校舍时，一直都有修建大礼堂的计划，但因经费不济，始终未能实施，于是，学校便只能将学生饭厅上层的这个小礼堂临时充作大礼堂使用，在此举行各种全校性的重大集会和学术报告会等活动。好在当时学校规模较小，在校学生不过数百人，学生饭厅一楼的容量可达700人，足敷使用，而二楼的这个小礼堂亦可将全校师生全部容纳进来。

在南京国民政府时期，包括各大高校在内的全国所有机关团体，每周都要举行一次“总理纪念周”活动，这种活动大都因举办频繁、充满政治说教而显得枯燥乏味，流于形式。不过，包括国立武汉大学在内的一些高等学府，却巧妙而充分地利用了“总理纪念周”的活动形式，邀请校内外著名学者在学校礼堂作学术演讲，变政治纪念活动为学术交流活动，极大地活跃了校园的学术氛围，带动了学校学术与教学水平的提高。

武汉大学自建校以来，一直不乏学术大师与社会名流光临，而自从1932年从武昌东厂口迁至珞珈山新校舍之后，各界名人更是纷至沓来、络绎不绝。从那时起，几乎所有来访名人的演讲或学术报告都是在狮子山顶的这座小礼堂里举行的，著名学者蔡元培、李四光、胡适、李济、杨振声、唐钺、张奚若、张伯苓，以及蒋介石、德国驻华大使陶德曼等人，均曾在此发表演讲。

礼堂内景

到了 1937—1938 年全面抗战爆发初期，这座小礼堂里更是名流云集。蒋介石、汪精卫、陈果夫、陈立夫、陈诚、李宗仁、周恩来、陈独秀、董必武、王明、博古、陆定一、沈钧儒、罗家伦、陶希圣、郭沫若、萧军、冼星海等众多军政要员或文化名人，均曾来过这里发表演讲，畅谈自己对时局的看法、对抗战的态度，或是从事其他与抗战有关的各种活动。

本級畢業同學與在校同學，於五月十九日晚，假大禮堂舉行敍別大會，備有遊藝多種，以助餘興。

上圖爲開會時唱級歌情形。

下圖爲演唱平劇『四郎探母』時情形。

1934 年的武大毕业生在礼堂举行叙别大会

1937 年 12 月 31 日，时任中共中央革命军事委员会副主席的周恩来，应武汉大学抗战问题研究会的邀请，第一次来到武大，在学校礼堂发表了题为“现阶段青年运动的性质和任务”的演讲。在这次演讲中，周恩来号召广大青年“到军队里去”“到战地服务去”“到乡村中去”“到被敌人占领了的地方去”，进而“努力去争取抗战的最后的胜利，努力去争取独立的、自由的、幸福的新中国的来临！”当时，整个会场的气氛非常热烈。在现场的听众中，就有一位正在湖南青年战地服务团工作的清华大学学生，因“对周恩来心仪已久”，便起了个大早，专程从服务团驻地武昌师范学校赶到武大来旁听其演讲，他便是中共情报工作史上最具传奇色彩的人物之一、曾被毛泽东誉为“一个人能顶几个师”的熊向晖。

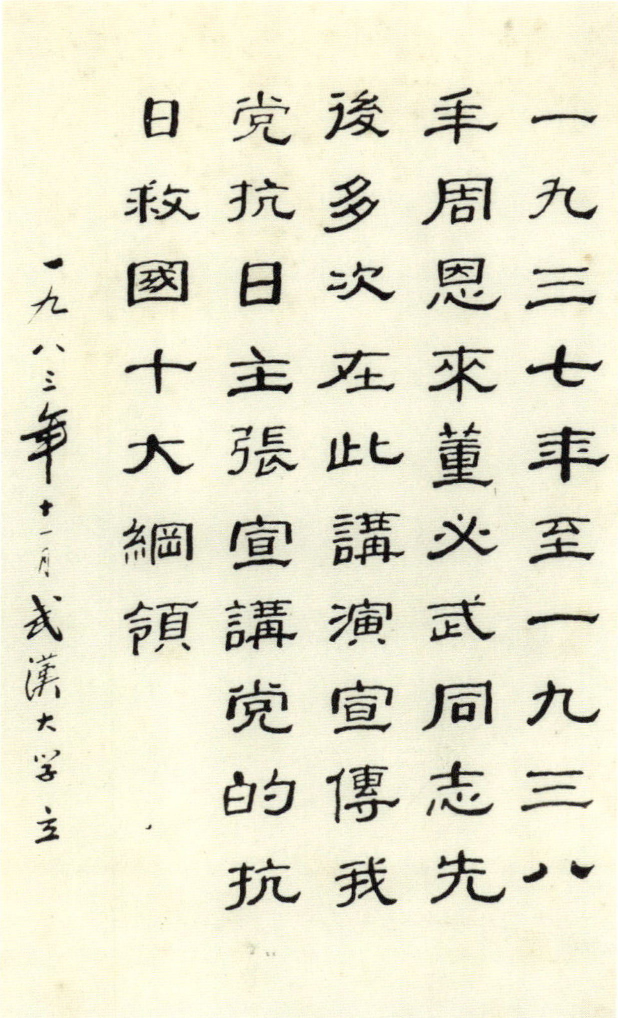

1983 年 11 月，武汉大学在周恩来、董必武曾经发表过抗战演讲的礼堂（后为学生俱乐部）立碑以志

1938 年春，蒋介石在国立武汉大学校园内开办了珞珈山军官训练团（国民党中央训练团前身），并亲任团长。在此期间，他也曾多次在这个小礼堂里给军官训练团的成员“训话”。几个月后，武汉沦陷，在侵华日军占领武大珞珈山校园期间，学生饭厅及礼堂均被他们改作野战医院。

抗战胜利后，国立武汉大学于 1946 年从四川乐山复员武昌珞珈山，这个小礼堂又再次热闹了起来。在复员后的两年里，美国驻华大使司徒雷登、中国民主社会党主席张君劢以及再度来到武大访问的著名学者胡适、李济等人，亦均曾在这里发表过演讲。

1948 年，国立武汉大学学生自治会在学校礼堂进行执行委员选举活动

武汉大学 1954—1955 学年教学经验讨论会

到了20世纪80年代初，在老斋舍被正式命名为“樱园”之后，狮子山上这座古老的学生饭厅也随之更名为“樱园食堂”。至于食堂上方的这座小礼堂，也被一代又一代的武大师生持续使用至今，并且早已挂上了“武汉大学学生俱乐部”的招牌。在本世纪初，武大学子通常将这里称为樱顶“大俱”（大学生俱乐部）或“大活”（大学生活动中心），并经常在此举行戏剧表演、辩论比赛、诗歌吟诵等校园文化活动。目前，该建筑正在进行全面整修，即将以全新的面貌呈现在广大师生校友面前。

正在维修中的樱园食堂及学生俱乐部

七、理学院

老理学院大楼位于狮子山东麓，九一二操场正北面。整个建筑群坐北朝南，由一主四从共五栋楼构成，与九一二操场正南端的老工学院建筑群（现行政大楼）遥相呼应，蔚为壮观。理学院主楼及其前排两侧的附楼属于国立武汉大学珞珈山新校舍一期工程，由开尔斯、石格司设计，汉协盛营造厂承建，1930 年 5 月开工，1931 年 11 月竣工，建筑面积约 4700 平方米，工程造价 19.5 万元，当时的汉口市政府曾资助建筑费 17 万元；后排两侧的附楼则属于二期工程，由开尔斯和景明洋行设计，并改由汉口袁瑞泰营造厂承建，1936 年下半年开工，建筑面积约 5400 平方米，工程造价约 15 万元，至 1937 年 9 月时因全面抗战爆发而停工，当时这两座附楼的主体部分已基本建成，但室内装修与设备安装尚未完工。

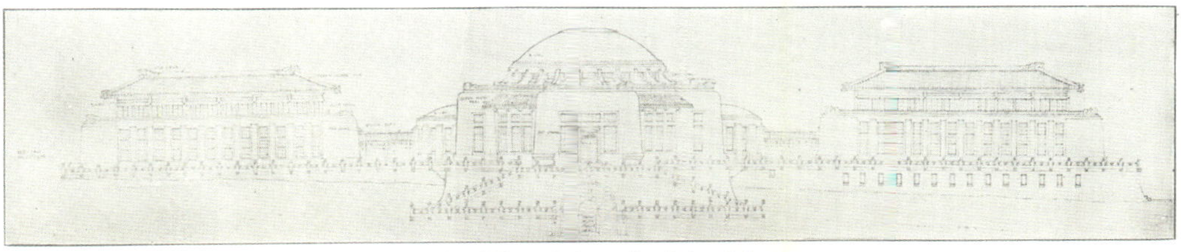

理学院大楼规划图

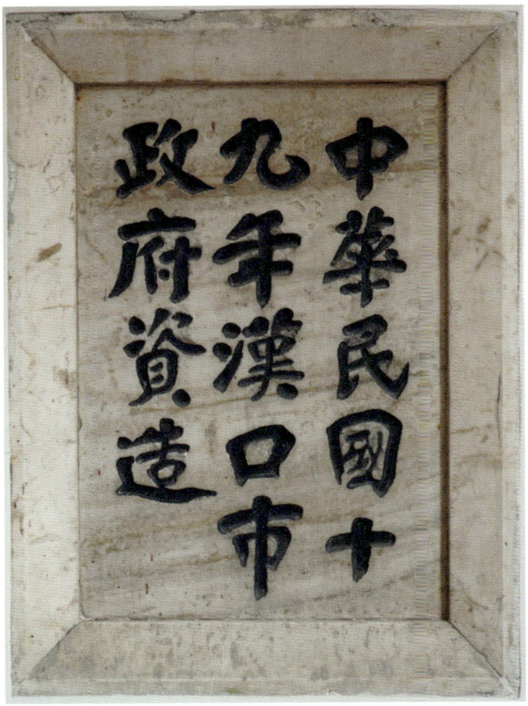

1930 年国立武汉大学理学院奠基纪念碑

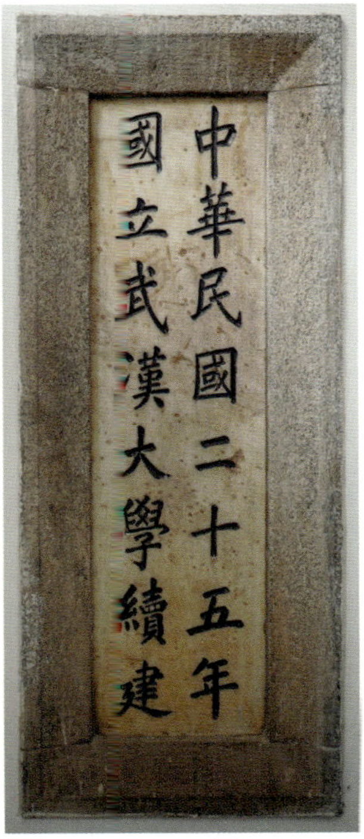

1936 年理学院续建工程奠基纪念碑

理学院建筑群远景

理学院建筑群远景

理学院建筑群杂糅了古今中外多种不同风格的建筑元素，是武汉大学民国建筑群中的一个独特的案例。其中央主楼采用了经典的希腊十字式平面布局，屋顶是拜占庭式穹顶，局部屋檐饰以中式绿色琉璃瓦，其室内阶梯教室的立柱还使用了古埃及建筑中的纸莎草柱式与莲花柱式造型，显得颇为古朴庄重。主楼东西两侧通过中式连廊相

理学院一期工程侧景

连的两座附楼，则使用了中国传统的单檐庑殿顶，一楼还做成了类似城台的造型，看上去如同两座中国古代的城楼。而后来在主楼的东北与西北方向扩建的两座附楼，在造型上则较为朴素，通体为一座长方体平顶建筑，只在外墙、阳台和屋檐等处施以简洁的中国传统建筑装饰。可以说，这样一个多种建筑风格混杂在一起的建筑群，正体现了民国时期中国建筑中西交汇、古今杂糅的时代特点。

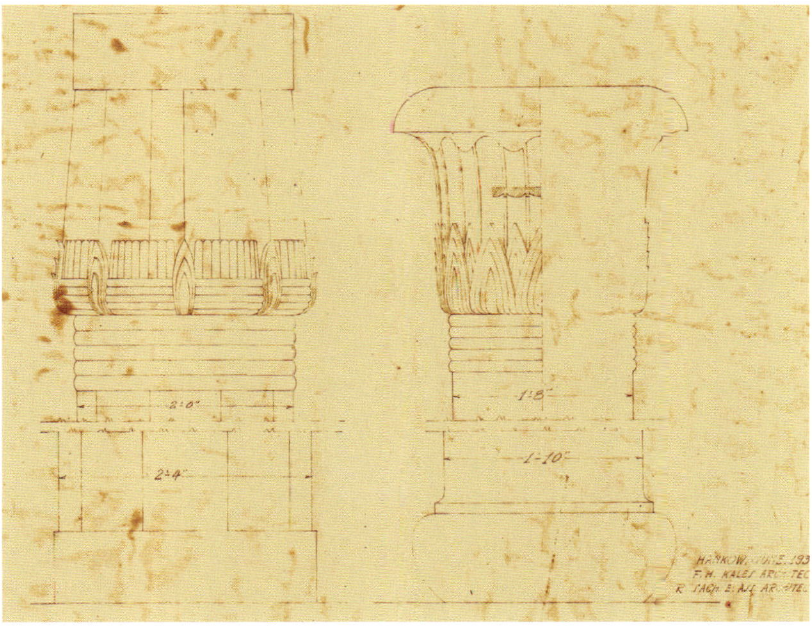

理学院主楼室内古埃及风格立柱柱头设计图，左为一楼阶梯讲堂立柱，右为二楼教室立柱

一楼阶梯讲堂立柱

二楼教室立柱

尽管从外观上看，理学院建筑群颇具审美价值，但从建筑功能和实用性上讲，这组建筑却存在诸多问题。如中央主楼的内部结构和建筑外观造型完全脱节，其外形看似一座宏伟的大礼堂，但其形状复杂的十字形内部空间却被分割成上下四层的各种异形房间，不仅桌椅的摆设很成问题，许多教室内部甚至还有立柱遮挡视线，通风采光也不佳，而且室内的回音也是一个严重问题，这些都给教学活动带来了不利影响。至于两侧附楼中的实验室，因一、二层被设计成类似城台的造型，其窗户便只能做成细长的形状，这极大地影响了室内采光的效果。第三层虽然开窗较大，但在大屋顶出檐的遮挡下，采光亦受到一定影响。

对于理学院大楼在建筑设计上的诸多不足之处，1932 年 9 月来校参观的建筑师刘既漂进行了直言不讳的批评，他认为其中的某些设计“反乎现代建筑原理”，进而认为武大珞珈山新校舍一期工程建筑的一大通病便是“内部一切分配，都跟着外表美观而迁凑，这一点，为最大的错误”。无独有偶，1934 年，国民政府教育部在派人视察了国立武汉大学之后，于当年 7 月 20 日发来训令，既高度肯定了“该校新建校舍，环境优美，并力能注重设备，于教学研究，殊称适宜”，但同时也指出了新校舍的一些具体缺陷，如“该校理学院教室，光线多欠充足，各实验室亦嫌狭小，宿舍门窗向壁设置，未能利用天然美景，以后新建筑固须注意美观，但同时犹须顾及实用方面”。

理学院主楼东侧的化学实验室

理学院后排附楼一角

扩建后的理学院建筑群侧景

有鉴于此，武汉大学后来扩建理学院建筑群时，便放弃了之前华而不实的大屋顶和异形楼体，而代之以朴实无华的“立方体”，仅仅在这两座西式平顶楼的屋檐、窗台等细部略施一点中国元素进行装饰，虽然仍是中西杂糅的外表，但与前期建筑相比，已是更多地让外观适应于实用，将建筑最基本的功能放回首位了。

前后两期建成的理学院东翼楼（右）和东北楼（左）（刘文祥摄）

理学院大楼落成之初，其中部主楼为理、工学院教室，并设有数学模型室和生物标本室，东、西两侧附楼分别为化学系和物理系实验室。在历史上，这座理学院大楼曾经汇聚过一大批国内外一流的优秀学者，拥有过一些全国一流的科研设备，取得过不少全国乃至世界一流的学术成果。如在 1933 年，国立武汉大学理学院数学系主任曾昭安在这里建立了当时国内独一无二的数学模型室；同年，刚刚来校的生物系教授汤佩松在这里建立了中国第一个普通生理实验室，编写了我国第一部普通生理学讲义，经过三年的努力研究，他还成为了当时中国同时在英国《自然》（*Nature*）杂志和美国《科学》（*Science*）杂志发表论文的第一人；1947 年，生物系教授高尚荫在这里创办了中国第一个病毒学研究室；20 世纪 50 年代末，化学系教授曾昭抡在这里开创了中国最早的元素有机化学学科，并在 60 年代初组织编写了中国第一套元素有机化学专业丛书……

除此之外，还有不少科学大家曾经在武汉大学理学院大楼里发表过精彩的学术演讲。如在 1934 年秋，著名地质学家、当时身兼国立武汉大学建筑设备委员会委员长之职的李四光先生，在前往英国讲学前夕，曾应邀来到武大讲学。他先是在学校大礼堂作了一场题为“东亚恐慌中中国煤铁供给问题”的演讲，随后又在理学院物理学教室作了一场题为“最近地质时期中国气候之变迁”的演讲。再如著名数学家华罗庚先生，1950 年从美国回国后不久，便来到了武汉大学，在理学院 105 教室作了他回国之后的第一次学术演讲。

理学院无线电实验室

理学院物理实验室

理学院化学实验室

理学院动物标本室

理学院植物标本室

从20世纪30年代理学院大楼落成，到50年代初全国高校院系调整前后，曾经在这里任教或学习过的众多师生中，共有汤佩松、高尚荫、李国平、彭少逸、柯俊、查全性、丁夏畦、王梓坤、江元生、王佛松、游效曾、杨弘远、李钧、李方华、张焕乔、陈希孺、潘自强、梁骏吾等10多人后来当选为中国科学院院士或中国工程院院士。

1953年，经过院系调整，武汉大学理学院的建制被撤销，但理学院大楼的名称却依然得以保留，并一直沿用至今。20世纪50年代后期，老理学院大楼附近的生物大楼与物理大楼先后落成，而数学系则迁入老文学院大楼，此后老理学院大楼便交由化学系专用，直到1974年化学大楼落成后，又分配给数学（计算机）、物理、生物等系使用。改革开放初期，经济系曾一度从老法学院大楼迁入老理学院大楼办公，直到1987年迁出。

20世纪三四十年代，国立武汉大学的文、法、理、工、农五大学院均先后修建了自己的教学与办公大楼。随着岁月的变迁，其他四大学院的大楼早已改变用途，与“文”“法”“工”“农”这些学科完全不沾边了，唯有这座昔日的理学院大楼，除了中央主楼如今被用作公共教学楼之外，其余几座附楼中仍设有一些自然科学方面的实验室，于是，这座大楼便一直被武大师生称作“理学院”或“理学楼”。

20 世纪 50 年代的化学实验室

打开记忆的背囊，也唯有武大四年时光编织的故事最丰富、最温馨、最美丽。如今，追寻记忆深处而去，我无不动容于那“恰同学少年”时的意气风发与青涩懵懂，陶醉于校园樱花簇开、桂花溢香的浪漫品位，沉浸于琉璃瓦建筑在苍松翠柏间蕴含的古典儒雅，更拂不去那一直在我心灵里萦绕和映照的理学院夜晚的灯光……

记忆中的老理学院像座城堡，既透着一丝东方古朴，又融汇着大方的西洋风格，里面有几间大教室，是我们数学系上大课和晚自习的场所。它与我们数学系宿舍老斋舍相距不过一二百米，中间穿越一条幽秘的林荫小道。我敢肯定，这条道是最熟悉我的脚步的。四年里一千多个日＜日夜＞夜，我与同学们几乎一大半时间是穿梭于这条路上的，目标却十分纯粹——去理学院汲取知识养分。白天，主要是数学大课，如“数学分析”“线性代数”“常微分方程”等。虽然老师们已在尽可能把枯燥的知识讲得幽默、生动些，但我们还是经常会在这里期待偶尔安排的一些文学艺术、政治经济类的名家讲座，真切体会到武大文理综合的优越。晚上的理学院，天一黑教室里的灯光都亮了，皎朗的月光倾泻而下，让圆圆的屋顶笼罩上一层圣辉，透过婆娑的树枝望去，像一个顾盼流连的少女若隐若现，十分迷人。数学系的同学用功是全校出了名的，教室里很快就座无虚席，当然常常也有些被书或文具占据的“空位置”……（下略）

理学院夜晚的灯光啊，那是点亮并温暖了我记忆的灯光，是我人生道路上永不熄灭的灯光！无论是荆棘坎坷还是惊涛骇浪，无论是戈壁荒漠还是天路茫茫，它将一直指引并照亮我奋勇前行的方向……

——陈善广：《珞珈之忆——理学院夜晚的灯光》，武汉大学校友总会编：《武大校友通讯》2010 年第 1 辑，武汉大学出版社 2010 年版

理学院建筑群正面鸟瞰

理学院建筑群背面鸟瞰

八、工学院

在九一二操场正南面，与老理学院建筑群处在同一南北轴线另一端的，便是老工学院建筑群（现为学校行政大楼）。工学院大楼位于珞珈山北麓的火石山上，坐南朝北，是当时珞珈山环山一带体量最为宏伟的建筑，在苍郁浑厚的山体映衬下显得格外雄伟壮

工学院建筑群设计图

武汉大学行政大楼侧面鸟瞰（刘文祥摄）

美。工学院大楼由开尔斯设计，上海六合建筑公司承建，1934 年 9 月开工，1936 年 1 月竣工，建筑面积约 7400 平方米，工程造价 28.6 万元。1932—1937 年间，管理中英庚款董事会与平汉铁路管理局曾分别资助武汉大学工学院建筑设备费累计共 12 万元和 43.3 万元。

与理学院建筑群以中式配楼连接拜占庭式中央主楼的大胆“混搭”有所不同的是，工学院建筑群在建筑风格上更加统一。其主体部分平面呈“山”字形，中央主楼为一座

1934 年国立武汉大学工学院奠基纪念碑

1935 年春，建设中的工学院大楼

1935 年秋，从珞珈山上俯瞰建设中的工学院大楼

1936 年初，从男生宿舍远眺工学院建筑群及建设中的天文台

工学院大楼前的天文台

简化的重檐四方攒尖顶的正方形平面中式塔楼，其后方附楼的东西两翼与前方两侧的两座长方形平面副楼均为单檐歇山式屋顶，围绕着主楼对称布局，四隅相望，“状如一套茶具”（武大校友杨静远语），形成众星拱月之势，使主楼更显气势雄伟。此外，在主楼北侧正前方入口前，还设有两座天文台，但并未安装天文仪器实际使用过。

鉴于先前建成的理学院建筑群一期工程曾遭到过一些诸如建筑形式与功能脱节、内

工学院建筑群远景

从珞珈山上俯瞰工学院建筑群背面

部空间布局不合理、采光和通风不佳等批评，工学院的建筑设计便有针对性地进行了很大的改进，这种改进主要体现在中央主楼上：开尔斯抛弃了之前理学院主楼那种华而不实的多边形平面，回归了正方形平面布局，使得大楼内部房间形状方正，更加实用；在采用传统中式攒尖顶的同时，大胆地结合当时的新结构和新材料，将顶层设计为钢结构透明玻璃屋顶，其下为贯通全楼的中空共享中庭，这就极大地改善了大楼内部的采光、通风和空间感，成为全楼建筑设计的最大亮点。

从图书馆楼顶远眺工学院建筑群

理学院与工学院建筑群远景

工学院建筑群在水中的倒影

工学院主楼屋顶的下层屋檐采用了别具一格的蓝色琉璃瓦，有别于校园内其他中式建筑屋顶的绿色琉璃瓦。其下方还装有4个形似马灯的圆盘形水斗，用于汇集双层大屋面的雨水，通过与之相连的管道一路下排，同时又美化了飞檐翼角。此外，在顶层环形观景走

工学院顶楼的观景环廊

工学院主楼屋檐及外墙雕饰

廊的每一根云纹柱头之下，均有一个非常别致的狮面雕饰。在主楼四角屋檐的下方，墙体的四角均被削去了一部分，这是因为“中国传统的城墙墙面是斜面的，而行政大楼墙面却是直的，为了使建筑样式符合传统的要求，还专门在艺术设计上采取了削斜墙面四角的方法，利用人们的视觉误差，造成墙体斜面的假象”（沈中清语）。

工学院主楼共有5层，其地下层的大厅可通过楼前高台下的通道与外面的道路直接相连。大楼的中央为一个集中采光的封闭天井，也相当于一个通高5层的共享式大厅，四周绕以回廊，作为各楼层内部联系的通道，也是学生课间活动的公共空间。由于采用钢梁屋架和透光玻璃作屋顶，阳光可从顶部直射厅内，形成一个明亮的玻璃中庭和开阔的共享空间，使人充分感受到光影效果和空间变化带来的情趣，极富现代气息。此外，大楼的东、西、北三面均安装了贯穿整个墙面的大型飘窗，使得各楼层的房间均可获得优良的采光。

工学院内

工学院主楼的钢结构透明玻璃屋顶及明亮、通透的玻璃中庭（彩色照片均为李丹摄）

国立武汉大学工学院建筑群，特别是其中的中央主楼，堪称整个校园建筑群中的优秀代表和一大亮点，集中体现了当时武大校园建筑的先锋气质。其设计在追求中国传统建筑风格的同时，很好地兼顾了建筑的使用功能，实现了形式与功能的和谐统一。

国立武汉大学从 1929 年开办工科起，到 1938 年西迁四川乐山之后，工学院已拥有土木工程、机械工程、电机工程、矿冶工程 4 个系。1946 年学校复员武昌珞珈山校园之后，

1938 年 9 月 12 日，罗卓英将军（中）在国立武汉大学工学院大楼宣誓就任武汉卫戍总司令

工学院热工实验室

在短短几年内，曾经在工学院大楼里任教或学习过的众多师生中，便走出了黄培云、俞大光、钟训正、欧阳予、崔崑、谢鉴衡、杨叔子、张嗣瀛、刘业翔、潘垣、岑可法等 10 多位后来的中国科学院院士或中国工程院院士。1953 年全国高校院系调整后，武汉大学工学院被撤销，工学院大楼曾一度被学校改为工农速成中学，后来又被改作行政办公大楼，并一直使用至今。此外，从 20 世纪 60 年代到 80 年代，武汉大学的历史、哲学、政治、法律、新闻、图书馆等学系均曾先后在学校行政大楼办公。

工学院电机实验室

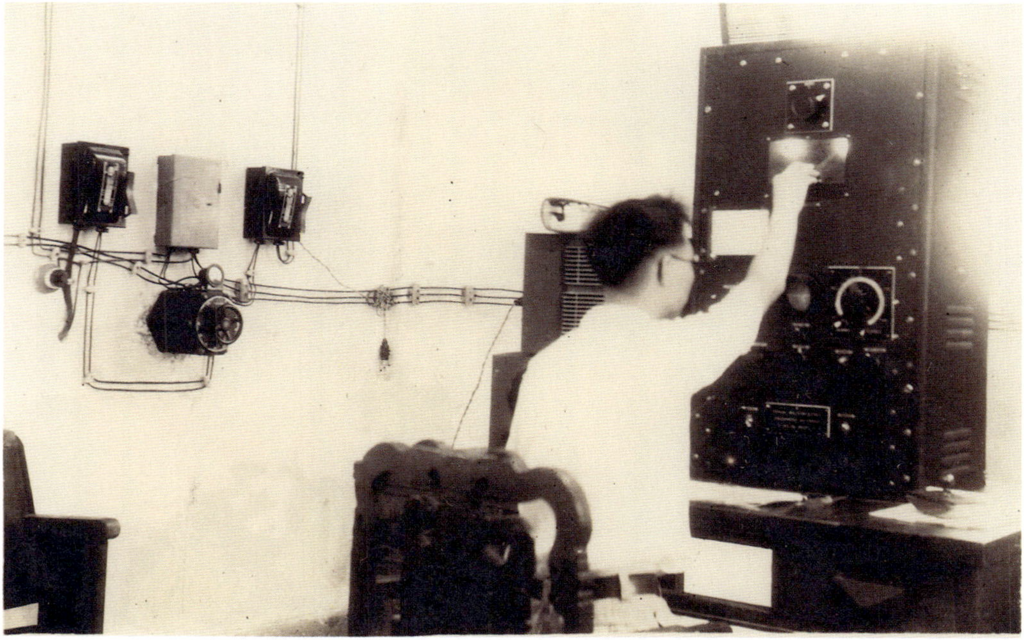

梁百先教授在工学院的游离层实验室观测天空电离层

特别值得一提的是，1946 年，随着国立武汉大学从四川乐山复员武昌珞珈山，理学院院长兼物理系教授桂质廷将他在乐山创办的中国第一个游离层（即电离层）实验室迁入工学院机械楼一楼（1948 年又迁入珞珈石屋）。当时，该实验室的工作人员主要由理学院物理学系与工学院电机工程学系的教师兼任。1947 年 11 月，国立武汉大学游离层实验室主任、物理系教授梁百先在英国《自然》（*Nature*）杂志上发表了题为“F2 层游离量与地磁纬度”（F2 Ionization and Geomagnetic Latitudes）的论文，与英国著名电离层物理学家、诺贝尔奖获得者阿普顿（E. V. Appleton）各自独立并且大体同时发现了电离层赤道异常（Equatorial Anomaly）现象。这是中国科学家在电离层研究领域的第一个受到国际学术界重视的重大发现，有的学者后来将这种赤道异常现象称为 Appleton–Liang 异常。该论文直到近年仍然被美国和俄罗斯的学者多次引用。

1958 年 9 月 12 日，毛泽东主席在武汉大学行政楼前视察

不论是作为曾经的工学院，还是后来的行政楼，在不同的历史时期里，这座大楼前都曾留下过不少改变中国命运的著名人物的足迹。特别是在 1938 年国共两党紧密合作的武汉抗战时期，蒋介石曾在武汉大学校园里开办了珞珈山军官训练团，还亲自在工学院大楼前的大操场上检阅过军官训练团成员；周恩来也曾在这座大楼前的石砌平台上多次对军官训练团成员及武大师生发表关于抗战的各种演讲，还重点讲解了毛泽东的《抗日游击战争的战略问题》一文。整整 20 年后，毛泽东于 1958 年 9 月 12 日晚亲临武汉大学视察，也曾来到行政大楼前，依次接见了武汉大学、武汉水利学院、武汉测量制图学院和中央民族学院分院（今中南民族大学）等四所高校的主要负责人，随后又来到 20 年前周恩来曾宣讲其抗战方略的那个主席台前，接见了聚集在大操场上的 13000 多名四校师生员工。

20 世纪 80 年代的武汉大学行政大楼

武汉大学行政大楼正面鸟瞰

九、华中水工试验所

华中水工试验所位于工学院大楼南面的珞珈山北坡上，为当时的湖北省政府与国立武汉大学共同设立，由开尔斯和景明洋行设计，汉口胡道生合记营造厂承建，1936 年 6 月开工，1937 年初竣工，建筑面积约 2200 平方米，工程造价 4.4 万元。其屋面采用绿色琉璃瓦歇山顶，室内用跨度达 19 米的弧形钢梁作屋架，地面设有深 2 米、宽 1.5 米的环形水道。在 1955 年武汉大学水利学院独立建院之前，学校土木、水利学科的众多优秀学者曾在这里开展教学实验和科学研究，为治理大江大河和培养中国水利人才作出了积极的贡献。

1936 年华中水工试验所奠基纪念碑

建设中的华中水工试验所

建设中的华中水工试验所

武汉沦陷时期的华中水工试验所（刘文祥供图）

1947 年的华中水工试验所

1956 年，著名数学家、中国科学院首批学部委员（院士）、武汉大学数学系教授李国平受中国科学院的委托，在这里建立了中国科学院武汉数学研究室（后来发展为近 500 人的中南数学计算技术研究所，为中国科学院武汉物理与数学研究所的前身之一），并研制出中南地区第一台电子模拟计算机和第一台中型晶体管计算机。

1958 年，李国平教授在中国科学院武汉数学研究室研制出中南地区第一台电子模拟计算机

李国平教授在中国科学院武汉数学研究室指导学生

20世纪50年代后期，学校曾一度计划将该建筑改为体育馆或学生俱乐部，但最终还是将其辟为图书馆文科阅览室。1988年，武汉大学档案馆在此成立。1994年，国家教委（后改为教育部）高等学校师资培训交流武汉中心（武汉大学师资培训中心）亦迁入此处办公。2004年，武汉大学早期建筑保护管理委员会成立，其办公室即设于学校档案馆。该建筑经过多次改造，其中部的原水工试验大厅已被分隔为上下两层，完全被改成了办公用房。2019年，档案馆从此处迁入老图书馆。目前，该建筑即将进行全面修缮。

20世纪90年代的武汉大学档案馆

十、半山庐

半山庐位于珞珈山北山腰，华中水工试验所的南面，由缪恩钊、沈中清设计，胡道生合记营造厂承建，1932年开工，1933年竣工，建筑面积约500平方米，工程造价约2万元，为学校单身教员宿舍，因其地处珞珈山的半山腰而得名。

半山庐的主体部分平面呈“山”字形，高约7米，由两个阳台将三栋两层的楼房连缀而成。整栋楼的外观风格为西式小洋楼，屋顶为青灰色机制平瓦，外墙亦为青灰色清水砖墙，四周花木点缀，环境清幽。因为是单身教员宿舍，其内部的建筑布局设计为一个个单独的房间，并配有会客室、储藏室、厨房、卫生间等公共设施。每间宿舍内都配有壁炉，颇有几分“英伦范”。不过，由于没有独立的厨卫与储物空间，其住宿条件相对于珞珈山东南坡上第一教职员住宅区的20多栋教授别墅而言，自然是要简朴一些。

教员公共宿舍（半山庐）

在20世纪30年代中期，范寿康、郭斌佳、陈恭禄、汤佩松、陈铨、丁人鲲、邢维棠（亦作“堂”）、缪培基、朱利安·贝尔等年轻教授曾先后在半山庐居住。1935年下半年曾在这里居住过一个学期的武大法学院政治系教授缪培基，后来曾如此回忆半山庐及珞珈山校园风景：

这是一幢两层洋楼，专供单身教授住居的宿舍，踞山腰，深隐松林中，蝉唱虫吟，萤光点点，饶有诗意。我与陈恭禄教授住楼上，郭斌佳教授住楼下，另有其他二位教授。每日三餐同席用膳。汉口市长吴国桢常来访斌佳谈天，得与相识。半山庐面对图书馆、文学院、法学院、理学院和学生宿舍。工学院正在施工。兼采宫殿式与西洋式之长的建筑，典雅堂皇。蓝色琉璃瓦掩盖浅黄色的高墙，在晴空一碧下显得和谐悦目。东湖在侧，微波荡漾，水色山光益增艳丽。每当黑夜岑寂，湖面一平如镜，反映高悬的明月、闪烁的繁星，漫步沙滩，有如置身仙境，忘却世事的烦嚣。

缪培基

郭斌佳

缪培基在上文中两次提到的那位郭斌佳教授，当时在国立武汉大学文学院史学系任教，为美国哈佛大学历史学博士、美国史学会会员，因其外表英俊而颇受珞珈山上的广大女性青睐。当时还只是一个小女孩的杨端六、袁昌英教授夫妇之女杨静远校友，在半个多世纪后，曾在一篇回忆文章中如此描述这位当时还非常年轻的单身教授：“他庄静寡言矜持，十足的英国绅士派头。论长相，他是我所见过的最俊美的中国男子。二十八岁，风度翩翩，博士、教授、未婚，他的到来，在武大群芳中引起的无声轰动，可以想见。不知是否择偶眼光太高，尽管许多热心朋友为他张罗，他都一直保持单身……”抗战爆发后，武汉大学曾委托郭斌佳教授主持搜集战时史料。后来，他又出任国民政府外交部参事，并在 1943 年 11 月随蒋介石一同前往埃及参加开罗会议，在中国代表团内负责“政治”与“国际要闻”工作。抗战胜利前夕，郭斌佳还在美国旧金山参加了联合国制宪会议，并在联合国成立后担任安理会事务部第一司司长。“直到四十多岁，他才和过去的美国女教师结婚，定居纽约。”

抗战胜利后，国立武汉大学从四川乐山复员武昌珞珈山，此时的半山庐，依然是单身教授们的聚集地。后来被誉为武大“哈佛三剑客”的韩德培、吴于廑、张培刚教授，以及万卓恒、景昌极、邓启东、赵理海、吴绪、丁人鲲、庆善骙、蔡名芳、华凤翺、高宇昭、刘绪贻、谭崇台、余长河、周新民、周崇经等多位教授，当时均曾在半山庐居住过。

20 世纪 40 年代后期的半山庐

新中国成立后，半山庐曾作为学校招待所使用，后来又改为校医院住院部。1983 年武汉大学 70 周年校庆之时，学校又将半山庐改回为招待所。2000 年新武汉大学合并组建后，半山庐成为学校人事部的办公处。2006 年，人事部迁出，武汉大学校友总会、董事会与教育发展基金会进驻半山庐合署办公。2014 年，上述几家单位搬出半山庐，学校又对这栋已有 80 多年历史的老房子进行了修缮，将后期被改建的屋顶檐角、入口处的屋顶造型等处恢复了历史原貌。半山庐现为武汉大学人文社会科学研究院所在地。

半山庐今貌（刘宇晗摄）

十一、周恩来旧居

周恩来旧居位于珞珈山东南坡，为一栋三层砖木结构、欧式风格双户别墅中西侧的一户，原为国立武汉大学第一教职员住宅区 322 号（后改为一区 27 号），此前先后为理学院数学系教授刘正经、文学院哲学教育系教授胡稼胎的住宅。其所在的整栋双户别墅属于国立武汉大学珞珈山新校舍一期工程，由石格司设计，汉协盛营造厂承建，1930 年底开工，1931 年秋竣工，建筑面积约 400 平方米，工程造价约 1.5 万元。

2013 年，修葺一新的武汉大学周恩来旧居

1938 年春，国立武汉大学西迁四川乐山，珞珈山上第一教职员住宅区的大量教授宿舍逐渐空出，为便于开展与抗战有关的各项工作，当时的国民政府军事委员会政治部将其中的三套住宅分配给政治部副部长周恩来、黄琪翔以及政治部第三厅厅长郭沫若居住。当年6月初，周恩来携夫人邓颖超从汉口八路军办事处搬到此处居住，直到8月底离开。在此期间，周恩来终日辛勤工作，克己奉公，领导政治部第三厅继续开展各种抗战救亡活动，多次在学校大操场、大礼堂等处为珞珈山军官训练团以及当时尚未离校的武大师生发表演讲，讲解抗战形势、抗日游击战争战略、统战政策等问题，并经常在自己的寓所和一些爱国民主人士与抗日将领促膝谈心，共商抗日救亡大计，还先后在这里接见过美国记者埃德加·斯诺、安娜·路易斯·斯特朗、艾格尼丝·史沫特莱以及荷兰电影导演尤里斯·伊文思等著名国际友人。

周恩来、邓颖超夫妇赠送给郭沫若和于立群的照片（摄于珞珈山寓所阳台）

周恩来、邓颖超夫妇在珞珈山寓所前与来访的著名美国记者埃德加·斯诺合影

周恩来、于立群、尹伯休及阳翰笙妻女等人一同在武昌东湖游泳

1983 年，湖北省武汉市人民政府将武汉大学珞珈山校园内的周恩来同志旧居列为武汉市文物保护单位。2001 年，该建筑又被列为第五批全国重点文物保护单位。2013 年，武汉大学对周恩来旧居进行了全面修缮，并将其改造为周恩来纪念馆，正式对外开放。2018 年，武汉大学周恩来旧居被列为第四批湖北省爱国主义教育基地。

十二、郭沫若旧居

郭沫若旧居位于珞珈山东南坡，为一栋三层砖木结构、欧式风格双户别墅中西侧的一户，原为国立武汉大学第一教职员住宅区 317 号（后改为一区 20 号），此前为法学院政治学系教授张有桐的住宅。其所在的整栋双户别墅与周恩来旧居属于同一批建筑，由石格司设计，汉协盛营造厂承建，1930 年底开工，1931 年秋竣工，建筑面积约 400 平方米，工程造价约 1.5 万元。

1938 年 4 月底，时任国民政府军事委员会政治部第三厅厅长郭沫若携于立群从汉口太和街搬到此处，后与周恩来、黄琪翔比邻而居，直到当年 8 月底离开。在此期间，他曾领导范寿康、胡愈之、田汉、光未然、阳翰笙、洪深、郑用之、冯乃超、徐悲鸿、冼星海、任光、张曙等第三厅工作人员和文化名流开展了大量抗战宣传工作。

1938 年夏，周恩来（前排左三）、邓颖超（后排右四）、郭沫若（前排左四）与国民政府军事委员会政治部第三厅部分工作人员及若干在汉文化界人士在珞珈山“十八栋”合影（前排右一为田汉，右三为阳翰笙，后排右一为胡愈之）

1961 年 3 月 18 日，时任全国人大常委会副委员长兼中国科学院首任院长、中国科学技术大学首任校长的郭沫若，曾与夫人于立群一起重访武汉大学珞珈山旧居，并作诗一首：

一别珞珈廿二年，旧庐寻觅费盘旋。
东湖波浪开春镜，学府楼台映大川。
九女墩前心向往，三间阁上意超然。
长桥飞架通天堑，路线光辉万代鲜。

1963 年 11 月 5 日，郭沫若、于立群等人在珞珈山旧居前留影

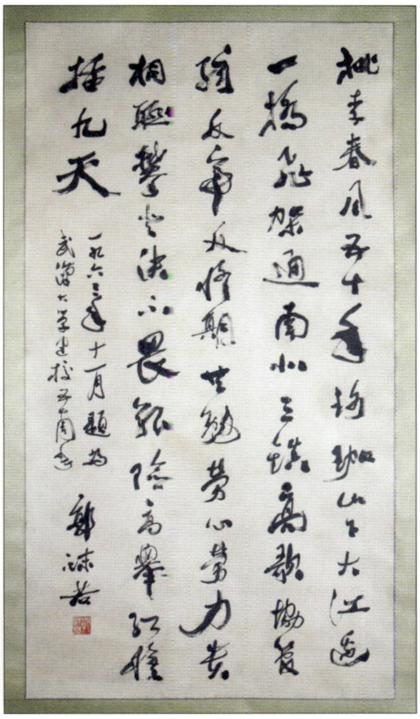

1963 年 11 月，郭沫若为武汉大学 50 周年校庆题诗

1963 年 11 月 5 日，郭沫若、于立群又一起陪同尼泊尔议长塔帕夫妇参观武汉大学，其间曾在湖北省副省长孟夫唐等人的陪同下再次重访其珞珈山旧居，并为武汉大学 50 周年校庆题诗一首：

桃李春风五十年，珞珈山下大江边。
一桥飞架通南北，三镇高歌协管弦。
反帝反修期共勉，劳心劳力贵相联。
攀登绝不畏艰险，高举红旗插九天。

十三、宋卿体育馆

宋卿体育馆位于狮子山西南麓，为中华民国前大总统黎元洪之子黎绍基、黎绍业兄弟所捐建，并以其父之字——“宋卿”冠名。该建筑由开尔斯和景明洋行设计，上海六合建筑公司承建，1936 年 7 月开工，1937 年初竣工，建筑面积约 2700 平方米，工程造价 14.5 万元。

早在 1929 年，开尔斯就已经对体育馆的建筑有了初步的构想。当时他计划将其建在紧邻大操场西侧的中间位置，并在他当年绘制的一张校园核心区效果图中，描绘了这座体育馆的大致外形：一座中国古代城门楼，下方开有三个圆拱门洞的城台，上方为一座单檐歇山顶阁楼。1931 年，开尔斯的合作建筑师石格司绘制了一张体育馆建筑设计剖面图，这张已经有所破损的剖面图显示，这座外观为单檐歇山顶的中国城门楼造型的体育馆，其下方“城台”部分，室内东西两侧设有阶梯状的看台，中间是球场，其上方反曲屋面的中式歇山顶由钢桁架支撑。这一方案的建筑外观风格，虽然与校园内的其他中式屋顶建筑较为协调一致，然而，这座由两侧阶梯状看台组成的敦实的“城台”，以及那个被琉璃瓦完全覆盖的传统中国屋顶，显然将会导致室内球场的通风采光受到极大影响。

1929 年开尔斯所绘珞珈山校舍核心区鸟瞰图，红框中的建筑即体育馆

1931 年石格司所绘国立武汉大学体育馆建筑设计剖面图

等到1934年开尔斯实际开始进行体育馆的建筑设计时，除了将其选址西移到狮子山西山头下之外，这座建筑的整体造型也发生了很大变化。开尔斯不仅放弃了那座看起来厚重敦实却影响室内通风采光的“城台”造型，而且没有再模仿中国传统歇山顶带有举折的反曲屋面，而是大胆创新，顺应支撑屋顶的钢三铰拱的走势将屋面做成了圆拱形，并在其上开了两排气窗，这就极大地改善了室内采光和通风；与此同时，中国传统的绿色琉璃瓦屋顶随着现代的钢三铰拱的弧线轮廓而转折，还形成了别具一格的半圆形山墙和曲折多变的屋顶造型，产生了独特的建筑美感。

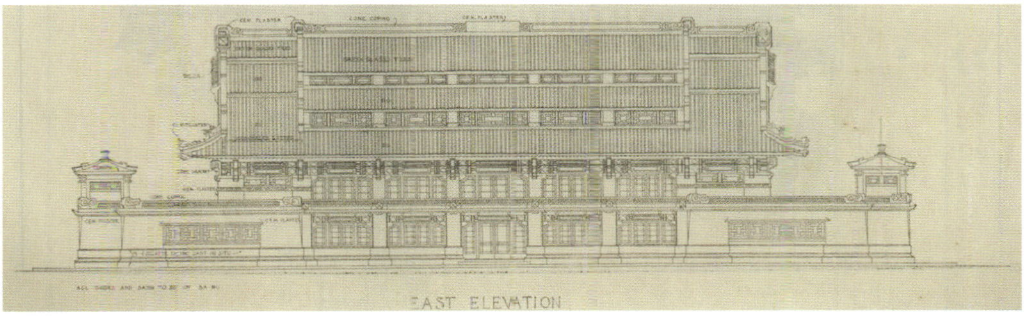

体育馆东立面图

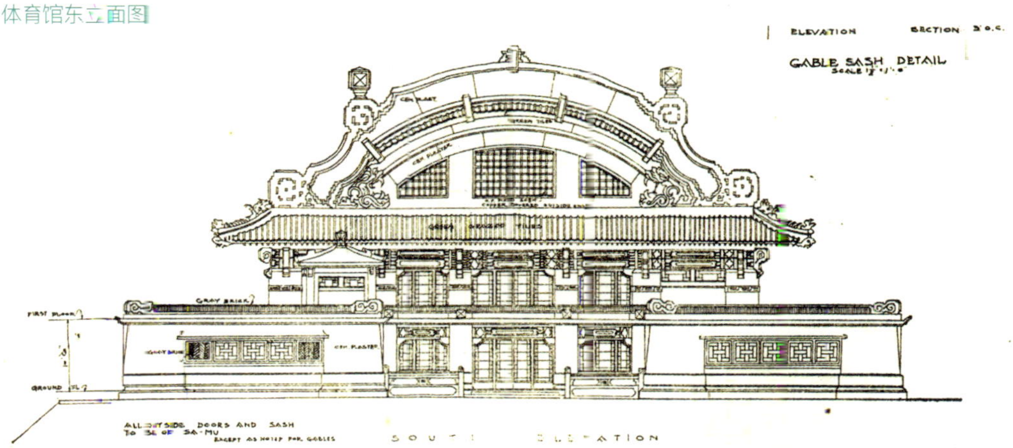

体育馆南立面图

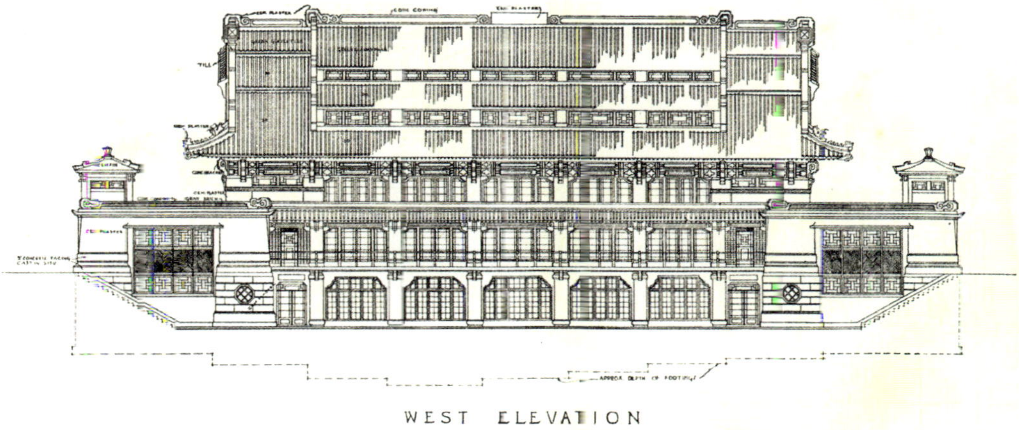

体育馆西立面图

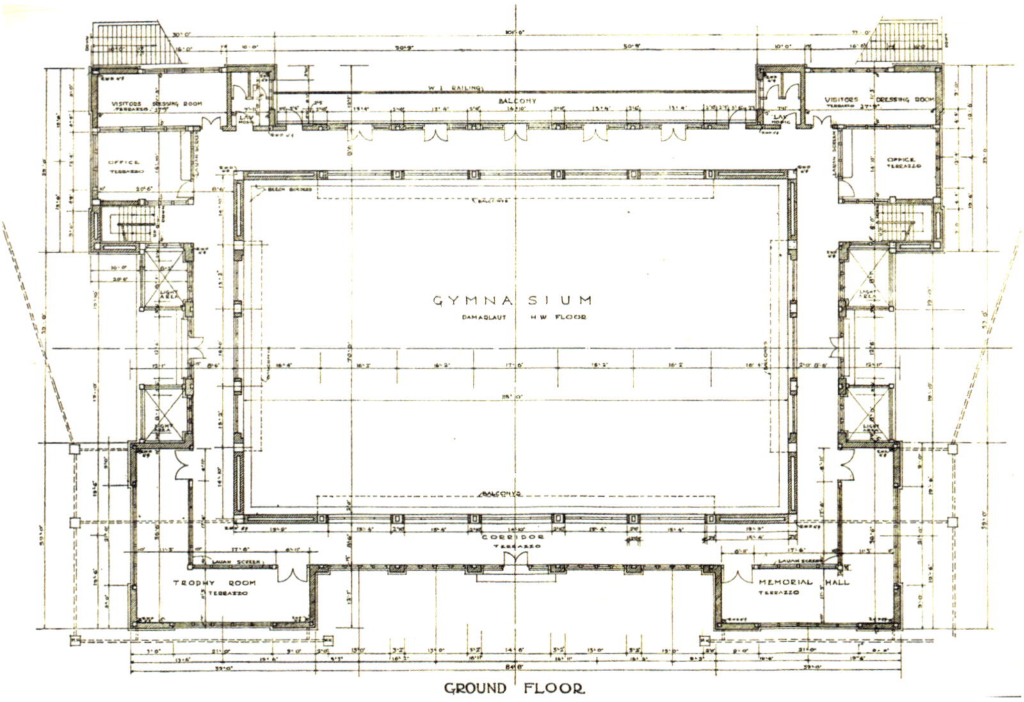

体育馆一层平面图，东北角 Memorial Hall 为预留的黎元洪纪念堂

“宋卿体育馆”石碑

宋卿体育馆二楼看台的铁栏杆图案中，隐藏着汉字“宋”的笔画

宋卿体育馆长 35.05 米，宽 21.34 米，一共 3 层（含地下 1 层），当时是按照 1500 人的在校学生规模进行设计的。该建筑于 1937 年初完成主体工程，但直到 1937 年秋季开学

之际，方才正式投入使用，而此时全面抗战已经爆发，于是，这座崭新的现代化体育馆仅仅被武大师生使用了一个学期，学校便被迫西迁四川乐山了。正因为此，校方原拟在体育馆内设立“宋卿前大总统纪念堂”及“辛亥革命首义文献保存处”的计划也未实现。不过，体育馆内至今仍存的刻有“宋卿体育馆”五个大字的汉白玉石碑，对于捐资兴学、支持教育的黎元洪家族来说，亦是差可告慰了。宋卿体育馆也成为整个民国时期武汉大学校园建筑中唯一一座以人名命名的建筑。

目前，武汉市建于抗战前的体育场馆，仅有文华书院翟雅各健身所与国立武汉大学宋卿体育馆这两处一直保存至今，而宋卿体育馆更是唯一的钢筋混凝土结构建筑。在 20 世纪 30 年代的中国，大跨度钢结构建筑尚不多见，比前国内修建的诸多体育馆，包括外国教会所建的一些大学体育馆建筑，多为砖木结构或砖混结构。而宋卿体育馆屋顶采用跨度 20 多米的钢三铰拱，这在当时的中国是十分先进的新式结构。在建筑材料方面，其三铰拱由英商安利英洋行代办，在英国钢厂定制；室内所铺的木地板，为美国进口的橡木地板；全部的钢筋、门窗等金属构件，所使用的也都是进口钢材。

馆内空间分为地上、地下两层，上层为木质地板的室内篮球场，可进行各类体育比赛和教学，还可用作小型展览会、演示会及舞会等文娱活动的场地，篮球场四周的二层还设有小型的观赛看台；地下一层则设有健身房。开尔斯原计划在体育馆东门外广场建一座圆形喷泉，西门外平台建一座游泳池，惜因全面抗战爆发未能实现。

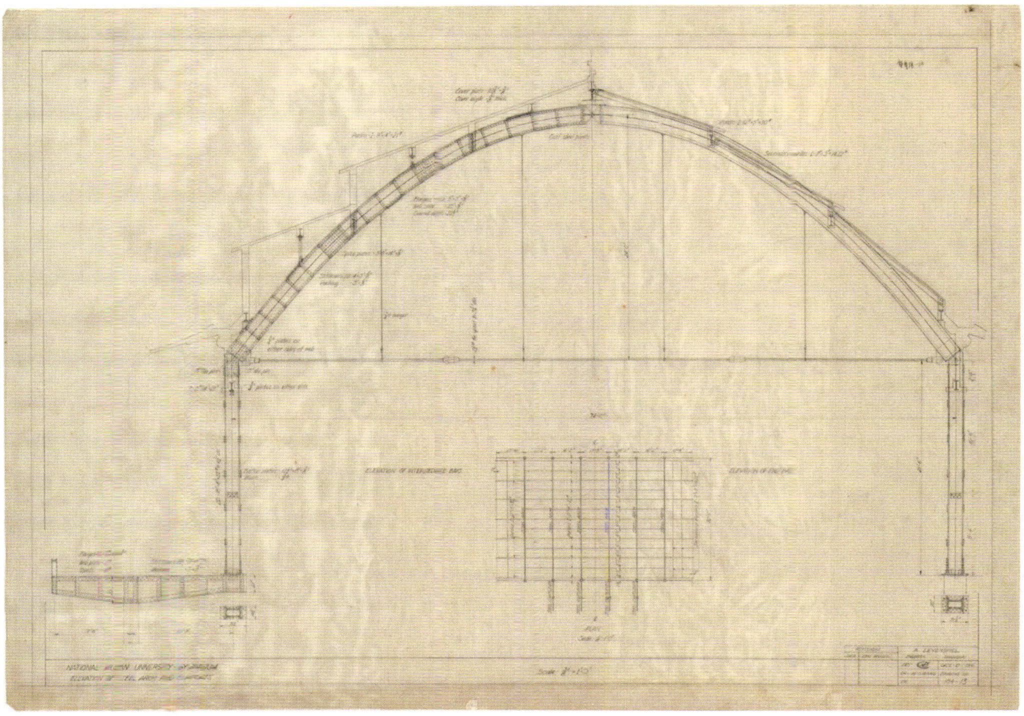

宋卿体育馆屋顶三铰拱结构设计图纸。钢三铰拱结构最早出现在 1867 年巴黎世博会机械馆之中，而在 20 世纪 30 年代的中国，钢三铰拱是较为先进的新结构，上海江湾体育场也采用了这种结构

正在吊装中的宋卿体育馆钢质三铰拱

宋卿体育馆远景

宋卿体育馆的全套设计图纸，当时曾被发表在上海市建筑协会发行的《建筑月刊》杂志上，引起当时中国建筑业界的关注。可以说，宋卿体育馆不仅使武汉大学的体育场馆领先全国高校，也代表了民国时期武汉地区室内体育馆建筑的最高水平。

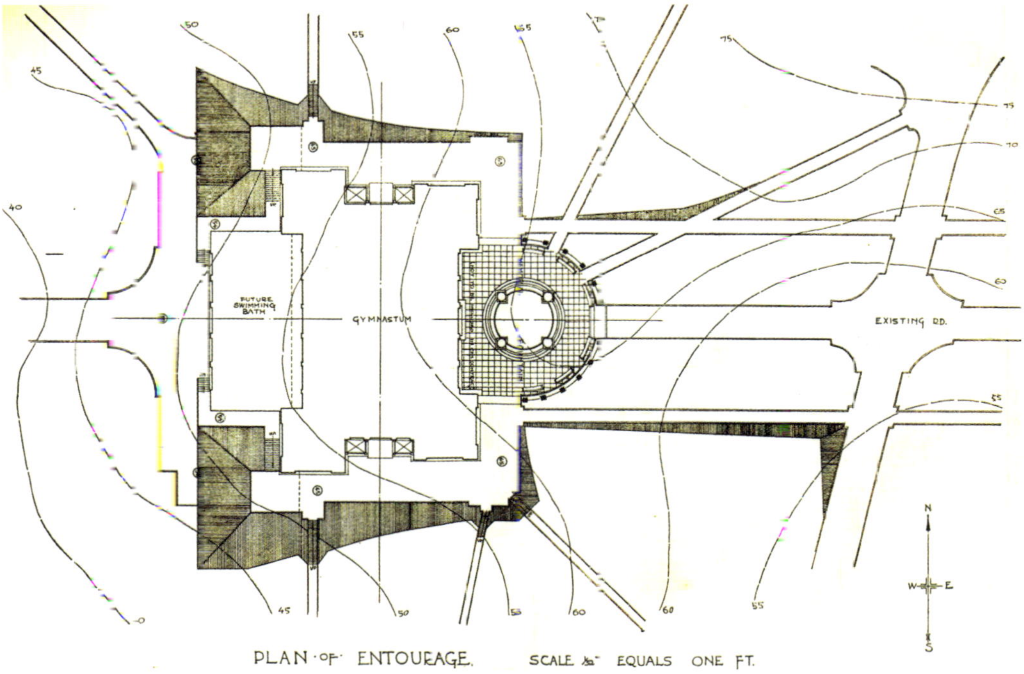

体育馆总平面图。西侧平台原计划建游泳池，东侧大门外原计划建圆形喷水池

宋卿体育馆曾见证过武汉大学历史上的诸多特殊时期与重要事件。在1938年的武汉抗战时期，国民党在国立武汉大学校园内举办的珞珈山军官训练团，就曾在宋卿体育馆中开展训练活动，蒋介石亦曾在体育馆内对参训军官点名训话。在武汉沦陷期间，宋卿体育馆曾被侵华日军用作军官俱乐部。

20世纪40年代三期的宋卿体育馆

20 世纪 40 年代后期的宋卿体育馆

抗战胜利后，国立武汉大学于 1946 年秋复员武昌珞珈山。1947 年 6 月 1 日，国民党军警在珞珈山校园制造了震惊全国的“六一”惨案，随后，武大师生将宋卿体育馆作为三位遇难同学的灵堂，并于 6 月 22 日在此举行了声势浩大的追悼会。1949 年 6 月 1 日，武大师生又在这里举行了“六一”惨案二周年纪念大会。

1949 年 6 月 1 日，武汉大学师生在宋卿体育馆举行“六一”惨案二周年纪念大会

1952 年 10 月 13 日，刚刚成立不久的武汉大学电影队，在这里公开放映了第一部影片——苏联喜剧片《幸福的生活》。1955 年 1 月 23 日，经国务院批准从武汉大学分离出去的武汉水利学院，其成立大会典礼也是在武汉大学的这座体育馆里举行的。

宋卿体育馆今日内景

宋卿体育馆鸟瞰

数十年过去了，历经风雨沧桑的宋卿体育馆，一直都深受武大师生的喜爱，并且至今仍在使用中。从入学报到到毕业联欢，从体育比赛到文娱活动，宋卿体育馆在一代又一代武大师生的各种难忘的校园记忆中从未缺席过。不光是武大师生平时经常可以来到这里锻炼身体，陶冶性情，一年四季络绎不绝的校外游客亦可深入其中，领略其迷人的风采。当然，睹物思人，我们永远都不应忘记黎元洪父子为资助国家教育事业而不惜慷慨解囊、捐资兴学的义举，并将这种高度重视与鼎力支持教育的可贵精神不断发扬光大。

十四、六一纪念亭

六一纪念亭位于宋卿体育馆南面，武汉大学文理学部第四教学楼正门前，为一座由六根圆柱与六角飞檐攒尖顶组成的古色古香的纪念亭。这是当年的国立武汉大学为了纪念在1947年6月1日的珞珈山“六一”惨案中不幸遇难的三位学生而修建的，由缪恩钊设计，1947年10月开工，1948年4月竣工。

六一纪念亭

1947年6月1日凌晨，为了镇压武大学生积极参与的“反饥饿，反内战，反迫害”运动，国民党武汉当局派出军警千余人包围了国立武汉大学珞珈山校园，逮捕、打伤武大师生数十人，并杀害了黄鸣岗、王志德、陈如丰3名学生，制造了震惊中外的武昌珞珈山“六一”惨案。6月4日，国立武汉大学“六一”惨案善后委员会召开联席会议，讨论了纪念死难同学的办法，决定在校区内建一座纪念亭，将三位同学的殉难经过刻写成碑文，并烧制瓷像（或铜质浮雕），以作永久性纪念。6月18日，善后委员会再次召开联席会议，决定“拟择于体育馆前或车站前空场上，筑一纪念亭，并在亭内立一纪念碑，应请美术及建筑专家妥为设计”。其后，武大中文系讲师李健章受文学院院长刘永济教授之托，为六一纪念亭撰写了碑记。

1948年4月，六一纪念亭落成。亭高约7米，上为木质六角攒尖顶，覆以琉璃碧瓦，下由六根水泥圆柱支撑，对称排列。亭为六角，柱为六根，处处蕴含“六月”之意。正面横额上刻有“六一纪念亭”五个庄重的大字。亭中立有一座花岗岩石碑，碑身高约1.46米（加上基座总共高1.9米左右），宽约0.58米。纪念碑正反两面分别刻有李健章撰写的《六一纪念亭碑记》与《死难三生传》，均由学校总务处庶务组职员瞿扶民书写，其中，正面的碑记为八分书（隶书的一种），背面的小传为楷书。

20 世纪 50 年代的六一纪念亭

“文化大革命”期间，六一纪念亭中的碑文被磨毁。20 世纪 80 年代初，学校对这座纪念亭进行了修葺，并重新刻制了纪念碑，随后，武汉市人民政府也将修复后的六一纪念亭列为市级文物保护单位（2001 年升格为全国重点文物保护单位）。值得一提的是，学校此次复刻碑文，还根据李健章教授本人的要求，删去了原文中的“事既震惊海内外，而枢府旋亦绳始祸者以法”这句话。

数年后，武汉大学在六一纪念亭后面修建了第四教学楼。这栋教学楼同样以绿色琉璃瓦盖顶，亭楼交相辉映，在建筑风格与整体布局上均显协调。环亭四周，冬青围护，绿草茵茵，共同营造出一种质朴、庄重、肃穆的氛围，不失为一处怀古思今、追念先烈，并对广大学生和游人进行历史教育的理想场所。

六一纪念亭现状

十五、李达故居

李达故居位于珞珈山西南麓，坐北朝南，背靠珞珈山南坡，是一座由院墙围合的砖木结构平房。这栋住宅建于1954年，由李达自己绘制示意图，再由工程人员进行设计，其平面布局呈“干”字形，前排为客厅、书房、卧室，后排为生活辅助用房，建筑面积168平方米，造价约0.8万元。

20世纪末的武汉大学李达故居

李达是著名马克思主义哲学家、理论家和教育家，中国最早传播马克思主义的先驱者之一，也是中国共产党的创始人之一，中共“一大”代表。1927年曾任教于国立武昌中山大学（武汉大学前身）。1952年11月，时任湖南大学校长的李达被任命为武汉大学校长。1953年2月，李达来到武汉大学就职，直到1966年8月去世，担任武汉大学校长将近14年之久，是武汉大学百余年历史上任职时间最长的校长。在此期间，李达校长身兼多项职务，呕心沥血，忘我工作，他坚持实事求是，按教育和科学规律办事，尊重知识，爱惜人才，不断拓展学科领域，注重提高教学科研水平，为武汉大学的建设和发展作出了重大贡献。此外，他还曾先后兼任中国科学院武汉分院筹备委员会主任委员、首任院长等职。

正是在这座普通的平房里，李达校长先后完成了毛泽东主席嘱托的《〈矛盾论〉解说》《唯物辩证法大纲》等一系列著作的编写工作，并以其突出的学术成就，于1955年当选为中国科学院首批学部委员（院士），1956年又被评为国家一级教授。他曾在这里会见过范文澜、吕振羽、吴晗等著名学者，还经常把学生邀请到家中做客，与青年学子促膝谈心，勉励他们奋发成才。

1961 年，李达校长在寓所内与著名历史学家范文澜（左二）、吴晗（右一）等交谈

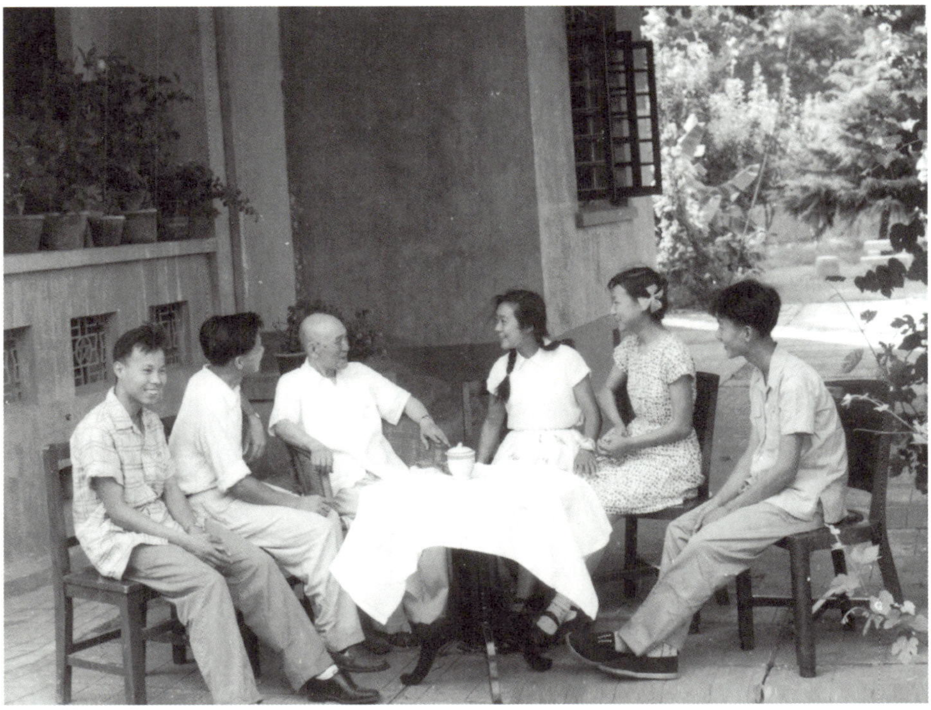

20 世纪 60 年代初，李达校长在寓所前与越南留学生交谈

1963年春，李达校长在书房留影

李达校长在书房指导学生

李达故居后来长期为武汉大学党委统战部与社会主义学院所在地。目前，该建筑已进行了全面修缮，即将被辟为李达纪念馆，正式对外开放。

下篇 黉宫胜景

HONGGONG SHENGJING

珞珈拾遗

一、第一教职员住宅区

原国立武汉大学第一教职员住宅区（又称“教职员住宅第一区”，简称“一区”）位于珞珈山东南坡，为一处欧式风格的别墅群。其一期工程由石格司设计，汉协盛营造厂承建，1930年11月开工，1931年9月竣工，建筑面积约7000平方米，工程造价约28万元，共有18栋住宅，被称为一区“十八栋”。这18栋别墅分为上、中、下三排，其中下排有4栋，中排和上

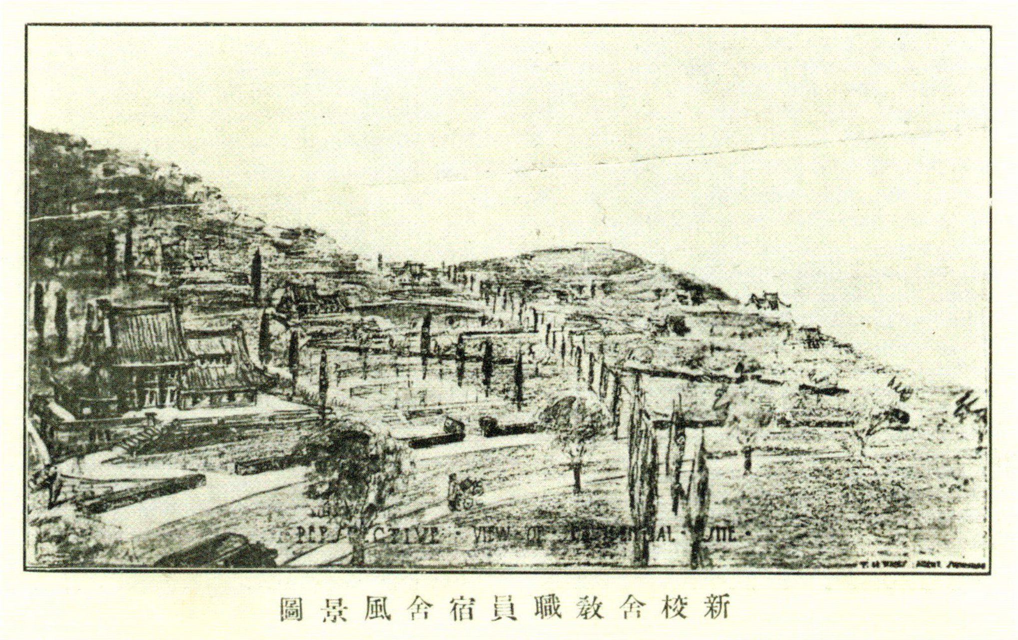

1929年，开尔斯绘制的珞珈山新校舍教职员宿舍风景图。在其最初的构想中，这些教授别墅均盖有中式大屋顶

1931年9月落成的一区“十八栋”

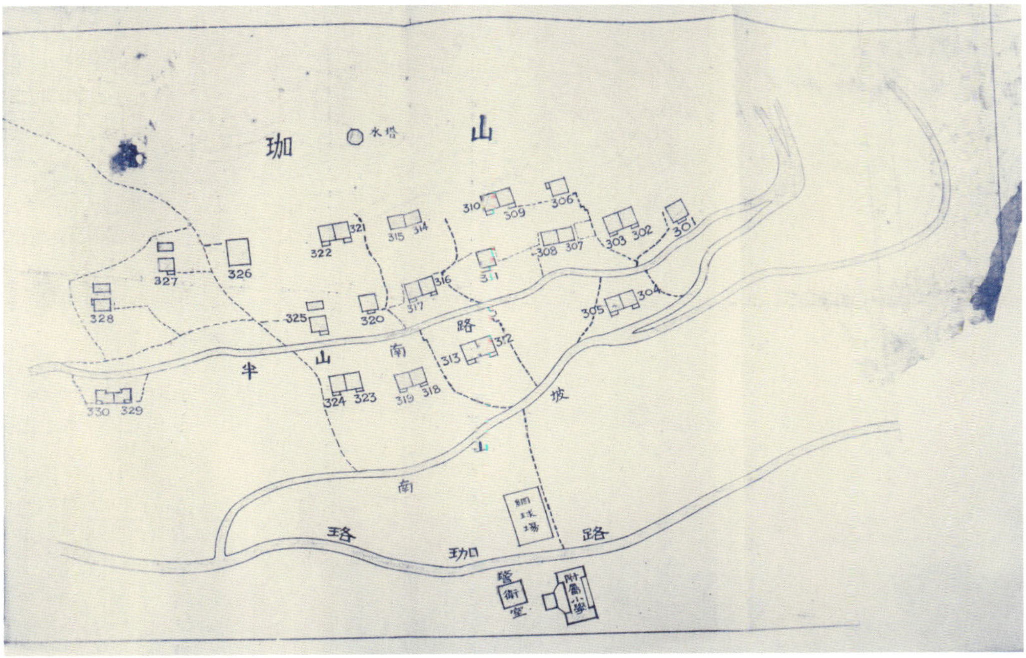

1933 年的国立武汉大学第一教职员住宅区，其西南角新建了 1 座双栋别墅，住宅编号为 329、330（一年后分别改为 330、331）

排各有 7 栋，总共 8 个单栋和 10 个双栋，可住 28 户人家，于 1932 年初正式投入使用。1933—1934 年，学校又在“十八栋”最下一排 4 栋别墅的西边先后续建了 1 个双栋和 2 个单栋，均由缪恩钊、沈中清设计，胡道生合记营造厂承建，建筑面积约 1000 平方米，工程造价约 4 万元。于是，“十八栋”也就被扩充为 21 栋 32 户（其住宅编号为 301—332）。但因“十八栋”这一名称已经叫开，一般人在习惯上仍以此来指代“第一教职员住宅区”，并沿用至今。

第一教职员住宅区的 21 栋别墅均为三层砖木结构，其内部装修与设施相当完备，“有良好的卫生设备，冷热水管、电气电话，一应俱全。这些都是由学校自备发电机或总站来供应的”，

“底层是地下室，那儿有用人室和厨房。其上的两层都有客厅，有书房，有寝室，有浴室，有可以眺望湖山的月楼”（郭沫若语）。

1935年毕业于国立武汉大学法学院政治学系的杨鸿年校友曾回忆道：“一、二、三区教职工住宅，一区最为华丽。当时在武汉，可称一流。因为有小洋房十八栋，故又称十八栋。至于为何如此讲究，老校长（即王世杰——编者注）说，没有舒适住所，难得名牌教授。”还有一位校友则指出，“十八栋”不仅仅是指那风光旖旎的珞珈南麓依山傍水、错落有序的三排小洋楼，更代表着在那里居住的体现了武汉大学文化、学术和气质的几十位教授。在当时，住在山前一区“十八栋”不光舒适、气派，更重要的这也是身份地位的象征。

1934年的国立武汉大学第一教职员住宅区，其西南角又新建了2座单栋别墅，住宅总数达到21栋32户

20世纪30年代国立武汉大学部分教职员在“十八栋”前的合影，左起依次为陈源、周鲠生、任凯南、时昭瀛、刘秉麟、李剑农、王星拱

在第一教职员住宅区的这些别墅中，其最上排偏西边的第326号（现为第18栋）为校长寓所，20世纪30—40年代，国立武汉大学时期的王世杰、王星拱、周鲠生三任校长曾先后在此居住；中间一排最东端的第301号（现为第8栋），王星拱、皮宗石两任教务长在1932—1936年间曾先后在此居住过，但因第三任教务长周鲠生上任后并未像其前任皮宗石那样从原有住所搬入此楼，此后这处住宅也就不再是固定的教务长寓所了。

袁昌英教授（右）与刘秉麟教授夫人（中）、王星拱校长夫人（左）在“十八栋”的合影

周鲠生（右一）、陈源（右二）教授与刘秉麟（左三）教授及其家人的合影

除了上述几位学校主要负责人之外，从 1932 年国立武汉大学自武昌东厂口旧校舍迁入珞珈山新校舍，到1938年学校西迁四川乐山，在这短短几年的时间里，一区十八栋曾居住过吴维清、查谦、余炽昌、李儒勉、陶延桥、汤璪真、刘秉麟、汤佩松、方重、刘永济、黄叔寅、高翰、

1933 年元旦，居住在珞珈山一区“十八栋”的教授们及其家属在山脚下的国立武汉大学附设小学校举行新年恳亲会

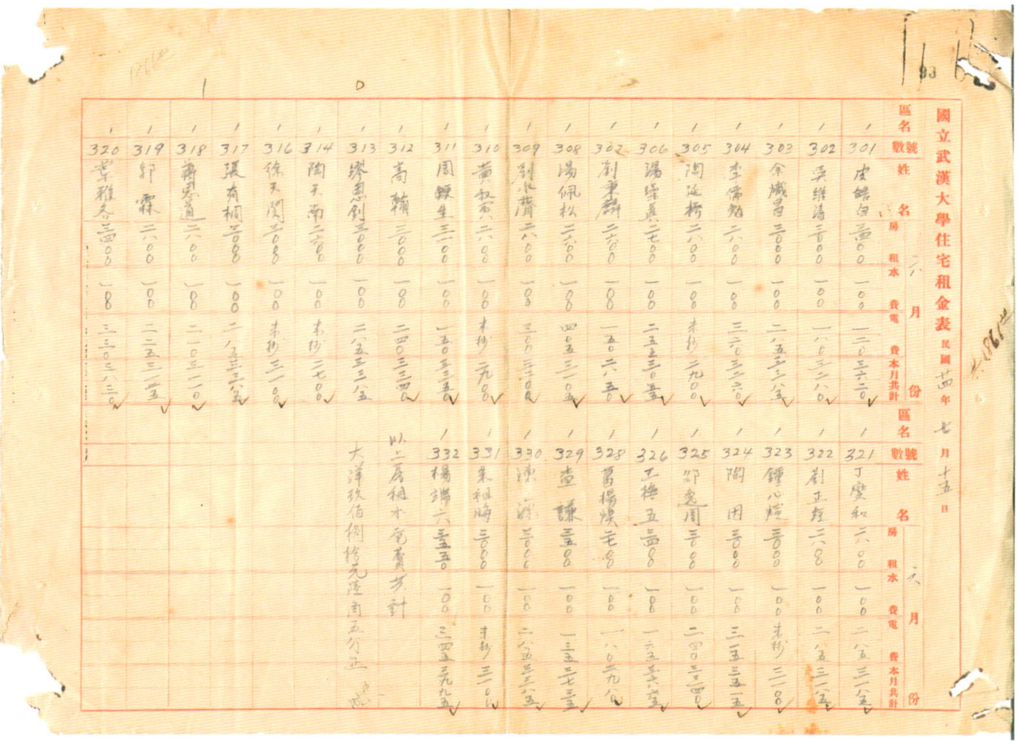

國立武漢大學住宅租金表 民國廿四年七月十五日

六月份

區名	號數	姓名	房租	水費	電費	本月共計
1	301	皮皓白	[illegible]	[illegible]	[illegible]	[illegible]
1	302	吴維清	[illegible]	[illegible]	[illegible]	[illegible]
1	303	余熾昌	[illegible]	[illegible]	[illegible]	[illegible]
1	304	李儒勉	[illegible]	[illegible]	[illegible]	[illegible]
1	305	陶延橋	[illegible]	[illegible]	未抄	[illegible]
1	306	湯璪真	[illegible]	[illegible]	[illegible]	[illegible]
1	307	劉秉麟	[illegible]	[illegible]	[illegible]	[illegible]
1	308	湯佩松	[illegible]	[illegible]	[illegible]	[illegible]
1	309	劉永濟	[illegible]	[illegible]	[illegible]	[illegible]
1	310	黃叔寅	[illegible]	[illegible]	未抄	[illegible]
1	311	周鯁生	[illegible]	[illegible]	[illegible]	[illegible]
1	312	高翰	[illegible]	[illegible]	[illegible]	[illegible]
1	313	繆恩釗	[illegible]	[illegible]	[illegible]	[illegible]
1	314	陶天南	[illegible]	[illegible]	未抄	[illegible]
1	316	徐天閔	[illegible]	[illegible]	未抄	[illegible]
1	317	張有桐	[illegible]	[illegible]	[illegible]	[illegible]
1	318	蔣思道	[illegible]	[illegible]	[illegible]	[illegible]
1	319	郭霖	[illegible]	[illegible]	[illegible]	[illegible]
1	320	葉雅各	[illegible]	[illegible]	[illegible]	[illegible]
1	321	丁燮和	[illegible]	[illegible]	[illegible]	[illegible]
1	322	劉正經	[illegible]	[illegible]	[illegible]	[illegible]
1	323	鍾心煊	[illegible]	[illegible]	未抄	[illegible]
1	324	陶因	[illegible]	[illegible]	[illegible]	[illegible]
1	325	邵逸周	[illegible]	[illegible]	[illegible]	[illegible]
1	326	王撫五	[illegible]	[illegible]	[illegible]	[illegible]
1	328	葛揚煥	[illegible]	[illegible]	[illegible]	[illegible]
1	329	查謙	[illegible]	[illegible]	[illegible]	[illegible]
1	330	陳源	[illegible]	[illegible]	[illegible]	[illegible]
1	331	朱祖晦	[illegible]	[illegible]	未抄	[illegible]
1	332	楊端六	[illegible]	[illegible]	[illegible]	[illegible]

以上房租水電費共計

大洋玖佰捌拾元陸角五分正

国立武汉大学第一教职员住宅区租金表（1935 年 7 月 15 日）

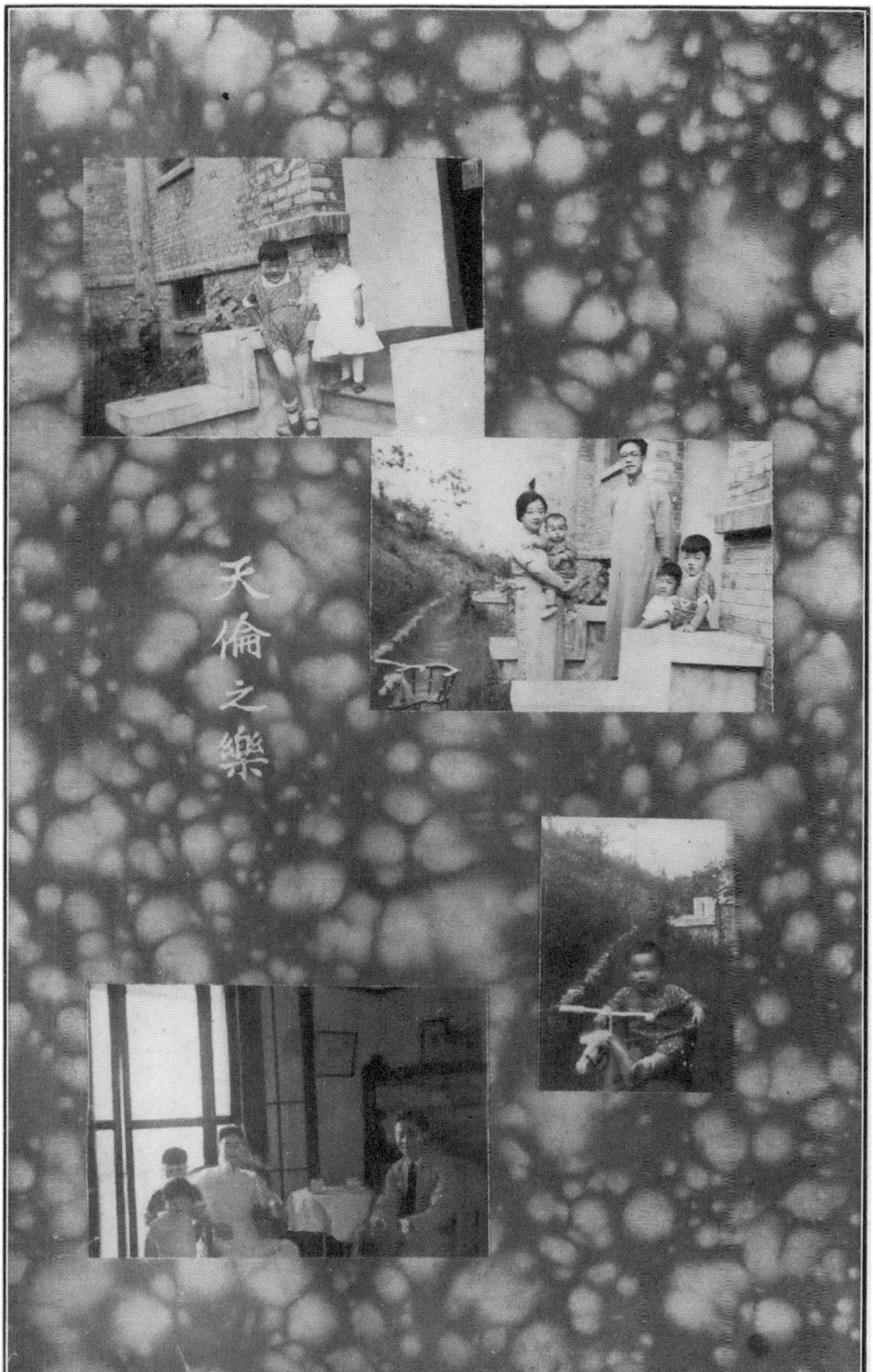

部分武大教授与家人在“十八栋”的生活剪影

缪恩钊、陶天南、徐天闵、张有桐、蒋思道、郭霖、叶雅各、丁燮和、刘正经、胡稼胎、钟心煊、陶因、范寿康、刘廼诚、缪培基、邵逸周、杨端六、葛扬焕、陈源、朱祖晦等数十位教授，其中不乏一些全国著名的各个学科领域里的顶尖级学者。

第一期竣工的教职员住宅区位于珞珈山之阳。熊总务主任在我半年前到校时预留双并式的洋房一幢，与刘笃生教授夫妇分住，各有大门进出。楼下有客厅、饭厅，楼上有卧室、书房、浴室，地下层有厨房和工人房。新自欧洲回国，得此住宅，甚感满意。洋房高踞山顶水塔下面，俯瞰东湖碧水，远眺前方山峦。湖滨的广袤田野铺着金黄色的油菜花，迎风摇曳，白鹤飞翔，构成一幅美丽的图画。晴天我循小径步行越山顶而下，绕过半山庐去法学院上课。下雨天则乘校方所备的小轮车往返，交通称便。

东湖在珞珈山麓，水平如镜，有手摇平底小艇可雇。我们夫妇从住宅沿路拾级下山，携留声机和唱片，泛舟湖上，欣赏音乐，怡然自得。湖心有一小岛，亭榭隐现于苍松、紫藤之间，供游人休憩。

——缪培基：《王世杰、武汉大学与我》（1986 年）

全面抗战爆发前夕，一片郁郁葱葱的珞珈山“十八栋”

可惜的是，“十八栋”大师云集的这段“黄金岁月”，实在太过短暂。没过几年，全面抗战爆发，武汉形势危急，学校被迫内迁，这些名教授们也只能被迫惜别珞珈山上的“十八栋”了。在 1938 年的武汉抗战期间，武汉大学珞珈山校园内名流云集，除蒋介石、陈诚曾多次下榻于珞珈山西北坡的听松庐外，周恩来、黄琪翔、康泽、郭沫若、万耀煌等国共两党要员均曾在一区“十八栋”短暂居住。武汉沦陷后，侵华日军占据珞珈山，一些高级军官也住进了“十八栋”，并将不少别墅的内部装修改造成日式风格。在此期间，第 309、310 号所在的双栋别墅还遭到了损毁。

日本人发行的国立武汉大学珞珈山校园“十八栋”风景明信片

抗战胜利后，随着国立武汉大学复员武昌珞珈山，很多教授又回到了自己西迁前在一区“十八栋”的原有居所，或是另换新居。此外，又有席鲁思、许宗岳、陈鼎铭、吴于廑、方壮猷、陈华癸、周如松、桂质廷等学校原有或新聘的教授住进了“十八栋”，而中间一排最西端的第 325 号（现为第 14 栋）住宅则被改成了招待所。1947 年，去美国进修了几年的生物系教授高尚荫第二次回国任教，尽管此时“十八栋”已经住满，但他仍然希望能够住在一区。于是，学校便在第 325 号招待所的西边专门为他修建了一座条件较为简陋的平房（后来被列为第 15 栋，现已被拆除，尚余地基遗迹）。

20 世纪 50 年代以后，由于种种原因，原本住在一区“十八栋”里的教授们纷纷下山居住，山上的人气日渐下降，整个别墅群也日益破败。近年来，武汉大学逐步对“十八栋”进行了分

抗战胜利后的珞珈山一区"十八栋"

批维修和整体保护，使其面貌焕然一新。除去前文中所提到的2栋已经损毁的住宅，原一区别墅群现存20栋建筑，至今均保存完好，并进行了重新编号（1—21栋，第15栋空缺）。其中，周恩来和郭沫若在1938年曾分别居住过的第322号（现属第19栋）和317号（现属第12栋）两处教授住宅，已于2001年与武汉大学其他13处早期建筑一同入围第五批全国重点文物保护单位。除了周恩来旧居已被辟为周恩来纪念馆外，武汉大学国学院、高级研究中心、台湾研究所、中国中部发展研究院、国家文化发展研究院等单位纷纷入驻“十八栋”的其他各栋办公。目前，学校对“十八栋”进行“总体规划、整体修缮、环境改造和功能激活”，着力将其打造为一处重要的历史文化教育基地和爱国主义教育基地，使之在新的历史条件下重焕风采，继续为武汉大学的学术研究、人才培养、对外交流与校园文化建设等各项事业发挥重要作用。

二、珞珈山水塔

珞珈山水塔位于珞珈山东部山顶，一区“十八栋”上方。该建筑由石格司设计，汉协盛营造厂承建，1931 年 4 月开工，9 月建成，10 月投入使用，高 16.5 米，工程造价 1.83 万元，是一栋钢筋混凝土结构的两层八角亭。其下层为供水设备，上层为阁楼，可供观光，上下层有旋梯相通，屋顶为绿色琉璃瓦八角攒尖顶，风格古香古色，与珞珈山北的校园主体建筑遥相呼应。

珞珈山水塔

1930 年 1 月，在国立武汉大学珞珈山新校舍一期工程招标的过程中，汉协盛营造厂为了能够中标，不仅将标价压得很低，而且还主动提出赠建一座自来水贮水塔。后来，由于汉协盛在施工过程中亏损严重，武大建筑设备委员会考虑到他们的困难情形，出于体谅和照顾，还是按照这座水塔的实际造价如数支付了这笔款项。

在修建珞珈山水塔的同时，学校在侧船山南的东湖边还建了与之相配套的水泵站，安装进水管道接至水塔，在水塔南边安装供水管道直通其下方的第一教职员住宅区，水塔北边的供水管道则远远地延伸至狮子山校舍中心区。1931 年 10 月，这一整套供水系统全部完工，成为国立武汉大学珞珈山新校舍能够正式投入使用的一个重要保障条件。

1933年，学校又对这套供水系统进行了改进和增容——在东湖边增建升降式活动泵房，在珞珈山北半山腰增建容量约为1500吨的钢筋混凝土沉淀池一组，在珞珈山顶水塔西边约30米处增建滤水机房及清洗塔（后被拆除，其原址上的混凝土基础现在还能看到）。

珞珈山水塔

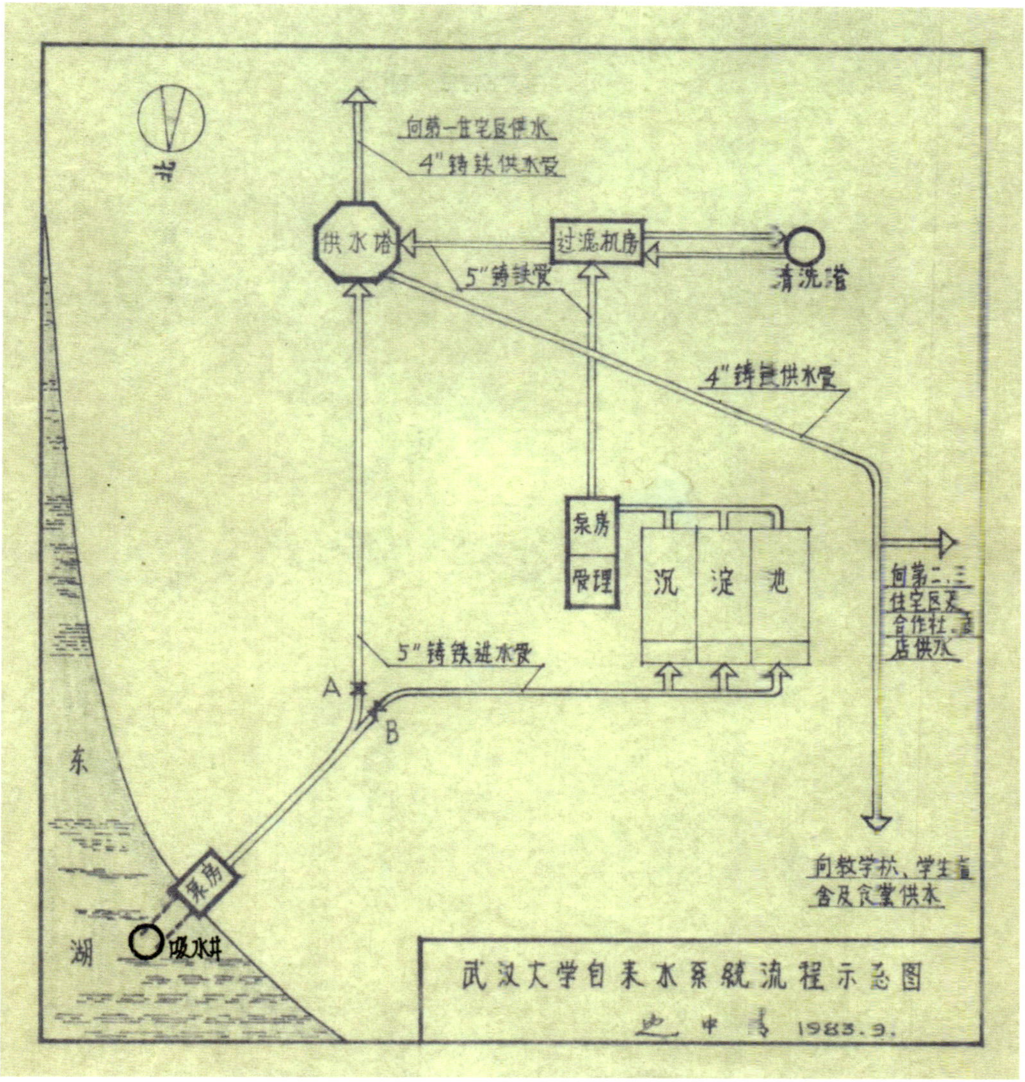

1983 年沈中清绘制的民国时期武汉大学自来水系统流程示意图

1953 年，武汉市自来水公司接办了武汉大学水厂，并将其扩建为东湖水厂。为了扩大珞珈山水塔的供水能力，东湖水厂将珞珈山北半山腰的沉淀池改建成了珞珈山作业区，增加了过滤和清洗功能，同时又改造了湖边泵站，增加了湖边沉淀池，除了供应武汉大学师生的生活用水外，还能供应茶港和街道口部分居民的生活用水。

20 世纪 90 年代以后，随着东湖水质的逐渐恶化，武汉市实施了“湖改江”工程，武汉大学师生开始饮用长江水，但珞珈山水塔仍然保持了原来的使用功能。随后，东湖水厂也改成了转压站，废弃了湖边泵站和沉淀池，但也仍然承担着为珞珈山水塔加氯消毒的任务。2004 年夏，武汉大学对珞珈山水塔进行了自建成使用 73 年以来的第一次大规模维修与加固，使其再次焕发了青春，又继续默默无闻地为武大师生的日常生活与教学科研活动服务了一段时间。

三、第三教职员住宅区

原国立武汉大学第三教职员住宅区（又称“教职员住宅第三区”，简称“三区”）位于珞珈山西南麓，是武大在迁入珞珈山新校舍之后续建的一处教职员住宅建筑群，由缪恩钊、沈中清设计，胡道生合记营造厂承建，于1933—1936年间分批建造，工程造价总共约为13万元，所有建筑均为带有独立小院的联排式住宅。其中第一批住房共有4排10余栋20多户，每户的住房面积为50—60平方米，总建筑面积1500多平方米，后来被称为“老三区”；第二批住房共有3栋12户，总建筑面积1400多平方米，后来被称为“新三区”；抗战胜利后，学校又在三区修建了几栋平房，并被命名为“特三区”。

相对于珞珈山上的一区“十八栋”教授别墅而言，三区的教职员住宅外观较为简朴，但仍然具有中西合璧的建筑特征，其屋顶造型带有简化的中式风格屋脊和鸱吻，外墙门窗和室内则为西式风格。新中国成立后，三区的原有住宅逐渐被拆除重建，20世纪30年代的老建筑现仅存1栋两层住宅（原为新三区23—26号），位于珞珈山路南侧的武汉大学幼儿园一分园内，保存较为完好，但其他建筑早已无迹可寻。不过，“三区”这个地名倒是一直沿用至今，并以珞珈山路为界，两侧居民区分别被称为“北三区”和“南三区”。

20世纪30年代中期的第三教职员住宅区

20世纪40年代后期的第三教职员住宅区

四、庚子烈士纪念馆

原庚子烈士纪念馆位于珞珈山西南麓武汉大学第一附属小学校园内，该建筑由缪恩钊、沈中清设计，1935 年夏落成，系利用当时的庚子烈士墓修缮余款所兴建的原私立武昌东湖中学校舍。

1900 年由唐才常、林圭等部分维新派人士在长江中下游地区策动的自立军庚子起义，虽然被当时的湖广总督张之洞扑灭，但仍然是中国近代史上一件具有重要转折意义的事件，它上承戊戌变法，下启辛亥革命，是革命道路发生转变的拐点，堪称辛亥革命武昌首义的序奏曲。1912 年，依孙中山访问武汉期间的倡议，武昌洪山北麓修建了一座庚子烈士陵园，并在 1929 年和 1935 年先后进行了两次扩建。1956 年，庚子烈士墓还被列为湖北省第一批文物保护单位。

20 世纪 30 年代，国立武汉大学部分人士曾提议"利用大学附近优良之环境，创造一设备完善、师资优良、训练严格之中学，以适应社会之需要"。而 1935 年庚子烈士墓第二次重修扩建之时，所拨款项尚有余额，主事者"愿以修墓之余款，捐建中学校舍一栋，以作永久纪念建物"，这与武大部分人士的想法正合，于是在珞珈山与洪山之间的这片农田上，当年便建起了私立武昌东湖中学。

东湖中学全景

在东湖中学的建设捐款名单中，建筑庚子烈士公墓委员会捐款 11000 元，为数目最大者。在建成的校舍中，最为醒目、居于校园中央地带的便是礼堂所在的建筑——庚子烈士纪念馆。这是一幢平面呈"T"字形的两层白墙红顶建筑（数年前大楼被重新翻修，外墙改贴青灰色仿清水砖墙饰面，入口处亦被改建，已失原貌），二楼走廊为连续拱券，屋顶檐下亦排列有细小的圆拱装饰，整体带有罗马建筑风格。据记载，当年楼内设有"礼堂一大间，图书标本室一大间，办公室四间，教室六间，足供学校办公及三百学生阅书受课之用"，可见此楼集礼堂、行政楼、图书馆、教学楼于一身，堪称当时东湖中学的核心建筑。

东湖中学校舍（庚子烈士纪念馆）设计图纸

庚子烈士纪念馆

1937 年，在东湖中学正式成立几个月之后，全面抗战爆发，不久武汉即成为全国抗战的中心和事实上的战时首都。在武汉抗战期间，众多党、政、军各级组织曾借用武汉大学和东湖中学校舍举办各种训练活动或召开重要会议，如 1938 年 1 月的中央政治学校特别训练班就是寒假期间利用东湖中学校舍举办的。而著名的珞珈山军官训练团更是一个最为重要的代表。该训练团分为训练高级军官的将官班和训练下层军官的校官班。将官班的开设时间先于校官班，于 1938 年 3 月 1 日至 3 月 20 日在国立武汉大学校园内举办了第一期。随后国民政府军事委员会扩大训练规模，成立了珞珈山军官训练团，增开了规模更大的校官班，每期人数达数千人。由于人数众多，人数较少的将官班便迁至东湖中学校舍举办。将官班在东湖中学举办了两期，其间团长蒋介石、教育长陈诚、副教育长万耀煌多次前来训话，冯玉祥、周恩来多次在训练团内授课演讲，而德籍顾问法肯豪森将军也曾活跃于此。可以说，1938 年春夏之际的东湖中学，集中了当时中国的绝大多数高级军事将领，在这里举办的将官研究班，为中国人民的抗日战争和人类反法西斯运动作出了巨大贡献。

1952 年 8 月，私立武昌东湖中学被中南军政委员会教育部停办，其原有校舍全部由武汉大学接收，其中的一部分后来被改为武汉大学附属小学校舍。数十年过后，这些老校舍中仅有最初的庚子烈士纪念馆这一幢建筑一直保存和使用至今，并作为如今的武汉大学第一附属小学教学楼，继续履行着其教书育人、传承文化的基本职能。今天武汉大学生命科学学院南面的一条东西向的水杉小道，便是当年东湖中学的校园主干道。此外，后来在东湖中学旧址及周边地区逐渐建成的一处武汉大学家属住宅区，也被命名为“东中区”。虽然这所学校本身早已不复存在，但因其而得名的武汉大学“东中区”这一地理名称，仍然一直沿用到现在，与庚子烈士纪念馆这座历史建筑一样，成为这所在历史的长河中昙花一现的中等学校在武汉大学这所著名高等学府的美丽校园里所留下的永恒印记。

五、侧船山石拱桥

侧船山石拱桥位于武汉大学校园东部边缘侧船山以北不远处的东湖南路，建于 1930 年夏，是当年的国立武汉大学珞珈山新校舍一期工程全面启动之后所完成的一项比较重要的基础设施建设。当时，为便于通过东湖水路运输各种建筑设备和材料，国立武汉大学建筑设备委员会工程处筑路大队沿东湖湖岸修筑了一条长约 2 公里的湖滨路，“全校风景以此处为最佳”。在珞珈山校园的东北角，侧船山和半边山之间，有一个东湖伸入湖岸边的半月形的湖汊，湖滨路要由此处连通，就必须在此筑桥。于是，学校便“于水道汇流之处，建山石大桥一座，以连接湖滨马路”。不过，这座石拱桥一直都没有正式命名，在武大学生编印的一些毕业纪念册中，这座桥曾被称作“柳桥”或“湖滨桥”。

柳桥

侧船山北的这座单拱石拱桥，其桥拱部分为红砖砌成的拱券，这些红砖的部分砖面上至今仍可清晰地看到“阜成”的字样，这表明它与国立武汉大学男生寄宿舍、学生饭厅、文学院等校舍建筑一样，皆出自汉协盛营造厂。拱券以上的桥身，则是就地取材，用珞珈山本地遍布的黄褐色山石垒砌而成。在桥面两侧，也用山石垒砌了两面矮墙作为护栏。总体来看，这座桥风格简朴，并没有多少建筑装饰，然而其所自然呈现出的原始、质朴的美感，反映出了武大建校初期珞珈山东湖一带的城郊泽畔野趣，具有返璞归真之美，同样颇具风景价值。特别是这座桥与近旁伸入东湖水中的侧船山山崖、因湖滨路凿开山崖从中穿过而形成的小山谷，以及不远处的一块突兀于东湖水面之上的湖心礁石（后被武大学生称为“浪淘石”）互相点缀增色，共同构成了东湖南岸的一处别具一格的景点。在不少留存至今的民国时期的老照片中，我们都能看到侧船山北的这座石拱桥的身影，以及当年那些武大师生在桥边的山石下泛舟、垂钓、野游的情景。

东湖之滨

湖滨桥

那确是一个晴爽的下午。我们在下汽车略事休息之后，便顺着那条往湖滨去的大道前进。虽然骄阳炙灼着皮肤，碎石又嵌得脚心生痛，但我们的精神，却感觉得异常的兴奋。

玻璃似的镜面，正有几只小帆船儿在这镜面上轻轻地溜过，这便是人们口中所传赞的东湖了。这景象给与平的是新奇、柔美，她欢喜得跳了起来，一面拭着汗，一面提议要找处地方坐下，好来静静地领略领略这湖山佳趣。

经过了短短的石桥，便是一座中断的山岩，那断口恰好做成了一条去山前的门径。就在这峥嵘的悬崖下，浅碧的湖滨，懒卧着一堆瘦得可怜的白石。我们便烦劳了它，暂时负一负这两条疲倦的身躯。

我几乎很少入到过那种境界，自从回武汉以来。那是如此的恬静、幽美。轻柔的微波，触着石骨，发出一声声细响，温柔得像母亲口里唱的催眠曲。我们都有点陶醉了！

——亦沤：《山居杂记》（1933 年）

20 世纪 50 年代以后，武汉大学的湖滨路被扩宽、改建成了今天的东湖南路，并且由昔日武汉大学校园内部的小道，变成了武汉市的城市道路。不过，在东湖南路多次拓宽与翻修的过程中，侧船山下的这座石拱桥均得以保留。虽然由于道路拓宽，此桥西侧的护栏已被拆除，其桥身也向西加宽了一倍，但面朝东湖的东侧仍然外露，而当年的护栏矮墙也依旧保留了原貌。至于桥下的侧船山湖畔山石和沙滩一带，如今依然是东湖之滨的一处足以吸引游人驻足流连的风景点。从历史的角度来看，这座已年过九旬的老桥，是目前武汉市范围内现存极少的民国时期桥梁实物，也是武汉东湖风景区早期开发的重要历史见证，其价值可谓弥足珍贵，如能配合武汉市的东湖绿道建设，对此桥加以妥善的保护，则必可成为东湖南路上的一处历史文脉与湖山风景相得益彰的新景点。

六、女生寄宿舍

原国立武汉大学女生寄宿舍（又称女生宿舍）位于校园东北部临近东湖的团山上，由石格司设计，永茂隆营造厂承建，1931 年 10 月开工，1932 年 6 月竣工，建筑面积约 1600 平方米，工程造价近 5 万元。

女生宿舍

在石格司 1931 年 4 月完成的女生宿舍最初的设计方案中，这座楼的外观是简洁而纯粹的西式风格，外墙为清水砖墙，整体风格与他在珞珈山南麓设计的“十八栋”教授别墅一致。不过，到了当年 6 月，他又对原方案进行了修改，除了楼层由四层减为三层以外，最突出的变化在于建筑外立面的装饰——将外立面清水墙改为水刷石，同时又将这座楼中央和两端的三座门楼，比照男生宿舍三座圆拱门的样式做了修改，加入了须弥座、卷草纹等中式元素，使这座原本纯粹西式的建筑，也带上了些许中国味道。石格司做出这一修改的主要目的，似乎是为了与珞珈山校园核心区的主体建筑，特别是男生宿舍的建筑风格相协调。

女生宿舍因其地理位置的缘故，湖山环抱，视野开阔，风景优美，室内的通风、采光亦十分良好。值得一提的是，女生宿舍内部自成一处相对独立的学习生活区，除了寝室外，一楼还设有餐厅、阅览室、会客室、琴房等。

位于东湖之滨的女生宿舍

女生宿舍的建筑格局颇具特色，平面呈“V”字形，“两翼角张，形颇似蝶”，又如一弯新月，故有“蝶宫”“月宫”之美誉；因其位于狮子山男生宿舍的东面，又被戏称为“东宫”（与之相应，男生宿舍也被戏称为“西宫”）；又因其临近湖滨，“一到冬天，风冷天寒”，故又被戏称为“冬宫”；此外，在抗战时期国立武汉大学西迁四川乐山办学期间，由于当时的女生宿舍为白塔街上的一座白色小洋楼，被戏称为“白宫”，等到学校在战后复员武昌珞珈山之后，团山的女生宿舍也就被一些武大学生按照在乐山时的习惯沿袭称作“白宫”了。

女生宿舍大门

1933—1934 年间，国立武汉大学第一个女生排球队全体队员在女生宿舍前合影

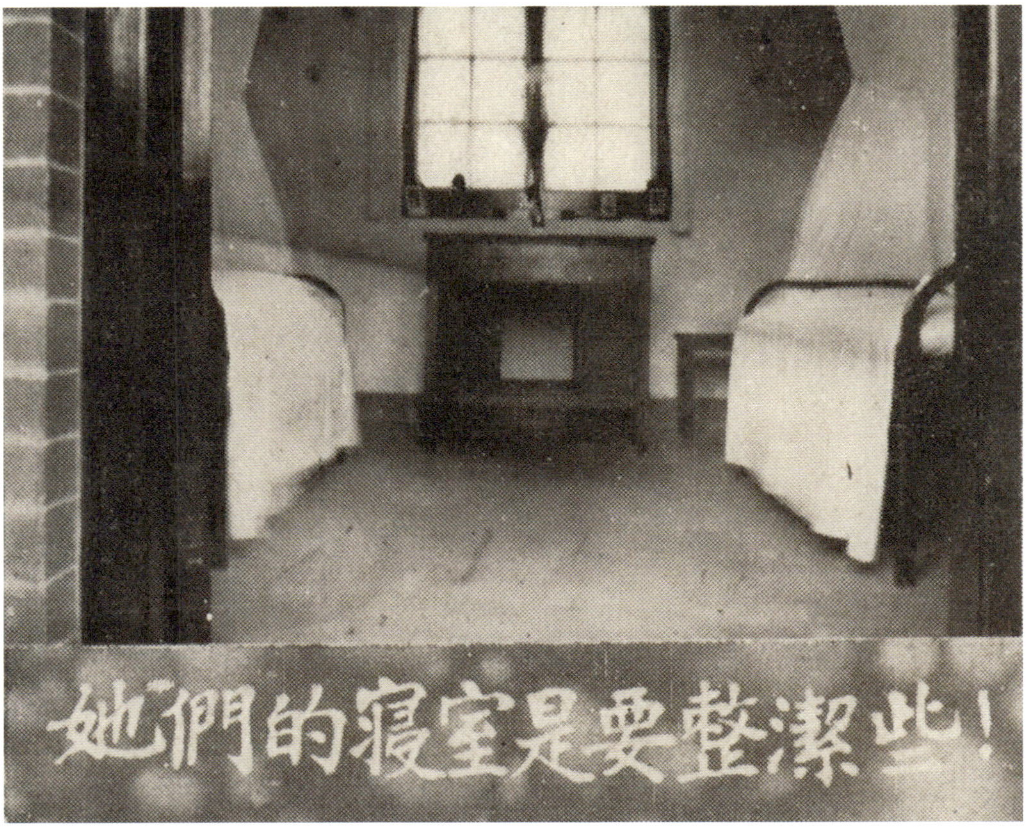

女生宿舍房间内景

20世纪30—40年代，曾经在这座美丽的蝶宫里居住过的武大女生中，曾涌现出不少非常优秀的女性，如著名金属物理学家、民国时期仅有的少数几位女博士之一周如松（周鲠生校长之女），台湾大学中文系教授殷正慈，台湾大学外文系教授、《巨流河》的作者、曾被著名作家白先勇誉为“台湾文学的守护天使”的齐邦媛，等等。

女生宿舍内的餐厅

20 世纪 30 年代的武大女生宿舍生活场景

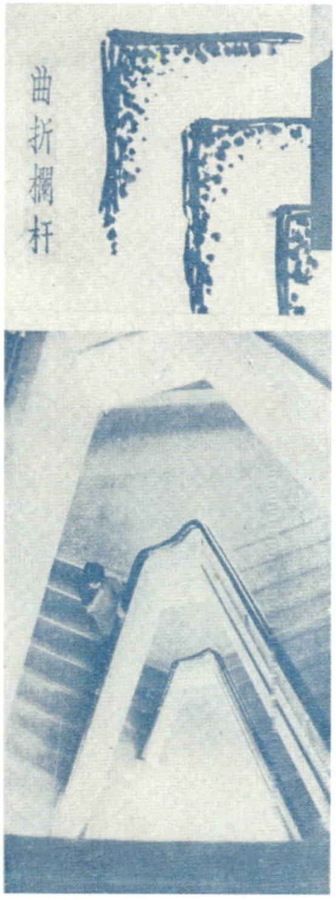

女生宿舍的楼梯

20 世纪 50 年代，蝶宫被改为单身教职员宿舍。1998 年，学校对蝶宫进行了扩建与改造，在原建筑西侧扩建了一部分，同时在其内部新增了一些厨卫设施。2015 年，学校再次对蝶宫进行了修缮，并将该楼交给国际交流部管理，作为外籍专家公寓继续使用。

七、农学院

原国立武汉大学农学院建筑群位于珞珈山西北的郭家山一带，除了最早的筹备处办公室与后来的院本部大楼外，还曾包括花房、农具室、工房、种子储藏室、羊舍、猪舍、鸡舍、劳作牛舍（即耕牛房）、乳牛舍、园艺室、贮青塔、天文台、飞机房、打米厂、起水机房等一系列附属建筑，均由缪恩钊、沈中清设计，后陆续被拆除，现仅存院本部大楼与园艺室两栋建筑。其中，园艺室建于1936年，由蔡广记营造厂承建，建筑面积约900平方米，工程造价约3.5万元；农学院本部大楼于1937年3月开工，由袁瑞泰营造厂承建，工程造

武汉沦陷时期的农学院大楼（右，未完工）与园艺室（左）（刘文祥供图）

1947年夏，即将竣工的农学院大楼

价 11.7 万元，1937 年 9 月因全面抗战爆发而停工，当时整个工程只建至二层楼面，建成面积约为 1700 平方米；抗战胜利后，该大楼于 1946 年底复工，并改由上海六合建筑公司承建，合同标价近 5 亿元（法币），1947 年夏最终全面竣工，总建筑面积约 5000 平方米。

农学院大楼是民国时期国立武汉大学所建成的最后一栋教学楼，其平面呈“H”形，建筑主体为三层，中部为四层，包括一座歇山顶的塔楼，其东西两翼亦为歇山式大屋顶，中以简洁的平顶相连接。大楼屋顶原拟覆以绿色琉璃瓦，但因抗战后物价飞涨，学校经费困难，为节省成本而改用较为朴素的青灰色平瓦。尽管如此，这栋民国时期狮子山以北体量最大的建筑，仍然有一些中式的装饰元素，在朴实无华间也体现出对珞珈山校舍建筑风格的传承。

园艺室位于农学院大楼西南侧，为一栋平面呈“口”字形的三层庑殿顶方形建筑，其样式与狮子山上的文学院、法学院大楼颇为类似，只是体量相对较小，看上去像是二者的缩小版；在建筑细节方面，也有不少中式装饰图案，其屋顶则与农学院大楼一样采用了比较简朴的青灰色平瓦。

从 20 世纪 30 年代中期到 50 年代初，曾先后在武汉大学农学院工作或学习过的广大师生中，曾经走出过中央研究院首批院士李先闻，中国科学院院士涂治、李竞雄、陈华癸、赵其国、陈文新（女），中国工程院院士陈俊愉、刘更另、王明庥、范云六（女）以及中华人民共和国首任农业部副部长杨显东等众多杰出的农业科学家。

农学院大楼

在 1952 年的全国高校院系调整中，武汉大学农学院被取消。1954 年底，武汉大学水利学院也分离出去，独立建校，并且从武汉大学划走了狮子山北麓的大片校园。从此，原武汉大学农学院大楼便成为了武汉水利学院（1958 年更名为武汉水利电力学院，1993 年更名为武汉水利电力大学）的行政大楼，直到 2000 年武汉水利电力大学合并到新的武汉大学。

建校初期的武汉水利学院行政大楼

武汉水利电力学院行政大楼

1959 年，武汉水利电力学院部分学生在行政大楼前合影

2012年，原国立武汉大学农学院大楼入选第七批武汉市优秀历史建筑。为了纪念曾经对武汉大学的建设和发展作出过重大贡献的原国立武汉大学农学院首任院长叶雅各先生，这座大楼被学校正式命名为“雅各楼”。该建筑现为武汉大学教育科学研究院、武汉大学实验室与设备管理处、校团委等单位所在地，其附楼（原园艺室）现为武汉大学科学技术发展研究院所在地。

雅各楼今貌（刘文祥摄）

武汉大学科学技术发展研究院鸟瞰（刘文祥摄）

附录

FULU

建筑图纸

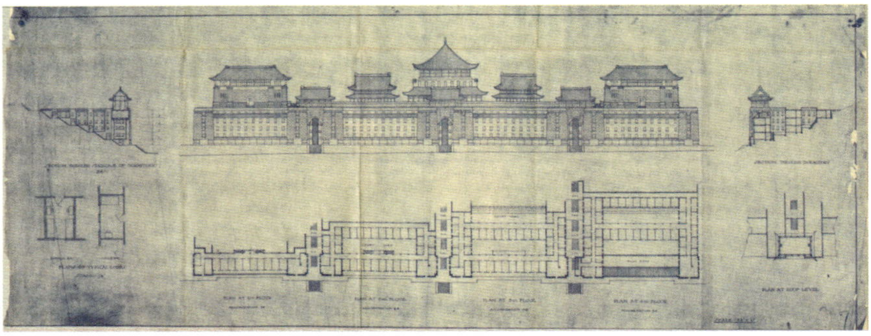

男生宿舍设计图纸

男生宿舍南立面图

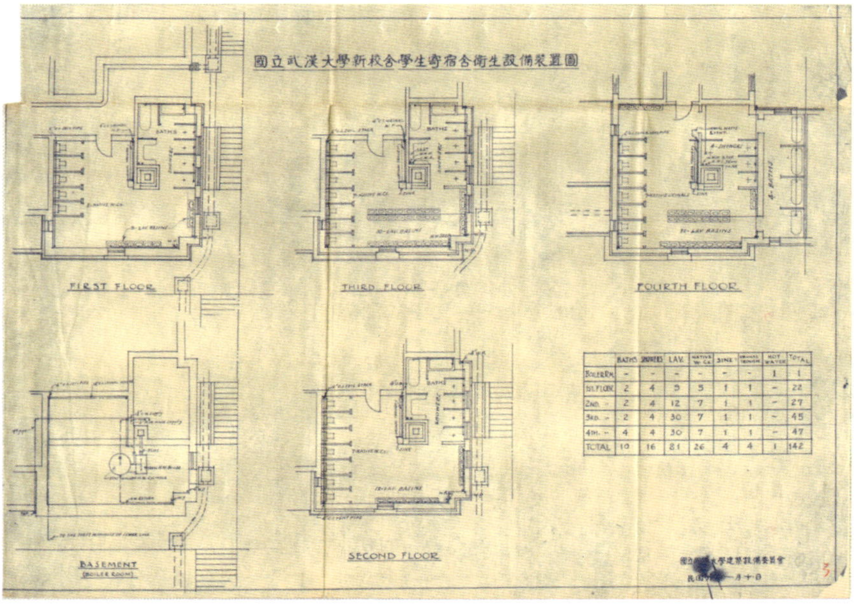

男生宿舍卫生设备装置图

文学院南立面图

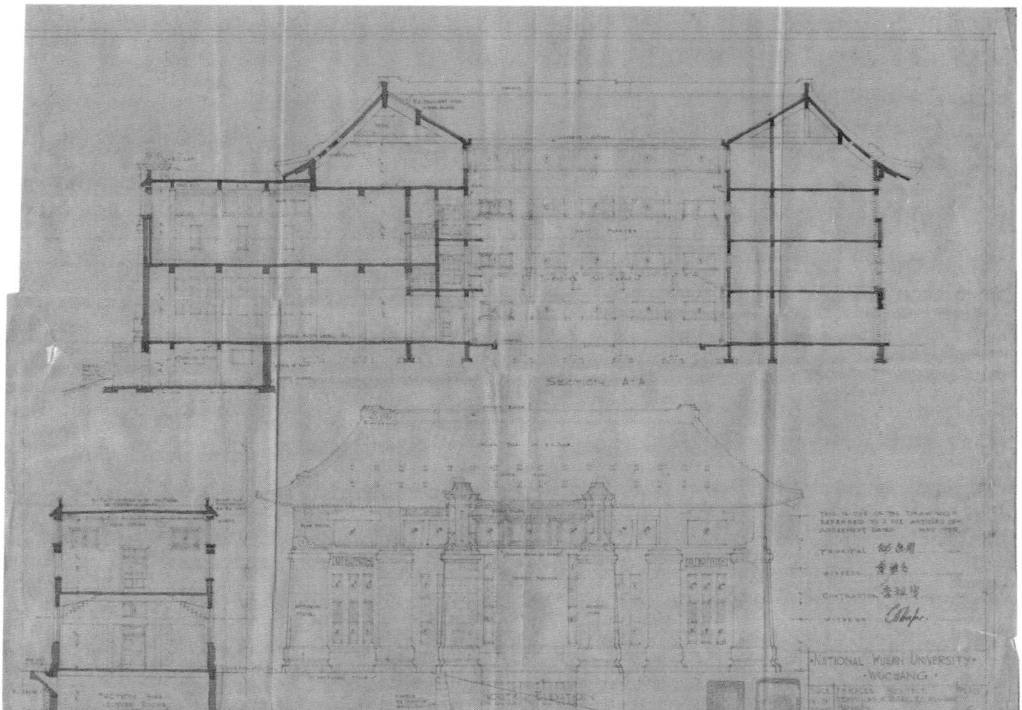

法学院北立面图及剖面图

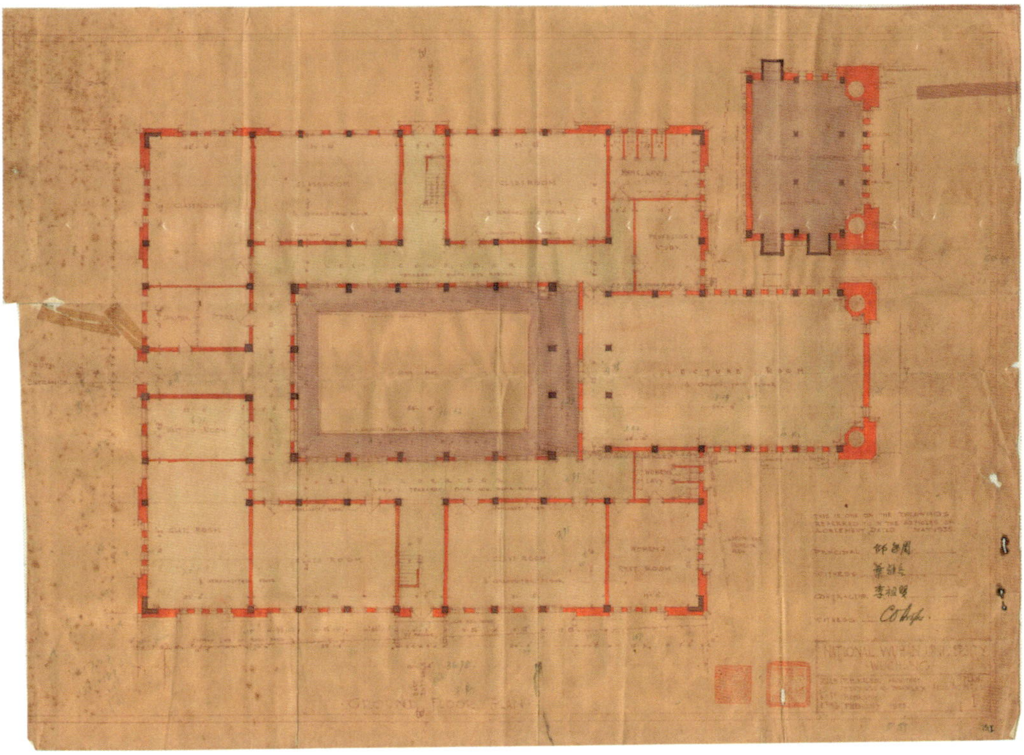

法学院一层平面图

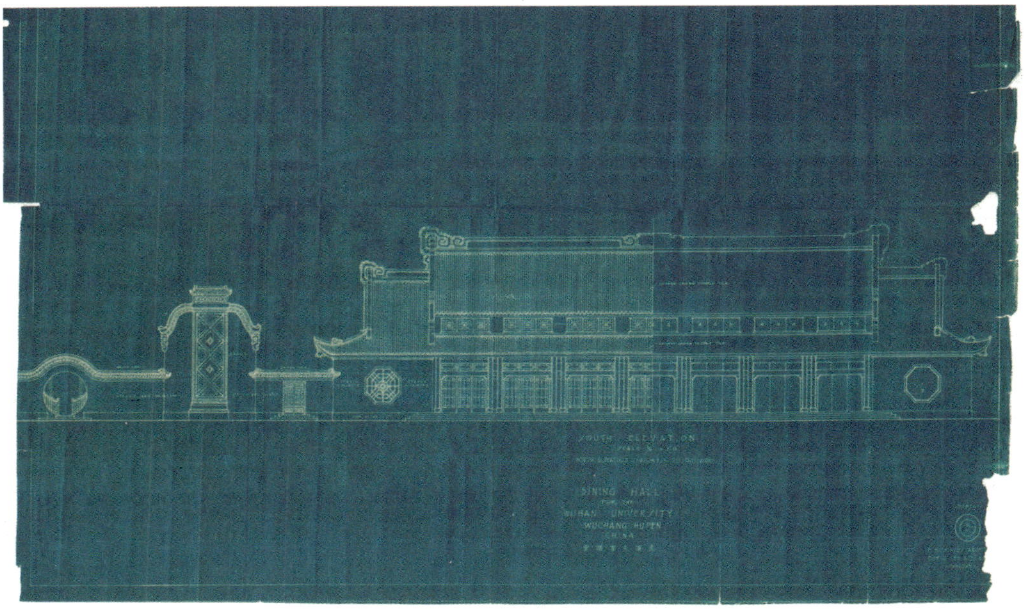

学生饭厅炊事间南立面图。在开尔斯最初的设计中，其西边的院墙还开有一座江南园林风格的月门，但最终并未修建

学生饭厅及礼堂剖面图

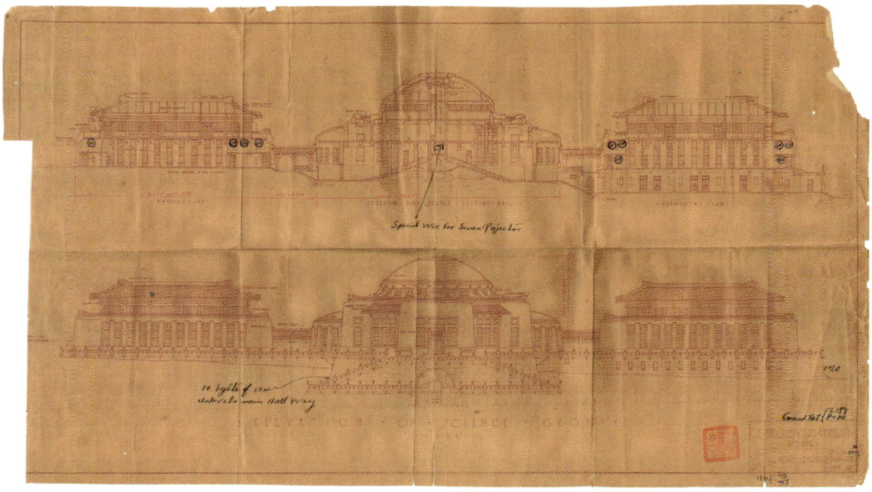

理学院建筑群南立面图及剖面图

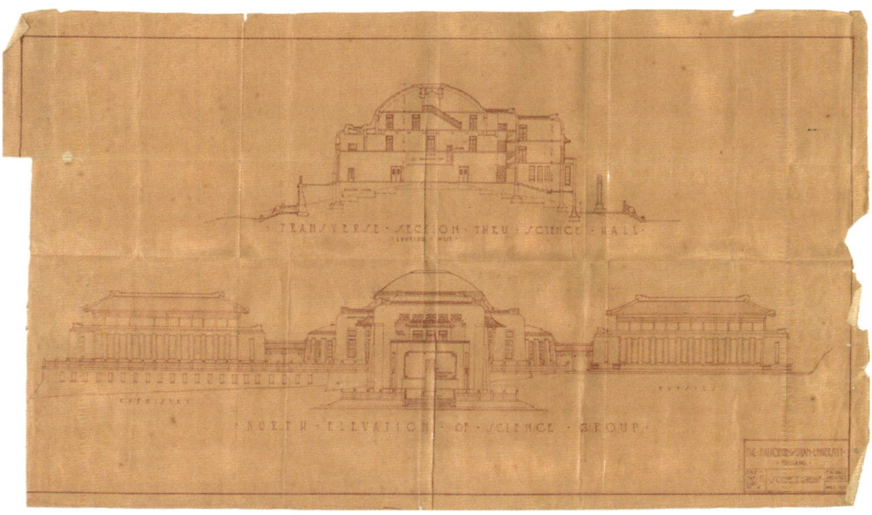

理学院建筑群北立面图及中央主楼剖面图，开尔斯原计划在主楼北侧平台中央建一座中式风格的纪念碑，但未实现

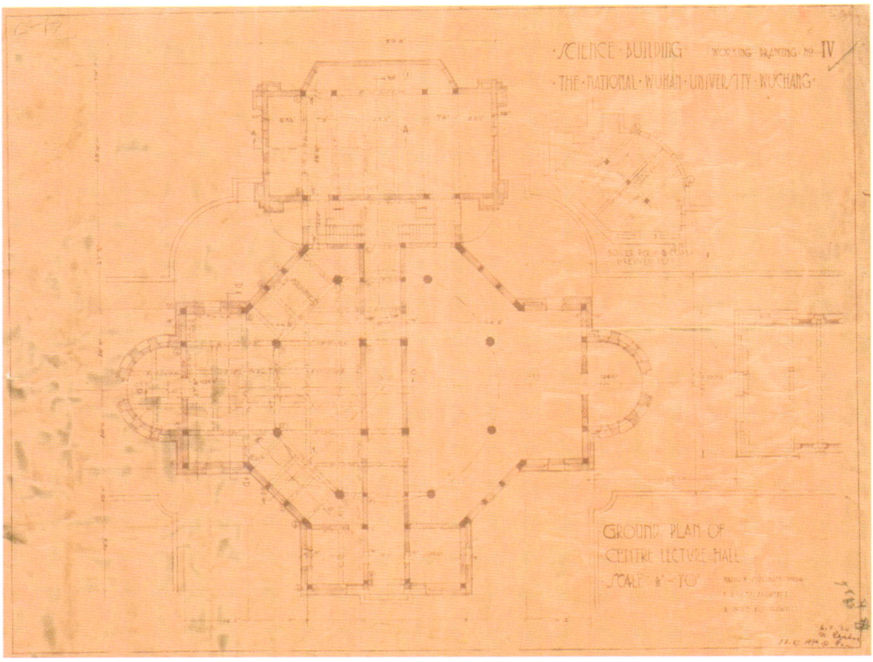

理学院主楼一层平面图，其右下角的落款为“1930 年 9 月，汉口，建筑师开尔斯、合作建筑师石格司”，此外还有石格司于 1930 年 9 月 6 日和 12 月 28 日的先后两次签名

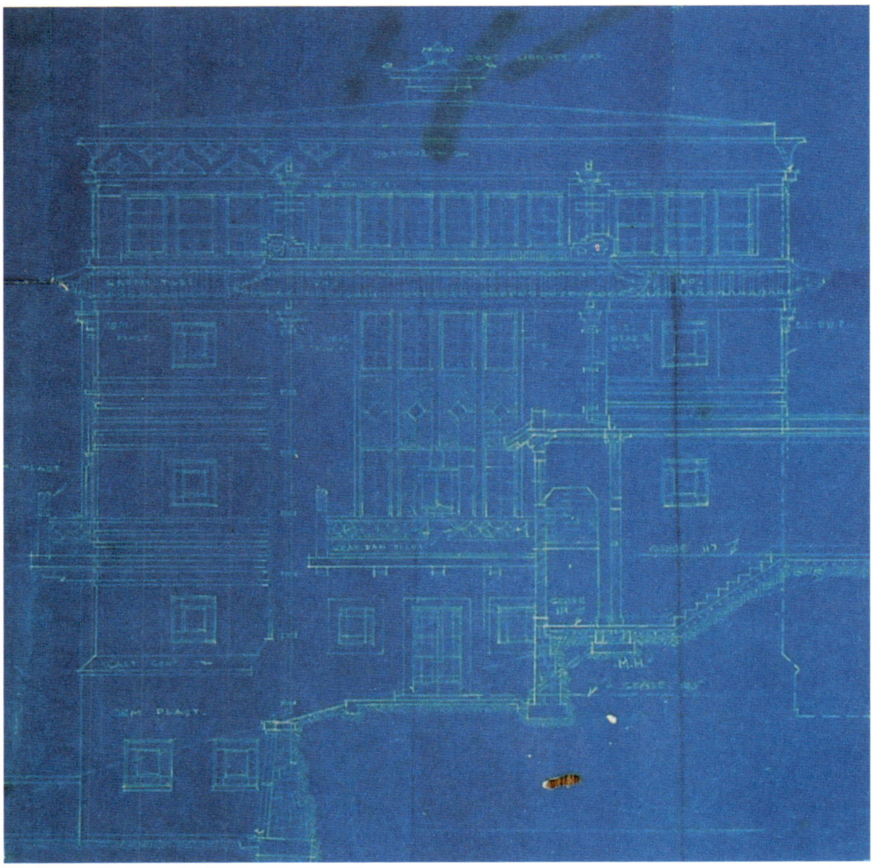

理学院扩建东北楼西立面图

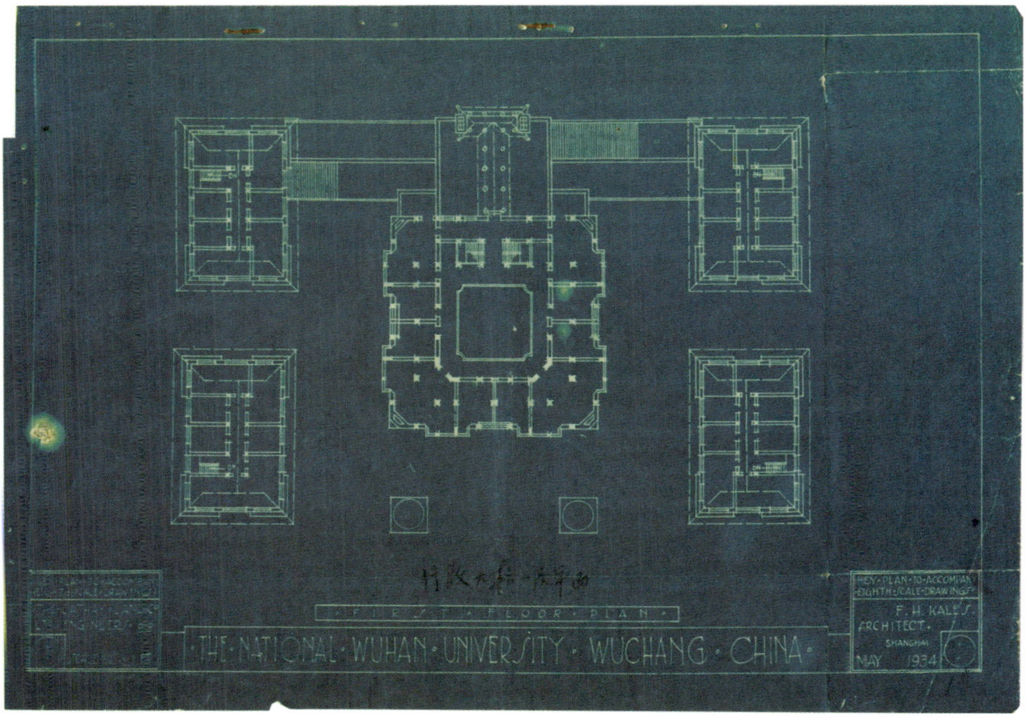

工学院建筑群平面图

工学院主楼东立面图及天文台剖面图

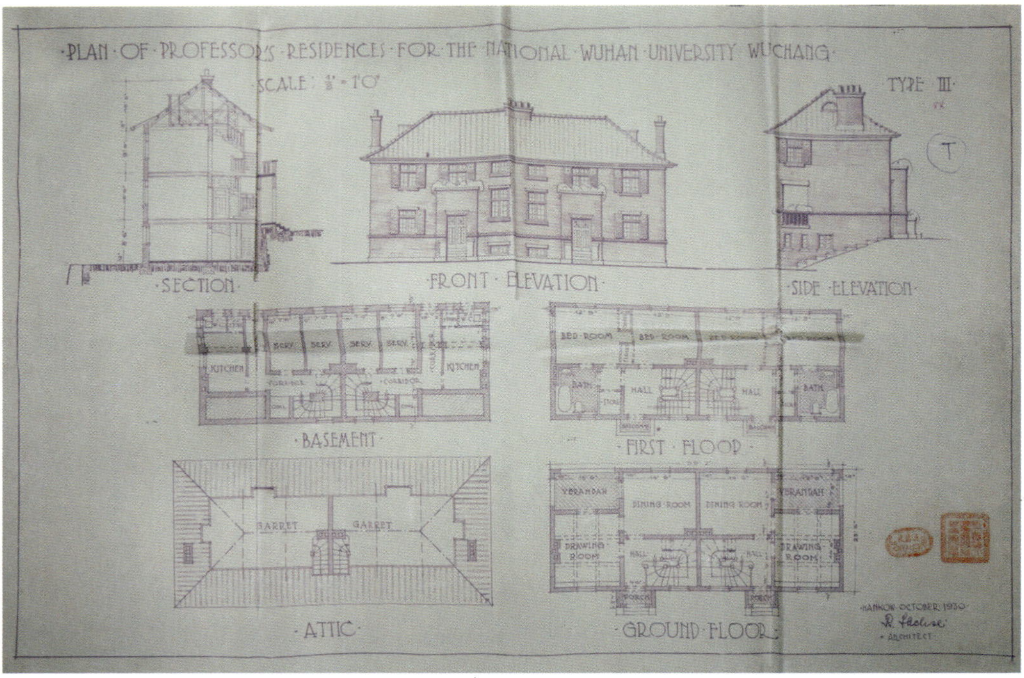

“十八栋”双户联排别墅（户型 3）正立面（北立面）图、东立面图、各层平面图，右下角有石格司的签名以及汉协盛营造厂和国立武汉大学建筑设备委员会的印章

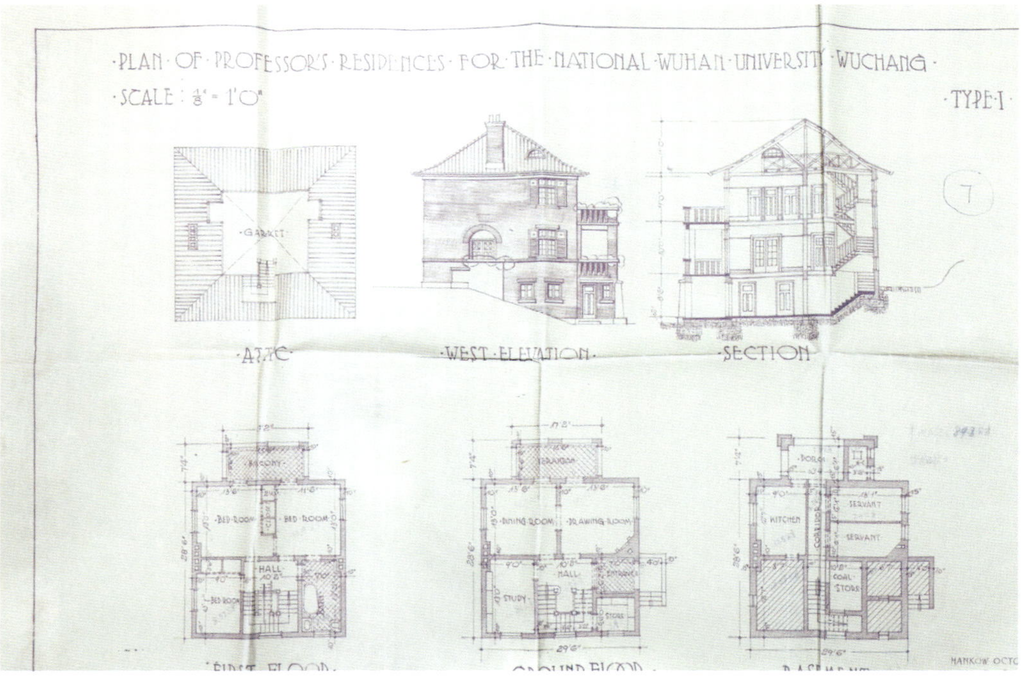

“十八栋”单户独栋别墅（户型 1）剖面图、西立面图、各层平面图

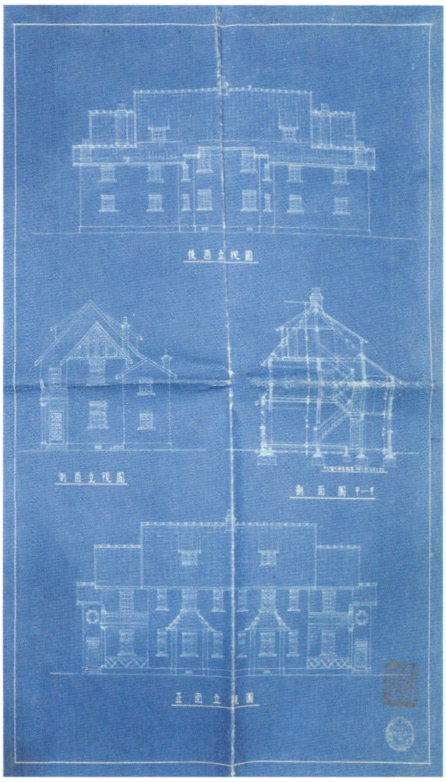

1933 年在“十八栋”西侧增建的双户联排别墅北立面图、正立面（南立面）图、剖面图、东立面图

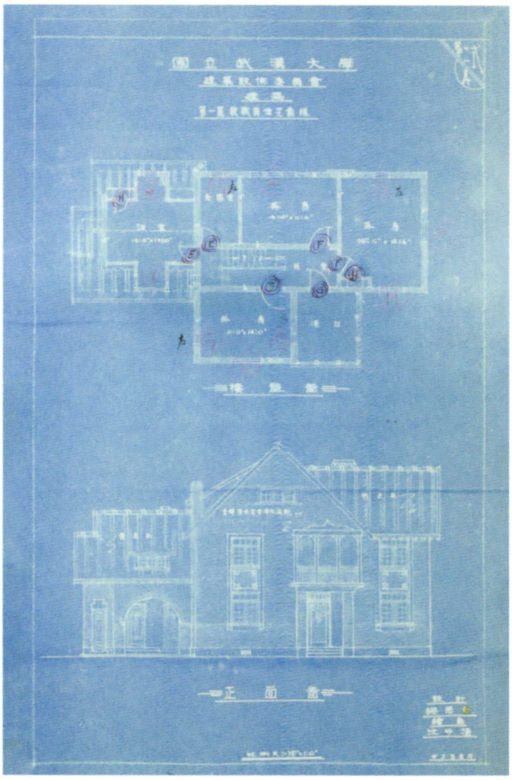

1934 年“十八栋”西侧增建单栋别墅一层平面图、北立面图

1931 年 4 月的女生宿舍正立面图（局部）

1931 年 6 月的女生宿舍正立面图

附录

FULU

史料选编

一、珞珈山新校舍的建设历程

谒王校长雪艇先生谈珞珈建校

——第一手珍贵的史料（节选）

殷正慈

由于此次走谒雪公校长，细谈珞珈山建校经过，才领会到当年他的处境，艰困重重，建校是何等之不易。如非他老人家（那时很年轻，仅三十八岁）识见卓越，擘画精密，意志坚强和魄力伟大，我们这些后学晚生，情况将非如今日。历史是不会完全一样的，是他，改写了历史，创造了历史。

武昌本为革命首善之区，自清末张之洞等开发以来，文化久已成熟领先。国立武汉大学，更是华中区首屈一指的最高学府。无论黉舍之巍峨，师资之优秀，设备之完善，人才之鼎盛，均得列于第一流大学之林。而筚路蓝缕，以启山林，作之育之，培之树之的，雪公实首创之。

……

民国十八年五月，我（雪公自称，以下均同）从南京到了武汉，筹划在武汉创建一所大学。经深思熟虑后，认为不办则已，要办就当办一所有崇高理想、一流水准的大学。而阅马厂的原来校址太小，无法发展。于是选择了珞珈山和东湖，作为新校基地。在我心目中，认为武汉市处九省之中央，等于是中国的芝加哥大都市，应当办一所有六个学院——文、法、理、工、农、医，规模宏大的大学。希望十年之后，学生数目可达万人。届时如能力许可，当陆续再添办其他学院。

当看定建校新址后，湖北省政府当局恐占用民地过多，有所未便，不很表示同意和同情。

同年秋，我特地邀约省府当局人士，同赴珞珈山现场研究，一致认为该处之优点有三：一、风景优美，有山有水；二、当地农田有限，不致占去很多耕地；三、在此建校，启发文化，为天下先，对武汉居民特别有利。

一经议定后，势在实行。但仍然有些问题，亟待解决：一、当时风气未开，民间思想顽固；二、无公路可通，交通十分不便。而此二者，实相关联。因为既然大规模建校，必须有营造厂汽车运输各项器材，必须交通便捷，汽车可以直接通达。而当时由武昌中和门（应为宾阳门，下同——编者注）外经洪山至珞珈山，无公路可通。其间有许许多多坟墓，因之发生许许多多纠纷。

当时民间风俗，认为迁徙祖坟是件大事。可是校方建设，认为交通第一，绝不可任坟墓阻碍交通。于是问题变得复杂。虽经使用种种方法与当地大族磋商，但始终说理不通。

在建校之初，真是困难重重。幸赖校内校外均各有二三位最得力人士相助，化解艰窘，卒底于成，必须特别提到。

首先说在校内方面：

第一位是叶雅各先生——他原在金陵大学任教，是我从南京至武汉时特地请来。他是美国留学生，小我十余岁，以后在校担任农学院院长多年，不幸于数年前病逝，至为悼惜。他当时为交涉迁移坟茔奔走人之一。当地居民为阻止迁坟，已联合起来向政府请愿。叶先生少年气盛，加上满脑子美国式思想，竟于一夜之间，率领工人数十名，移起挡路诸坟，妥盛棺木，以备坟主人搬运他处。

第二位是熊鲁馨先生（国藻），他时任校方总务长（应为事务部主任——编者注），是一位心性极为宽厚和平的君子。见叶先生闯了大祸，甚为着急，赶来报告。叶先生则慷慨陈辞，认为棺木可由公费全部更新，坟墓则必须彻底迁移。当地居民愤而上诉，事情闹到中央了。其时政府已很开明，故总统蒋公和当时行政院院长谭组庵先生（延闿）均予校方以大力支持，且各坟既已迁动，已无法将风水还原，事属无可奈何。经熊先生奔走调停，群争渐息，开始修筑公路。

迁坟、修路、建校，皆为极其繁琐的事。而叶、熊两先生自始至终担任实际工作，任劳任怨，使公路及校舍均能按期完成，厥功甚伟。二先生实为当时幕后工作的最主要人物。

在筑路期间，还有一段小插曲。我当时乘一辆小型福特（Ford）牌汽车，第一次试车及试路，由中和门赴洪山道上缓缓行驶。突然有一小孩从路旁跑入车底，震惊之下，立即刹车检视。幸当时车身底盘较高，孩子个子瘦小，竟丝毫未受损伤。其母立刻奔出理论，我告以如有任何伤害，当负全盘责任医治。其母放言："孩子如果被撞死了，要你赔偿一具金的棺材。"迄今思之，犹有余悸。孩子终获无恙。当年汽车稀罕，儿童尚不知惧怕及避让汽车，常以公路为游戏场地。

时汉口市有一营造厂商，名"汉协盛"，以修建汉口汇丰银行而著名。该老板为力求建筑物之完美，曾不惜贴钱一二万元，完成此一华屋巨厦。因此，我特地请他前来主持珞珈山建校工程。时厂主已双目失明，他的太太精明干练，多方协助，并聘用宁波籍工人多人合作，数年之间，奠定初基。

第三位要提到的是邵逸周先生。邵先生本在浙江省建设厅工作，初无一面之雅，但经我慕名而以一通电报相邀，他立即辞去原职，首途来鄂，担任武大工学院院长。从此邵先生一心专任，从未在外兼差。首在珞珈山建立一实习工厂，此工厂后来发挥极大之作用与功效。此后工学院逐步之建设、发展与完成，日新又新，全赖邵先生之力。

至于石蘅青先生、周鲠生先生、王星拱先生、杨端六先生等，或以功业扬名，或以文章命世，众所周知，在此可略而不述。今日所谈者，为建校之初最重要之三位得力人才，而大家所不大知晓的。时逾四十余年，我依然时时感念难忘。

其次说到在校外方面，有两位先生帮助最大：

第一位为谭组庵先生（谭延闿，字组庵——编者注），其人其事，历久而弥新。

最初，湖北省财政厅长张难先先生首允拨款二十万元建校。张先生虽然热心，但对我的建校规模未有概念。因数目太小，不敷甚巨。

民国十八年，经中央政治会议通过，拨款一百五十万元建校，计划中央与省府各半——各筹款七十五万元。时全国财政大权在财政部长宋子文先生手中，我遂亲赴上海见宋，请他照案拨款。事先约定下午五时会谈，一直等到七点钟才得见到，其时他已经要离去了。仓卒间宋仅立谈片语：“目前中央方面，一个钱都没有。”宋态度如此冷漠，毫不热心。我只得再度赴京，求见行政院长谭组庵先生，向他说明此校对将来湖湘子弟影响最大，而筹款却困难至此。

谭先生闻言，立即热忱地说：“你放心，此事全部交给我办好了。”果然不久，宋即答应每月筹款五万元，分十五个月付清，成为定案，才算是解决了经费上二分之一的难题。

谭先生时住南京成贤街，患高血压症，行动已感艰难。一年后（民国十九年），即因脑溢血中风去世，国葬于中山陵。我以后每次到南京去，一定上谭先生的坟，并到成贤街去探视他的夫人。我对他伉俪终身感激，如果不是谭先生恳切帮忙，一切辛勤，恐将付之东流。

另一位为何雪竹先生（名成濬，时任湖北省政府主席兼武汉行营主任）。我返武昌后，亲自去见何先生，对他说：“我是一介书生，本无勇气来创办这所规模宏大的大学。如果一定要我办的话，省府方面，必须遵案筹款，一文钱都不可少，一天也不可拖延。”何先生听了，倒很痛快，立即找来当时的财政厅长童贯时先生，吩咐他按月支付五万元给我。他说：“无论省政经费如何困难，此款必须优先筹措。”——此七十五万元，后亦分十五个月拨清。

何雪竹先生对建校十分热心，帮忙很大，对我个人感情亦好……

尽管雪竹先生为政方面也许有些弱点，但对国立武汉大学建校计画，确是非常热忱赞助的。对他，也使我终身为之感激。

建校时是首先从宿舍造起，然后才推及于各院系、办公厅和图书馆等等。因为珞珈山际一片荒芜，如无宿舍可住，学生即无法上学。

为了领取建校经费，熊国藻先生也不知跑了多少遍。熊先生是最好的总务人才，他不但能干负责，而且廉洁无私。与他共事的数十年中，他个人从未动用过公家一分钱，家中也从未私用过一个校方工友。在大陆时期，有两位总务人才，我永不能忘，一即熊国藻先生，一为陈英竞先生（按陈学长为经济系民二十一级级友，现住美国首都华府）。他俩均克苦勤劳，清廉正直，从未占过公家一丝便宜。有了这样得力的帮手，我才能放心大胆地办事。

……

当年建校，有一位美国人，不可不提。他就是开而士先生（Kales），为建筑专家，其夫人是日本人，所有设计图样均出之于他的大手笔。他是李四光先生所推荐。李先生是名地质学家，本人因经常奔走于北平与武汉之间，未能专心留鄂工作，他特别向我推介此一适当人选，成就不凡。（李四光先生时任新校舍建筑设备委员会委员长。武大建筑采中西形式之长，有古

典与现代之混合美，当时实开风气之先，以后全国新建筑多采此路线。——笔者附注）

办学校大抵开头很困难，有许多意想不到的麻烦小事。二三年后，一切上了轨道，顺理成章，便可以得心应手。民国二十一年，张难先先生来珞珈山参观，惊异于学校规模如此之大。我对他说："你到此刻，才知道你当年所拨的建校款项二十万元，数目是如何的小吧！"

除初期各项奔走筹款外，此后办学有了成绩，声名好了，各方慷慨捐助也多了。到了抗战初期，建校费用约已用去四至五百万元。

名地质学家丁文江先生曾来校参观，他认为在如此荒瘠之地，竟办成一座如此规模的大学，可说是现代中国人的一大奇迹。

……

我们可了解雪公此时的心情。一位卓绝的志士仁人，永远在燃烧自已，照亮别人；永远严于律己，而宽以待人；永远忆旧怀恩，而绝不骄矜自伐。

在两个时辰的娓娓清谈中，雪公对昔日的长官部属，感念之情，溢于言表。尤其提到"每次去南京，必定上谭组庵先生的坟"时，深深地垂下头来，惆怅低徊，久久不能自已。

一位伟大的哲人，也是最深于情、富于情的人。在冷静严肃的外表下，常包含着像火焰一般燃烧的心。就凭着这股炽烈奔腾的原动力，才能创造出超凡轶常的新经验、新世界，才能从无中生有、从忧中觅乐、从绝处求生，从荒凉寂寞的泥土上，创建出现代中国人的奇迹。

一九七七年十月于台北市

国立武汉大学旅台校友会编印：《珞珈》第 54 期，1977 年 12 月 1 日

（原文中的标点略有改动）

珞珈山新校舍工程近况

本校珞珈山新校舍建筑工程，第一期学生宿舍三大栋、食堂一大栋，于十九年一月标定汉协盛营造厂承包建造，其第二期之文学院教室一大栋、理学院教室三大栋，已于五月间仍为汉协盛以最低价格标得。该厂自标定承包之后，即鸠工庀材，照图建筑，所有砖、灰、铁、石、木料等，均自各处购运来鄂，由汉阳门起坡，自备汽车多辆，装运至建筑场所应用。其间工程，计分平基、下脚、开山、凿井、建桥、添筑办公房屋等部，此外如修路、种树诸工事，则由建

筑设备委员会工程处督工兴修，合计各项工人每日有四五百名之多。行见崇楼高耸，马路纡环，一年之内，即可大部告成。爰将最近各项工程进行概况，分述如左：

一、开平基地。学生宿舍三大栋，建筑于狮子山南面腰部，依山之倾斜度，内部成梯状形，外观之则为四层高大之楼房。此项工程，业由汉协盛将所有基地开坪，计已完成百分之九十。

二、下脚。此项工程浩大，基址须特别坚实，现照工程师规定，就本山开出之石子，合以灰沙，砌下深二尺五寸、宽五尺之墙脚，业已完成百分之八十强。

三、开山。第一期标包之饭厅一大栋，系建筑于狮子山之西头。该地全属石块，第一步工程，须将石块坪开，现由汉协盛招包开山工人，用炸药开挖，计已完成百分之七十强。第二期建筑之文、理两院教室，系建筑于狮子山之东部及顶部一带。该地最高部分高出水平面一百九十五尺，照工程师规定，须将山顶高度截去三十尺。此项坪山工程，理学院教室基地已开去百分之五十，文学院教室基地开去百分之三十。

四、凿井。新校址滨沿东湖，湖水澄清，固可取用，然于饮料上，尚觉不甚适宜，乃拟凿自流井两处，以供饮料，现经工程师暨李委员长择定狮子山北土质优良之处，用最新方法开凿，已开入计深六十余尺。

五、建桥。新校址东滨东湖，沿湖则辟为湖滨马路，现于水道汇流之处，建山石大桥一座，以连接湖滨马路。此桥兴工多日，尚须二星期可以完成。

六、建筑办公房屋。新校舍各项工程，既热烈进行，关于监工及办事人员，当亦随有增加。原有工程处房屋一栋，不敷应用，乃于珞珈山北中部添建房屋一栋，现已完成百分之六十。

七、修路。新校舍马路，计有环校路、湖滨路、半山路、珞珈山马路。环校路东、南、北三面已成，计长约五里余，惟西面未成者尚有三里余，此路若成，则环校一周，通行无阻。湖滨路系沿东湖边，长计三里余，全校风景以此处为最佳，路基全部现已完成，尚须加铺沙石。半山路系环绕珞珈山之腰部，现已修成者，一由工程处向西折转而南，至彤云阁之东部，一由工程处向东，至新添建之办公房屋，其在狮子山南者，由湖滨路起，经学生宿舍前直达珞珈山新马路。至珞珈山马路，系由大东门外街口头起至新校舍止，计长三里又三分之一，宽三丈，两旁树植道木，极饶幽趣。

八、种树。此地多属童山濯濯，毫无林木点缀风景，自经本校勘定为新校址后，即于春间遍植林木，现计植成者，有松苗五十万株，柏树三万五千株，梧桐五百株，洋槐五百株，苦楝五万株，公孙树一百株，棕树二百五十株，楸树一百株，针叶杉五百株，榆树一百株，白杨一百二十株，广叶杉一百株，石楠五十株，柳条五千株，千头柏二百五十株，喜树二百四十株。复于扁扁山之南，辟地二十五亩，为苗圃，栽植花卉树苗，预计明春可植之山植松苗二百万株，林园树苗如紫荆、山茶、银杏之类四十五种约二十五万株，花卉七十五种，（为采集种子之用）其他如直接造林者，计有乌桕二百五十亩，麻栎六百亩，樟树三百亩，苦楝一百亩。

其以上系就各部分已完工程摘述一二，重要建筑正于此时开始，如工作顺利，明年夏初，大部分可以完成。

《国立武汉大学周刊》第64期，1930年6月22日，第1版

（原文中的标点略有改动）

二、男生寄宿舍

新校舍内应注意事项

于本校学生新宿舍内一切设备均已齐全，每斋且有公共盥洗室一大间，备有冷热水管，颇为便利；兹学校为注意清洁与公共秩序，特订《宿舍内应行注意事项》七款，分悬各斋，以资遵守，照录于次：

▲宿舍内应行注意事项

一、宿舍热水管每日只能于特定钟点内开放，在开放钟点内使用者，务各力避浪费；

二、冷热水管用毕，务各将开关关紧；

三、离寝室时，务各熄灯；

四、厕所务用折表纸（可向合作社购买，价甚廉），勿用报纸及任何其他硬纸，以免水道堵塞；

五、宿舍各处切禁晒衣；

六、各处墙壁不得涂写；

七、玻璃窗或开或闭，务将铁条或铁钩扣紧，以免被风损毁。

《国立武汉大学周刊》第118期，1932年3月4日，第4版

（注：部分标点为编者所加）

本校布告

学生寄宿舍内之清洁肃静，关系寄宿者全体之健康与工作至深且巨。在过去一星期内，诸同学或因不明设备情形，或因疏忽，致令宿舍秩序甚形紊乱，斋务人员甚至不能应付。须知各种装置均有密切之关联，一部分发生障碍，可以影响宿舍之全体；一人之不谨细，可以妨害全体之健康与安适。关于宿舍内应行注意事项，业经揭示悬挂各斋，务望各同学严格遵守，随时留意，对于一切公物如水管、玻璃、电灯之类，务各加意爱惜，对于全体之安宁，务必加意尊重，举凡玩弄乐器、高声歌唱等事，俱不可于工作时间内为之。本校校务会议关于宿舍秩序之保持，最近已通过下列决议，兹特公布如左：

一、各宿舍之卫生及秩序，关系全体寄宿者之健康与安全极大，如有违反宿舍规则者，应视同违反校章，按照学则从严制裁，并请校长责成斋务及庶务人员严加注意，逐日报告，如斋

务员有玩忽或匿不报告者，应以失职论；

二、各宿舍卫生及秩序等事，应由寄宿人为相当之自治组织，请学生团体生活指导委员会于一星期内拟定，提出本会决定行之。

自今以后，本校当一面切实执行以上决议案，以维宿舍纪律，一面促成宿舍内之自治组织，以减少繁难，切望诸同学一致努力，为本校宿舍立良好轨范，受其益者，将不仅今日在校之同学已也，是为至要。此布。

校长王世杰

中华民国二十一年三月八日

本校通告

为布告事，兹经本大学第一五二次校务会议通过学生宿舍自治组织纲要一件，特公布如左：

学生宿舍自治组织大纲

（甲）每斋房间在十五间以下者，选宿舍自治代表一人，在十五间以上者，选代表二人。

（乙）各斋自治代表有左列职务：

1. 维持本斋公共卫生清洁事件；

2. 维持本斋同学公共安宁秩序并促进其亲睦；

3. 本斋全体同学有关于宿舍改良事件之意见，得由自治代表向学生团体生活指导委员会陈述之；

4. 督进本斋同学严格遵守本校一切关于宿舍安宁清洁之规则。

（丙）自治代表于执行乙项所规定职务发生障碍时，得向学生团体生活指导委员会陈述之。

（丁）各斋学生代表依据上三项大纲，拟具寄宿舍自治详细规则，商得学生团体生活指导委员会同意后施行之。

（戊）宿舍代表任期半年，当选者不得辞职。

校长王世杰

中华民国二十一年三月十四日

《国立武汉大学周刊》第120期，1932年3月22日，第1版

（注：以上二则史料原文均无标点，其标点为编者所加）

本校新校舍落成典礼王校长报告词（节选）

第三，新校舍设备总原则。一切器具及教室实验室的设备，当时曾与工程师定下范围，我们的材料求坚固而不求奢华，器具求卫生而不求舒适。这是很费了心机的。如同学用的钢丝床，在一二十岁的人用的床，如果非特别坚牢，非但不能于用过后留给次班的同学用，即其本身在校继续用四年，求其不坏，恐非易事。本校的床，因为汉口没有相当的制造所，所以特别向镇江一个专做铁床的学校定做。他们做了几个样子，由我们特别考虑，请体重的叶雅各先生站在上头试过不坏才定的。其他器具也都求卫生而不求安逸，卫生设备如浴盆、厕所、水电，绝对没有苟且的事。建委会知晓学生来校求学，每年每人有用七八百元的，若不注重卫生而常生病，岂不可惜？所以在这暂时不安全的状态中，至少卫生学校是应负责的。同学多来自田间，尤其清寒的多，故一方面须使其生活安全，一方面要养成刻苦的行为。我们的卫生设备虽不弱武汉的大旅馆，但学生的火〔伙〕食，却是从俭的。每月每人食费不过七元左右，与校工相仿，差不多还赶不上广州上海的黄包车夫。所以我们对于生活只求卫生不求安逸。

《国立武汉大学周刊》第129期，1932年5月31日，第1版

珞珈忆旧（三）（节选）

刘定志

新校舍巡礼

建在珞珈山上之新校舍，终于在民国二十年冬，初期大致完成了。学校决定于寒假迁往。虽然气候寒冷，但同学们的心情都是热烈而兴奋，全校师生们纷纷收拾行装。校方不但建筑了新校舍，一切校具，无论教室课桌椅、宿舍床铺、书桌、餐厅台凳、厨房用具，全部都是配合新设计定制的，充分表现一番新的气象，新的精神。

从武昌东厂口（旧校舍）乘车到学校，大约十几分钟……学生宿舍由车站往前偏左拐弯微坡向上，只看见三座宫殿式城楼，倚山建筑了一排四栋学生宿舍：按地形建筑，前面四层，逐次向上，由三而二而一层；在前面向上看，既雄伟亦壮观，其方式亦别致，颇具匠心。宿舍编号为“天地元黄，宇宙洪荒，日月盈昃，辰宿列张”。住的洋房，编号却是古雅式的字号，如从前考棚似的。开始，女生住在左面最下面的天字斋，单身教职员则住在其上层的地字斋，其

余分配男同学。我与朱焜兄同房，抽签决定房间，住的是洪字斋，和我们的校友会理事长李林学兄是同一斋。每房有双面书桌一只，备两人对坐，书架各一，钢丝弹簧床各一张。据王校长报告，这种床经学校身体最重从前也是运动健将的叶雅各教授在床上又站又跳地试验过，其坚固耐用可知。由城楼下一层一层的阶级往上爬，宿舍分设在两边，最上的一层——第四层最高，较热（因上面是平台），但到文、法两学院上课，或到饭厅用餐、大礼堂开会却较为方便，不必爬。住在最下层的，前面有阳台，可向外眺望，不会受热，但到饭厅、礼堂及文、法学院上课却得多爬上几级。好在珞珈山上下坡是太多了，大家也锻炼惯了，毫不在乎。每层宿舍都供应冷热水盥洗沐浴及冲水厕所。现在看来，似乎很平常，但在当时，可就相当贵族化了。每晚定时（大约十时）熄灯，要开夜车的同学，只有自备蜡烛了；不过好像开夜车的同学不多，除非是在考期。因为山上的阳光，似乎来得早些。在这美丽的环境里，大家都习惯早起。宿舍前面的坡地是校园，种满了各式花木，有纵横交错的小路，排列着大大小小的草地，天然石凳，任凭你散步、小坐、卧游，真是随心所欲。无论是朝阳、黄昏、月夜，三三两两徘徊、闲聊，一包花生、一包瓜子，慢剥细嚼，一天的紧张课程，就此轻松下来了。这种闲情逸致，而今到那里去找呢?

国立武汉大学旅台校友会编：《珞珈》第 18 期，1968 年 4 月 1 日，第 20—21 页

回忆武大的宿舍

王达津

1936 年我考入了武汉大学中文系。下火车以后，就有以郭佩珊为首的迎新同学来接。我坐上汽车，车一直开到宿舍楼前，我就被那举世闻名、金碧辉煌的宫殿式的建筑吸引住了。宿舍分四层，依山建造，是斜向上方的。从山脚下，走向山顶，阶级之多，也应该算世界之最，恕我年久，已经记不得多少级了。

刚到校时，暂住在下层一间房里，同山西人解毓才同住（解同学是历史系高材生，解放后任教于湖南大学，不幸早逝）。当时学校分配宿舍，三、四年级住下层的，自然不搬动。那时，还有一种习惯法，即最下层的宿舍有纱门，可以出来站在阳台上眺望，下山去又方便，因此住在那里的毕业同学，早已经有人和他们商量过，私相授受，新同学当然无望。分配空余的房舍

当然只是一、二层，但须要抽签。解毓才胆子较小，就推我去抽签（应该说是拈阄）。宿舍竖分四路，从东头按《千字文》天、地、玄、黄自上而下分斋次，我已记不得抽的是什么斋了，但是抽到的是正面甬路最上层右侧的一斋，而又是紧靠斋门的一间。毓才兄不愉快的心情，立时形之于面。

其实无论那一间，也都是不错的。我们这间上面到图书馆看书、文学院上课、餐厅吃饭都方便，就是游东湖就要〔有〕点劳脚力了。当年宿舍条件，自然胜过现在，两个人一间。一个人一张书桌、一把椅子、一个书架、一张钢丝床，四壁刷得很白，门朝南，有阳光照射，射过半房，门外有走廊，但只可下望。房旁边就是更衣洗澡室，一天可以洗几个澡。这条件真超过现在的单身讲师、博士生，因为那时人少。但那时真好像“民至老死，不相往来”的社会，也不记得邻居是谁了，距离不远的地方，可能住有历史系的孙秉莹（现是湖大教授）。甬路对面的斋舍里，倒记得有同班周秉均〔钧〕等人。当时年轻，所以我们还是经常下去游东湖的，秋天春天，躺在草地上，陶醉在阳光下、花香中，十分惬意。

但是倒霉的事也是有的。一次，我去汉口回来，不幸患了疟疾，下汽车后，勉强走到山脚，偏巧那时又没有碰到一个同学，几十级的阶级，我硬是爬上去的。

为了改善条件，1937 年暑假后，我们又去抽签，我的手运还是不佳，抽到的大约是第二层边缘一斋的西头，门朝东、窗朝西的半园形房间，在这里倒可以看到由武大山顶走向洪山的寂寞蜿蜒的山路，那是我们步行到武昌的必经之路，而这里却是和餐厅最近的。不过七七事变后，大批借读同学入校，我们的这间宿舍，也必须添人。外文系大姊熊汇荃就把她的大弟弟熊汇萱介绍住在我们这里。抗战时，学校一度西迁四川乐山。我是从这间房投向明月桥杜重远的抗日训练班，没有几天又奔向汤池陶铸、曾志、潘琪领导的汤池训练班的。

1946 年春夏之交，我随中央大学复员，路经武汉待船，我和中央大学管雄教授一同来游武大和东湖，我们寻找到我第一年住过的宿舍，整个宿舍已经都收拾过，但是除青泥四壁之外，就一无所有了。

1983 年在武大开古文论研讨会，那次重来，已到宿舍来看看，那时宿舍已经大为改观了。宿舍人来人往，大是繁荣景象，但每间是八个人共住，没有我们当年那样“小国寡民”的情况了。最下层有后纱门的宿舍，红门碧纱，依然是那样美丽。用变化观点来看，这一切都是不奇怪的，而年年岁岁，也将从这一临山建筑的宿舍里，培养出比昔日多得多的人才。

武汉大学校友总会、武大武汉校友会合编：《武大校友通讯》1994 年第 2 期，第 56—57 页

珞珈琐忆（节选）

杨鸿年

……山上男生宿舍为四层楼房，分四单元。每两单元交接处，就有一座四层楼高的大门，门上有阙。因为阙在楼上，离地即为五层，加上飞檐绿瓦，自下仰视，在当时真可谓天上宫阙。

每单元又分为四斋，共十六篇〔斋〕，以“天地元黄宇宙洪荒日月盈昃<长>辰宿列张”为名，称天字斋、地字斋等等。因为宿舍靠山而筑，地势所限，各房间多少不一，越在下层房间越少，而以四楼诸斋房间最多。房住二人，内有双人用自修桌一，木方凳、钢丝床各二，均是新制，全舍划一，极为齐整。每斋都有抽水马桶、洗澡间，热水用管道送至各斋，热的程度，已经达到开水地步。每日晚饭后，同学三五成群，漫步于青山绿水之间，颇有身在仙境之感。这样校园，当时可称全国一流，甚至可说全国第一，同学学习情绪从而大大加强。

……说到校舍建筑，老校长声称，第一要求坚固，校舍建成之后，希望能够维持二百年。二要美观，为了达到这一目的，就采取了一些中国传统装饰宫殿的办法来装饰校舍，结果也就将学校装扮为一座宫殿了。特别是男生宿舍，既高入云间，又门窗百千，游人竟有比之为布达拉宫者。珞珈山也就成了武汉的一个风景区，来武汉者无不以一睹为快……关于用水，老校长宣称，经过化验，完全可以饮用。学生用床，老校长说是由上海（应为镇江——编者注）一家工厂承造。样品出来，命两个壮年在床上跳动，两小时后，毫不变样，方为合格。老校长接着还说，学生多是青壮，不给他一张坚固的床，是难持久的。床如此，其它学生用具，亦皆照办，都经久耐用。

台北市国立武汉大学校友会编印：《珞珈》第124期，1995年7月1日，第52—53页

三、图书馆

图书馆限制参观

图书馆为全校教员及学生阅书之处，极应严肃无哗，现以校外人士来馆参观者日众，为免除妨碍阅览起见，特订定图书馆参观规则数条，提交上次校务会议通过施行。嗣后无论个人或团体来馆参观，均须依照规则，先行领取参观证，方可入馆。兹将参观规则附志于后：

附本校图书馆参观规则

一、凡校外人士或团体前来参观本校图书馆，如事先未经接洽者，须先向本校秘书处或事务部领取参观证后方可入馆；

二、入馆参观时不得高声谈笑或吸食纸烟，亦不得携带幼童及婴孩；

三、本校教职员及学生率领戚友前来参观时，亦适用本规则之规定。

《国立武汉大学周刊》第264期，1936年5月4日，第3版

忆武汉大学图书馆（节选）

苏雪林

朋友，你看见过北平文华、武英殿没有？见过大前门和天坛没有？国立武汉大学便是模仿中国宫殿而建筑的。文、法两学院有点像大前门，而夹在中间的图书馆则颇类天坛，银灰色的墙壁，碧绿色的玻璃瓦，远挹湖光，近揽山色，居高临下，气象万千，北平帝皇居也许比这个更为壮丽，但却没有这样天然风景的陪衬。

不过，武大外观之美，虽然有名于国内，也有她的缺点，那便是位置太高，教职员上课办公不便。武大的本部（包括文、法、理、图书馆、大饭厅及学生宿舍在内）位置于一山冈上（这便是珞珈山的主山）（应为狮子山——编者注），要想上去，却必须跨越百余石级，年轻力壮的人虽行所无事，体弱气衰的老教授，便不免视为畏途。住在第一区校舍的多为校长、院长、各系主任和有名望的教授，他们来到本部时，有每半小时一次的交通车代步，到了山脚，才历阶而上，究竟要省不少气力；我们这些在二区三区的人，先要在那坡陀起伏的山路上走上半里，再爬石阶，心脏衰弱的和有脚气病的，你想他怎么能不叫苦连天呢？

记得本校有一留华四十余年的德籍教授，我到武大时，他的年龄已在七十以上，身体又生

得肥胖，他家是在武昌城里，他的功课都排在下午一时。这可苦了这位老先生，上课的那天，总要提前一点钟在家吃午饭，搭公共汽车来到学校后，一手挟着一个大书包，一手扶着一根手杖，颤巍巍地，取道那大饭厅前面的山坡迤逶而上，转了一个大湾〔弯〕，才达于课室，又要坐着喘息半天，等到铃响才授课，这样，他才可以避免爬笔陡的百余级石阶之苦。

武大校舍的样式是一位美国建筑师所设计，他说，校舍建在山巅，可以尽收珞珈美景，而武大彼时的当局，也都是四十上下的壮年人，并没有考虑到爬山吃力的问题，老年的教职员虽想反对，却不能发生什么效果。再过几年，这几位学校当局也上了年纪，始发现当初设计的错误，但那时又没有什么补救的办法了。

我初到武大的那几年，身体忽然大发其福，每到文学院去上一次课，总要累得汗流气喘。想学那位德籍教师取道斜坡上山，而转一个大湾〔弯〕要费去廿多分钟，时间上又觉得太不经济，所以我常幻想假如我能获到希腊神话里风神赫梅士的金飞鞋那多么好，脚一蹬，便飞到对面山顶上。外国人发明这，发明那，何不发明一种轻便单人飞机，一方镑〔磅〕秤大小的铁板，插着一个丁形的铁杆作为扶手，发动机藏在铁板里，升降可以自由控制。价格便宜，像我们教书匠都可购置一具，倘使有这样机器，我每天要去图书馆几趟。

一个人想写篇学术性的东西是非多跑图书馆不可的，可是为了怕爬那百余级石阶，我往往宁可让自己文章一个典故昧其出处；一位古人生卒时间，说得不大正确；或可供佐证的资料，听其缺少一条或数条；或该注的原文记不清楚，只有以自己的文字总括几句；还有为懒查书，当把别人已说过的话，矜为自己的创见；别人已矫正过的错误，我来大驳特驳……要不是为了我们的图书馆龙门千尺，高不可攀，我何致〔至〕于在这典籍丰富、独步华中的最高学府混了几年，学问上还是依然故我？天下美观与实用不能两全，则应该舍美观而取实用，惜乎武大校舍的设计者当时未曾注意及此。

我对世间万事一无所好，所爱只是读书。若有一个神仙以三个愿望许人选择，我所选择的第一愿，要有一个完备的图书馆，让我终日獭祭其中；第二愿，有一个和美的家庭；第三愿，太平时代的中产之家的收入。倘神仙所许的仅一愿，那么，给我图书馆吧。（下略）

苏雪林：《闲话战争》，台湾文星书店股份有限公司1967年版，第173—175页

四、学生饭厅及礼堂

珞珈忆旧（三）（节选）

刘定志

饭　厅

饭厅是两层，宫殿式，位于学生宿舍之右后角。上层暂作礼堂，下层全部为饭厅，前后均是落地长窗，光线空气充足，后面有几间大厨房。饭桌是长条式，两旁排列长凳。六人一桌，大概每长桌可设三桌，面对面坐着，桌下是抽屉放碗筷的，自备豌筷，自己洗，自己保管。因为同学们是来自全国四面八方的，口味不同，就各就自己的口味，分别组成各种伙食团，像北方面食、江浙（大锅煮饭、菜带点甜味）、湘赣（带辣性的）、广东、四川（吃辣味）等，各拥有相当多的同学。自己选举伙食团长，每月或每学期改组，轮流买菜。早晨，稀饭、馒头，乡间妇女篮装鸡蛋候于饭厅门口，采记帐式，每元一百个，鸡蛋冲稀饭，真是既新鲜、便宜又营养。这种吃法，我到现在依然如是，行之竟卅余年了。伙食价廉物美，每月仅六七元，每餐的菜均有鸡、肉、鱼、鸭，既可口，又营养。因为是同学自己办的，主办人固然不会动脑筋，厨司亦揩不到什么油，每月月初月中，还要打牙祭加菜，不过剩饭剩菜，是厨司工友们的专利品，他们有这些收益，也心满意足了。不像现在的学校伙食，揩油的太多，以致同学们营养不足，叫苦连天。犹记得每当饭厅铃声一响，于是上上下下的同学，都朝向饭厅跑。尤其是早餐、晚饭，各人穿着各式各样的衣服，脚穿着木屐，踢跶踢跶地，触着水泥地的响声，实在有点刺耳。后来听惯了，倒亦无所谓。但其间有一段插曲，值得吾人深省！某日，蒋委员长轻车简从，到珞珈山来看看，因事前并未通知校方，临时有同学发现，才报告总务主任熊国藻先生。据说，当时蒋委员长看见同学穿着木屐，心有不满，曾对当局说过：“这是东洋人穿的，我们不应该穿，尤其是青年大学生。”此是由校长在某次大会上宣布的。（下略）

大礼堂

饭厅上面，就是临时的大礼堂，因为当时人数并不多，容纳得下，是由前后门进出的。有三次大会 < 对 > 我们的印象最深刻：

第一次——新校舍落成典礼，仪式简单隆重，由王校长亲自主持。王校长的演词，一向是简洁有力，最容易记，一句话就是一句文，真不愧为法学专家。他对学校有个伟大的远景，同时，宣布了学校新的阵容，介绍了许多名教授……真是极一时之选；对同学读书的兴趣，无形中加以鼓励和督促。谈到王校长的演讲，有一次值得在此记一记的，那好像是第一届同学毕业典礼，校长训示，希望同学们毕业后，除了深造者以外，如到社会上去服务，不要把读书忘记了；应该记得，不管怎样忙，每天应该读书二小时，这样才不会落伍，才能赶上时代。这几句话，始终记在我的脑子里，现离校已三十余年了，我仍未染上烟、酒等几种恶嗜好，虽然没有每天看书，但总尽量设法找时间去看书，因为工作关系，<使>看书的范围扩大了，人文、社会、科学的书都加以披阅，使自己在各方面加以充实，以便能应付社会上一些事情。虽然自己没有做大官，但与这些大官们在一起受训的时候，个人的成绩总是名列前茅。这是受到王校长的训示有所成就的。我不仅以此自勉，并对我的子弟也加以勉励，故我的儿女们，在校成绩均能名列前茅，毕业后亦能获得深造，实堪欣慰者也。

第二次——胡适之先生来校演讲，时间好像是某日下午二三时。是日天气晴和，时间未到，大礼堂已坐得满满的。同学都正在等候着的时候，忽见从礼堂后面的讲台上走下了几位贵宾，大家一看，竟是蒋委员长偕夫人轻车简从来校参观，临时由校方一位教职员陪伴，只见他含笑从台上走下，经过走道出去了。胡适之先生准时由校长陪同莅临讲演，获得不断的如雷掌声。他学问渊博，口才流利，他虽然提倡白话，但是四书熟极了，随时引经据典，内容丰富，真是一次最好的演讲，可谓名不虚传。其受青年学生之崇敬，宜也。这是我第一次聆听胡先生的讲演……（下略）

第三次——是民国二十四年夏，本届同学的毕业典礼和晚会，那是带着愉快、兴奋而又依恋的心情参加的。从理预科到本科，整整六年的功夫，并没有白费，总算顺利地通过各次考试，获得了相当的学识，并且毕业证书还没有拿到，已为江西省建设厅龚厅长学遂函请本校秘书长张有桐先生推介我和同班陈厚载兄往该厅工作。江西是我的故乡，分别了多年的父母兄弟亲友们，马上可以相聚了，学成而能为桑梓服务，这是多么可喜的事呀！因此愉快而又兴奋。但对珞珈的一草一木，师长的教诲，同学的友爱，又不禁依依。典礼中师长的训示，以后不容易听到了。晚会中，同学筹备颇久的节目精彩极了，尤其是《玉堂春》，唱做俱佳。扮苏三的，是中国文学系一位江西籍的男同学饶孝旭兄，我后来是与同班杨长荣兄同住在宿字斋角上一间大房内，每日课后，总听见他们在楼下练唱，其精神可佩，故表演获得满堂彩声，予同学以极深刻之印象。而今我对平剧之喜好爱听，这次晚会对我的影响很大。

国立武汉大学旅台校友会编：《珞珈》第18期，1968年4月1日，第21—22页

珞珈山上的伙食团（节选）

佚 名

抗战时期的国立大学学生，差不多半数以上享有公费。公费者，除一切学杂等费不用缴外，政府还请吃饭之谓也。

至抗战胜利，公费制度仍然存在，笔者享了几年公费，余味犹在，因援笔记之。当时公费如何发，不大记得了。伙食当然是自己办，大概是学校按月发钱，伙食团由选举产生，则各地都一律。笔者在珞珈山曾任伙食委员，对母校之伙食制度印象甚深，且以为全国之大学伙食团，未有“自由”如武大者。

夫以有限的经费而要办好伙食，其伤脑筋也，必然矣。在经营原则上，必须要参加者多，做事的人少，方可勉强办起来。一百桌也是办，五桌十桌也是办，当然百桌以上比较好办，各校伙食未有不尽量集中者，唯有武大不然，除开女生宿舍情形不详外，男生方面是口味杂陈，各从所好。记得当时学校管伙食和公费的是属于训导处生活管理组（？），地点在文学院左后角落上，其原则是只要能凑足八桌（？）以上就可以申请学校配给地点、用具和大司伕全套。地点当然是大礼堂下面的大食堂，前面的面积甚大，可开百桌以上，后面还有许多较小的礼堂可开三五几桌，因此各地的同学大可依据自己的口味不同而组成各种伙食团，因此开饭之时五味杂陈，水陆并进，无异全国之烹调展览也。

伙食团中最具有权威者是“湖南”团体，因为长江流域川湘鄂赣口味相差无几，这几省的人多势大，当然食客最盛，每值月底招生总是几十百把桌。其次是“江浙”团体，不能吃辛辣者纷纷投靠，也有好几百人。这两大团体因为人多好办事，所以伙食真不赖。仿佛记得川湘团体受湖北团体影响之故，菜并不太辣，武昌鲫鱼<鱼>尺来长一条，牛肉花生米更是价廉物美，若遇月底有节余，牙祭之丰可以上到六道菜。江浙伙食团的掌锅好像是安徽人，其菜甚甜，所谓“夹沙肉”（？）者，两块肥肉中夹砂糖，在今日流行减肥者视之，当不啻毒药，而当时也吃得津津有味。这两大势力因为人多，所以办得好；因为办得好，所以人越来越多。如此循环，几乎将所有小伙食团体都打倒。

与此两大团体勉力抗衡，苦苦挣扎，仅免于为其所吞并者，则有“面食伙食团”存焉。此一团体当然由东北及北部地方同学所支持，母校的北方同学不多，故此一团体有先天不足现象，最多时好像也没越过八桌。每值月底招生，常有不足额之可能，则由其中之忠贞分子四出游说，奔走拉角，勉强凑齐基本数，开饭地点在食堂之尾小房间里，对面就是厨房，方便倒是方便，与大食堂雕梁画栋、食客满堂的气象比起来就显得委委琐琐。地点在食堂尽头，珞珈山（应为狮子山——编者注）的高处，冬天寒风怒号，益增寒酸。

笔者生为南方人而颇爱麦食，一方面也是好奇，曾经数度参加面食团体。老实讲，面食团体无顿不是面条就是馒头，不是馒头就是面条，偶而也煮白米饭，似乎味道都不一样。小菜非豆腐肉片烧白菜，即白菜肉片烧豆腐，其单调而无变化，实在不敢恭维。然而既经参加之后，人混熟了，如若公然退出，实在有点不好意思，因在〔此〕硬挺了一段相当时期，深体面食之味。

面食团因为人少，故不仅食客之间容易熟，即厨房里的人也深有感情。大司伕姓赵，年纪不大，有点小胡子，颇善公共关系。某次我论〔轮〕值采买，陪大司伕去武昌菜市，把钱买得光光的，突然记起没有买姜葱，而此二者决不可少，我正踌躇无计之际，大司伕哈哈大笑说："姜葱还得花钱买吗？"走到菜摊面前随便抓一把就走，菜主人视若无睹，使我大吃一惊，此一课的印象至今不忘，尤多启示。

主办伙食团者称为总经理，每月改选一次，把钱领下来，买齐柴米油盐，一切大司伕熟门熟客，不必要总座多操心。爱管闲事的也可以对菜式加以批评，大司伕唯唯否否，开出来还是那一套，故总经理大可垂拱而治。

第四节不一定有课，十一点半一过，口里清水浸润，就想往食堂跑。碗筷是自己带，沿途颇有以鼓盆为节者，叮叮当当，零零落落，经图书馆，过法学院，而汇聚于会〔食〕堂。

斯时大司伕正在调和鼎鼐，蒸馒头的蒸笼热气直喷，炉中煤火正旺，菜锅中吱吱有声，先到的食客不期而集于厨房，以大师傅为中心，平章软脆，商略咸酸，各抒已见。大司伕一面炒菜，一面还得适应各方，现任总经理的指示自然要听从，前任总经理的意见也该尊重，已经当选、尚未视事的下个月总经理有所表示，更得巴结一番，尚有一些社会贤达七嘴八舌，也一个都不能开罪，因为说不定是下下个月的总经理人选。而且食客离心，团体可能解散，于大司伕面子有关。我至今对面食团大司伕深表佩服，他能够以其最最平凡的手艺维持一个团体，混得下去而不为"大国"所吞并，实无愧国立大学之大司伕也。（下略）

国立武汉大学旅台校友会编：《珞珈》第38期，1973年4月1日，第56—58页

五、周恩来旧居

珞珈山灯光照中原

——记周总理抗战期间的随从副官廖其康同志谈周总理居住珞珈山时的情境（节选）

周姬昌

（前略）

一、去珞珈山

一九三七年十二月下旬，周副主席从延安经西安来到武汉，任务异常繁重。一方面主持南方地区我党的工作；另方面，又代表党领导大后方抗日民族统一战线的工作。一九三八年年初，国民党政府在中共中央督促下，同意成立一个由各民主党派参加的联合政府，并将原国民党军委所属第六处（原处长是陈立夫）改为政治部，任命陈诚为部长，并请周副主席（我党参加联合政府的全权代表）和黄琪翔担任副部长。这期间，周副主席和董必武、叶剑英、秦邦宪等同志一起，做了大量的团结友军和地方实力派人物的工作，积极宣传我党的抗日主张和有关抗日统战的各项政策，号召各界人士坚持抗战，争取抗日的最后胜利。

当时，周副主席为了壮大革命力量[，]每天都要会见各界人士。这些人中，有国民党中倾向进步的军政人员，有工商界、科教界、卫生界、文艺界、妇女界的代表人物，也有大批积极要求去延安和抗日前线的青年学生，还有部分外国友好人士。由于周副主席原来的住地八路军驻汉办事处对外名义是“国民革命军第十八集团军驻汉办事处”，是一个完全公开的机构，目标太大，不方便某些人士来访。然而，这些人士又非常希望能见到周副主席。为了这些人的方便起见，使他们不致〔至〕于暴露，因此，决定另觅一处僻静的住所，便于开展工作。这样，就选择了珞珈山风景区。当然，搬进珞珈山，也还有另一个重要原因，就是使当时设在珈珞〔珞珈〕山的国民党军官训练团中的一些求进步的军官，比较容易地能见到周副主席，也使周副主席便于做这部分人的工作。

我当时是周副主席的随从副官。大约在一九三八年六月初的一天清晨，“八办”领导人、中共长江局秘书长李克农同志叫我，要我跟他去珞珈山看房子。起先，克农同志并没有告诉我为什么要去看房子，我也没有细问。到了珞珈山，他才说明看房子的原因，并关照我要注意哪些事项。这所房子建在珞珈山的半山腰，同类型的房子周围还有好几栋，好象〔像〕原来是武大某一位教授住的。我们进去看时，里面的陈设比较齐全，室内墙上有“挂景线”，门是“水箱门”，木楼梯，还有玻璃纱窗。屋子是一楼一底，楼上有三间房，卧室中间摆有两张单人床铺，还有桌椅等。我们把住房从里到外细细看了一遍，又观察了房门外的一条石梯路和其他山径小道延伸的去处，并注视了房子周围的环境设施。克农同志再三叮嘱我要保证周副主席的安全，我审慎地点点头，心中顿觉自己责任重大，也为党把这项任务交给我而感到无上光荣。

第二天，我就到“八办”总务科领来四床绿色的军用棉被和蚊帐、凉席等，并把周副主席和邓颖超同志平时用的牙具、毛巾之类生活用品一起带到珞珈山住所。当天晚上，周副主席和邓大姐就搬进来住了。同时，还把勤务员小曾安排在楼下的一间小房里住。他的任务主要是看房子、买菜、烧开水、守大门，有客人来负责报告传达。周副主席的安全工作主要是由我和吴志坚同志负责。我俩住在二楼楼梯口那间屋子里，紧靠周副主席、邓大姐的卧室和会客室。周副主席外出时，都是我和吴志坚同志随卫。在我的记忆里，周副主席居住珞珈山前后大约三个月。这期间，有时因公务繁忙，也在"八办"住宿。但在一般情况下，他都要回珞珈山住所。到这年八月底，周副主席和邓大姐都到"八办"去住，没有再在珞珈山住了。

在居住珞珈山期间，周副主席异常忙碌，经常工作到深夜。他房间里的灯光长夜不灭，照亮中原大地，温暖着千万颗抗日志士仁人的心，激励着人们在抗日大道上胜利前进！

……

八、深厚友谊

周副主席对待进步的国际友人一向热忱接待，倾心交谈。他不仅向他们详细讲述抗日的有利因素，也如实地谈到了当时的困难处境，并且反复强调中国人民抗战必胜的决心，使得许多国际友人对于我党奉行的抗战政策和我军的抗敌斗争了解得较为透彻。在珞珈山期间，周副主席先后会见的国际友人，有埃德加·斯诺、安娜·路易斯·斯特朗和史沫特来等世界著名人士。他还偕同邓大姐和斯诺先生一起在珞珈山寓所门前照了相。照相那天，邓大姐还亲手做了丰盛的菜饭招待斯诺先生。再如，荷兰著名的电影导演伊文思来到中国，也曾到珞珈山访问过周副主席，他们作过长时间的谈话。当时，伊文思在征得周副主席同意后，还秘密拍摄了一组当时在武汉的中共领导人革命活动的影片，给我们留下了珍贵的史料。当时，周副主席同许多国际友人结下的情谊，是那样的深厚，是那样的悠长，是誉载史册的。

……

一九七九年十一月十日

武汉大学档案馆藏，档号 41979XZ11094

六、郭沫若旧居

物外桃源

武昌城外的武汉大学区域，应该算得是武汉三镇的物外桃源吧。

宏敞的校舍在珞珈山上，全部是西式建筑的白垩宫殿。山上有葱茏的林木，遍地有畅茂的花草，山下更有一个浩渺的东湖。湖水清深，山气凉爽，而临湖又还有浴场的设备。离城也不远，坐汽车只消二十分钟左右。太平时分在这里读书，尤其教书的人，是有福了。

在校舍之外，有不少的教员宿舍，点散在山上；大都是三层楼的小洋房，有良好的卫生设备，冷热水管、电气电话，一应俱全。这些都是由学校自备发电机或总站来供应的。有人说，中国人在生活享受上不如外国人。但如到过武汉大学，你可以改正你的观念：在这个地方，在生活享受这一点上，那些擘画者们，至少是把外国人学到了。

武汉成为了抗战司令台之后，武汉大学疏散到四川我的家乡乐山县城（旧时嘉定府城）去了，剩下的校舍成为了军官训练团的团部。于是这儿便成为警戒区，或者也可以说是紫禁城了。“最高”兼任着团长，陈诚任副团长（应为教育长——引者注），较大的几座教员宿舍便成了他们的官邸。戒备是很森严的，没有“特别通行证”或各种交通工具的方便的人，根本便无法进出。

我自己很幸运。因为范寿康原是武大教授的关系上，由于他的斡旋，让我把张有桐教授的宿舍顶下来住了（应该声明，并没有顶费）。我的“特别通行证”凑巧还保留在手边，那是“洛字第二一八号”，是四月廿六日填发的。有“军事委员会军官训练团团长”的官章，填发员是熊鸿，这人倒不知道是何许人了。

这宿舍在大学区的深处，背山面湖，汽车可以直达。一共是三层，底层是地下室，那儿有用人室和厨房。其上的两层都有客厅，有书房，有寝室，有浴室，有可以眺望湖山的月楼。假如你要游水，再下一个坡，你便达到那细沙平铺的湖岸。假如你要登山，再上一个坡，你便达到了珞珈山的山顶。大约在前一定有什么诗人在这儿留连过吧，山名“珞珈”不也就可以想见了吗？

我们——我和立群是四月底由汉口的太和街搬到这里来的。不久黄琪翔搬来了，做了我们的邻居。那是一栋比翼建筑，站在月台上的两家便可以打话。更不久，周公和邓大姐也住到靠近山顶的一栋，在我们的直上一层，上去的路正打从我们的书房窗下走过。有这样的湖山，有这样的好邻舍，我生平寄迹过的地方不少，总要以这儿为最接近理想了。

当时的生活尽管是异常忙碌，差不多每天清早一早出去，要到晚上，甚至有时是深夜才能够回家，但在夜间月下的散步，星期日无须下山，或者有友来访的时候，可留下了不少的甜蜜的回忆。我们在东湖里游过水，划过船，在那岸上的菜馆里吃过鲜鱼。浓厚的友情，闲适的休憩，是永远也值得回味的。

而且，在这大学区域还有最好的防空设备，有因山凿成的防空洞，既深且大，也有高射炮阵地环列在四周。但却不曾遭受过一次轰炸。敌人是应该知道这儿是做着军官训练团的，有高级的人员集中着，但它却从不曾投过一次弹，尽管对于武昌城是炸得那样频繁，而每次敌机的航路又都要经过这大学区的上空。

我们当时是作着这样的揣测：无疑敌人是爱惜这个地方，想完整地保留下来让自己来享福。

这揣测，后来是猜中了。敌人占领了武汉之后，把大学区作为了它的司令部。

实在一点也不错，武汉大学那个区域，的确是武汉三镇的一个物外桃源。

郭沫若：《洪波曲——抗日战争回忆录》，百花文艺出版社 1959 年版，第 138—140 页

七、六一纪念亭

临风陨泪睹物伤怀

六一纪念碑落成

“六一”惨案，瞬届周年，本校师生为志纪念起见，特于是日停课一天，举行公祭，并就去岁修建六一纪念亭内，树立六一纪念碑，前述事变略况，后传三生家世，兹将全文照录如左：

六一纪念亭碑记

民国三十六年六月一日昧旦，武汉军警数百人突入珞珈山，围扰本大学。黉舍之内，遽尔骚然！以事出意外，师生举仓卒不知所为，一任其排闼执讯而已。天既明，而枪声骤起！移时始解去。计鞭箠劫束，挟以同走者二十余人；创而呻吟于室者十有九人；肝脑涂地、饮弹毕命者，则黄生鸣岗、王生志德、陈生如丰三人也！事既震惊海内外，而枢府旋亦绳始祸者以法。其后劫走者皆幸免归；伤者亦幸犹未死；而含恨于地下者，卒不复起，非甚可痛念者耶？！于是众议作亭，以志斯难。鸠工庀材，数月而成，因命之曰“六一纪念亭”，取“以事系日”例也。夫士以忠信为甲胄，礼义为干橹，此特为守常者言耳。孟子曰：“如有一朝之患，则君子不患矣。”然乎？否耶？亭有碑，不可无记，爰书其事，以志痛悼。

中华民国三十七年夏国立武汉大学立

死难三生传

黄生鸣岗：湖北枝江县江口镇百新里人也。民国三十二年夏，负书入川，就读国立第二中学。三十五年秋来武昌，考入本大学历史学系。生素羸弱，而有大志，尝语人曰：“吾当为长空之雷鞭也！”事变时，适以痁作而伏。闻枪声遽起，而弹贯腋下，顿仆地，痛极呼母而绝！得年二十有五。卒后二十日，其家人来迎其丧以归。

王［生］志德：本大学土木工程学系一年级学生也。少孤，家又窘于财，以刻苦自奋，得毕业于武进西郊中学。民国三十五年春，入南京临时大学补习班。是年秋，由教育部分送来校肄读。生为人刚直不阿，善数学及物理学，师友称之。难作，中弹死于阶下！年才十九，葬校侧张家山之北。生，江苏武进人。

陈生如丰：台湾省台南县新营人也。方我兴军御倭，台湾与中土隔绝，故生既卒业台南第二中学，即赴日本就读冈山医学院，时民国三十三年春也。越明年，倭人败降，生返里复入台湾大学，改习政治学科。三十五年秋，应教育部试，遣来本大学政治学系第一年级肄业。生勤于攻读，善音乐，喜运动。当军警扰攘之际，生适取水于炉，弹洞其首，仆而不起！年二十有二。生之父母俱在故籍，道远无由归其旅榇，亦葬于张家山。

论曰：甚矣，造士之难也！兴学以养之，延师以诲之，别其行同能偶而课之以正业，时然后考校之以率其不及。诚以作育多士，为建国之本。而人才之成就，又不可一日二日卒备。故郑重其事如此也。今观三生之才，皆若可以有为者也。自就学以来，盖亦十余年矣。至于一旦而或夭折之，则如是易易焉！此其故何哉？

《国立武汉大学周刊》第383期，1948年6月16日，第4页，第8页

《柳梢青》二首

为武大作六一纪念亭碑记，通宵失眠。

寂静凄凉，虚窗冷月，秋夜偏长。搁笔沉吟，几番涂抹，苦苦思量。　应承代写文章。没料到，牵连四方。缜密修辞，机锋暗敛，谨护周防。

世事艰屯，腥风血雨，扰攘尘寰。学府潭潭，弦歌之地，也不平安。　寻思惨案心寒。撰碑记，踌躇万般。悲愤胸怀，紧张情绪，倚枕难眠。

（李健章）

李健章致李宁函（1986年1月6日）（节选）

发生这次震惊海内外的学运惨案时，我在安大教书，不久即回武大。武大当局给我送来几万字有关此事材料，要我替学校写一篇碑文。条件是：为我绝对保密，政治责任全由学校负责，文字由我作主写，无任何限制。当时，一面是反动军警特务，一

面是进步学生激烈运动，刀光剑影，非常紧张。我深知此事严重，既要应付当前困难局面，闯过此关，又要负长期历史责任，不能作违心之论。我在神韵、语调和选词、用典方面打些主意，让大家都看不清楚。在刻石前，果被学生张贴在通道上，展开辩论，但因我不出面，谁也说不清它的真实用意，结果还是照样刻了上去。解放后，许多特务拉到武大枪毙，也追究此碑，我出面说明，得到肯定。直至“文革”初，才被红卫兵磨去。现又修葺旧亭，重刻此碑，并被武汉市列为重点保护文物。我学古文（不是一般所谓文言文）的经验是，先取韩、柳、欧、王诸大家集反复精读、揣摩，久之即有心得，然后试笔为文，无不如意。

李宁:《蜀山湖集》第2辑，安徽省新闻出版局授权出版，皖内部图书：2001 — 181号，第286—287页

八、女生寄宿舍

东湖一雁（节选）

晏 冰

今晚，我是九时抵校的，走进寝室，百无聊赖，想到久没给信你了，很觉抱歉，而且，我一日来的心情，也需要传到纸上去，所以即开始给你写信。此刻已是十二时了，同学们都已深深入梦，月色比我回时更觉凄清，东湖沐浴在月光中，显得异常恬静，但也闪着片片的银波，远山底轮廓隐约可辨，对湖似有一星渔火，映入湖中，整个的珞珈都沉入睡乡了。这是一个怎样美丽的夜呵！我向来喜爱夜的，何况又是这清幽的月夜呢？所以，我底身子虽是乏了，我底心却始终不倦；这月色，太令我留恋了！且一面陪月，一面继续和你谈谈吧。

……

前次你来信，说羡慕我们女生宿舍底环境，的确，这环境是得过多少人们底赞美的。学校为优待女生，将女生宿舍建得最近湖边，湖山的美景时刻与我们相对，而最足使我们怡情悦目的，是这儿千奇百丽、变化无穷的朝曦与晚霞。早晨，我们一起身，朝曦便微笑着向我们道早。傍晚，我们从教室回来时，晚霞又含笑地欢迎我们。这时，你如果跑进教室，你立刻会发现，你室后的纱窗变成了一幅风景画——一个凡人所不能描会的仙乡，如果你是初次看见，你一定想不到，这是室外晚霞、湖水、古柏、渔舟的融合，而以为谁送给你，这巧夺天工的画屏。这些美，的确是躲在远离湖滨、背靠着山的男生宿舍和教员住宅里的人们所不能享受的。这时，我们真是珞珈底骄子，我们是陶醉了，我们是圣化了，我们不能不赞叹着宇宙底神秘，我们不能不讴歌着自然底伟大！

然而，女生宿舍，真没有一点缺陷吗？这是谁都不曾问过的，人总是看行为，就看人家坏的一方面，看生活，就看人家好的一方面的，你也免不了这种错误。说起来，女生宿舍底缺点，怕未必减色于它底优点咧。

这里离教室特别远，天气晴和时，还不觉怎样，一到不好的天气，女生就成了珞珈的最不幸的了。在炎夏，路上没有一棵遮荫的树，骄阳一直将你晒进教室；在严冬，狂风挟着冰雪，打在脸上，像嵌入肉中去了！湖滨的风，吹得怎样地猛呵！排山倒海，万马奔腾，都赶不上它底气势，使你听见它底怒吼，已惊心了。风多系从湖畔吹来，我们到教室去时，背着它走，这时它似知道你不愿去上课，死命地撵着你跑，如果你不留心保持你身体底重心，你是免不了踉跄跌倒的；回宿舍时，我们对着风走，这时，它又生怕你去跳湖，拼命地将你拦住，你不用全身的力量对付，是突不出它底重围的。我们常笑着，要是林黛玉在此，早不知吹到那一国去了，伞在这里失了作用，不要说不能遮雨，如果你还固执地撑着，它会把你带跑几丈远的。风吹破伞是这里常见的事，雨衣也不中用，因为雨随风势，总是横扫着你的，这时，不但你底模样是个落汤鸡，你全身的血管也都似凝结了。这些苦，是住在男生宿舍的人想像〔象〕不到的，坐在汽车里的教授们，更不用谈了。不过，有一分享受，即应该出一分代价，我们享受了这湖山之美，吃苦也是应该，就是被风吹落到湖中，或是被冰滑倒在山下，又何尝是过分咧！

……

因为我讨厌书本，所以我总不愿到教室去。每天，我在这教室与宿舍之间的校前路上来来去去，向教室走时，好像是去受罪，一步挨一步；走回来时，却比较开心，因为时这〔这时〕展在我眼前的，是明媚的东湖，她一见到我，便将我从教室带来的不快，洗涤尽了。在宿舍，是比在教室开心，而在晚上的宿舍里，又要开心一点，因为白天望着堆积的功课，看，不愿意；不看，也难过。结果，免不了对着书发愁。晚上，是我应该休息的时候了，天大的事，留待明天再说，且让这乱的心，在睡梦里找安宁。

《珞珈月刊》第 1 卷第 3 期，1934 年 1 月，国立武汉大学新时代社出版，第 276—278 页

我们生活的断片

幼 真

我们女生宿舍，在珞珈山许多宫殿式的建筑中，算是最渺小的一所平屋，没有高矗云霄的牌楼，没有银光闪耀的绿瓦，而且远靠湖边，多么的孤独。但奇怪得很，凡是游过珞珈山的人，谁都羡慕我们的幸福。虽然它——女生宿舍——在这些富丽奢艳的伴侣中显得这样淡俗，可是正为如此，它不要人工的装璜〔潢〕，自有自然来陪衬。如果拿男生宿舍和教授住宅来比较，相形之下，我们女生宿舍并不减少它的大方，反而出落得雅洁细致。我们处在这样美妙的环境里，当人家称我们一声天之骄子的时候，

似乎可以受之无愧。这儿，早上可以看见灿烂离奇的晨曦，黄昏可以欣赏千变万化的暮霞，晚上，神秘的夜景会使人迷醉。

在湿郁低洼的旧校舍蜗居了三年的我们，一旦搬到这种环境来，简直如入仙境，所以我们的生活也比从前有生气。

记得两年前在旧校舍的时期，我们每天下课后，实在找不到一块好玩的地方，校内豆腐干子大的操坪全是男同学的势力，我们莫想问津；有时我们也愿大着胆子伙着他们去打打网球，然而终于没有这勇气，这大概也是因为骤离女校的门槛跨进大规模的男女同学的学校里来，委是有点生畏；校外附近的抱冰公园偶尔也可以做我们黄昏遣散的去处，但是老碰着丘八老爷在那儿练操，这样一来，更使我们吓避三舍，所以三年中我们唯一的娱乐场所就只有西院——那时的女生宿舍。晚饭后常常五六人聚集一间屋子里，嘻天哈地地笑一顿，闹到兴致阑珊的当儿，大家不禁叹着“我们这种生活会把中学时的活泼快乐剥夺殆尽”。有时谈笑之外，也唱唱歌儿，玩玩乐器，可是因为功课太多，人数也少，玩得一点不起劲。自从得到了建筑新校舍的消息，又曾亲身预游了珞珈山后，我们快乐得如同大旱得了甘霖，我们日夜憧憬着未来的美妙环境，而今我们的憧憬竟成了现实，谁说事实难与理想相符呢？

搬到珞珈山后，这样的美景，真够我们怡情悦性了。

春天降临时候的珞珈，给翠松红桃装璜〔潢〕得非常柔媚惺忪；夏天到来，它更浓丽而丰腴了；秋风萧瑟，梧桐落叶的当儿，它是怎样的冷澹清癯；及至朔风凛冽，白雪纷纷，它又简直成了一座水晶宫。啊！这种四时变换的美景，无论怎样，都会使人留恋，东湖是珞珈山最美妙的点缀，因为她，珞珈更足醉人心魄。幸运的我们竟住着这诗意的湖边。

只要天不下雨——雨天蒙笼中，如果凭栏远眺，那种带有江南风味的烟雨，会使你发生一种似快乐似迷惘的情绪——晚饭后，我们照例每天要住〔往〕湖边走一趟，有时我们三五成群的沿湖兜圈子，风儿会送来阵阵醉人的野香味儿，那时真是心旷神怡了；有时扁舟荡漾于湖心，斜晖远岫，玉免〔兔〕碧波，几使人忘记了身在人间。她——东湖——有着无限的宽容和沉默，她不嘲笑你的哀愁，也不嫉妒你的欢乐，更不假献殷勤，她用着海一样深的蓝色的深情，抚慰她的每一个爱好者，掩在夕照中的渔帆和逍遥翱翔的白鸥也以无言的沉默报答你的友情，要是在人世沙漠中尝尽了艰辛、渗透了悲痛的人们置身此间，他们或她们碎了的心一定会感谢这可贵的沉默。

笼罩在静谧的月夜中的东湖，更是别有丰韵。我们几次想效苏子赤壁之游，终于为校规的束缚和自己的胆小，只好蕴藏着这渴热的心情，但才思量着有机会能如愿以偿。记得去年中秋前我们把放假后剩下的伙食钱凑着买了许多茶点，预备佳节的晚上，泛舟赏月，来一个及时行乐，谁知那天下着蒙蒙细雨吓得月亮一晚没出来，我们真扫兴，没有办法，便在宿舍里围着桌子热闹，会吃的拼命吃东西，会唱的引嗓高歌，直到息灯才罢。那一次是我们全体女生第一次大规模的同乐，虽然天公大杀风景，但也兴致盎然了。

运动，从前在旧校舍简直没有我们的份儿，下课后大家只好偎在房里，仿佛那时传听有某刻薄的男同学赐我们以老太婆之名，其实都才从中学进来，谁又比他们老呢？还不是说我们死板罢了。搬到这儿以来，女生宿舍操坪上差不多天天有人打球，以前自谓最恨运动的，而今也为环境的引诱，自然而然地每天拿着网拍到操坪上跳个把钟头。因为东湖做了天然的游泳池，所以近年来游泳也成了多数男女同学暑假期间的一种普遍的运动。不过，每到假期便恨不得飞依妈妈身旁的我，始终是没这福气去消受。

除了大自然赐予我们特殊的乐趣外，我们的生活简朴得很，蓝布大褂是我们普遍的服装，我们这里没有花枝招展的交际明星，没有奇装异服的摩登小姐。我们现在虽然不要自己做饭了——未来珞珈山以前，我们做了两年的饭，那种生活确也值得回味——但是每天三顿饭外，没有上小馆子吃大菜的现代女学生的享乐，洗衣是我们饭后助消化的普遍工作。在家养尊优习惯的，过这样的生活更感觉别有兴趣。过去在旧校舍，因为无法消遣暇日，所以我们曾经有过一个电影热的时期，现在这幅巧夺天工的美景已够我们流连了，电影广告再也难得诱动丝毫波纹，值此“现代，学生是物质享乐的崇拜者”的诅骂声里，我们竟成了例外，我们这儿既无党也无大派，除了因着意气相投的条件分化为小组的好友外，我们的生活是这样的和谐，和谐得与珞珈的自然相共鸣。

不过，我们的生活虽比从前舒适，但是我们的心灵，并不较昔宁静，也许因为思想的变迁，或者知识的残害，我们过去的天真确是丧失了不少，有时大家坐着谈谈个人的学业前途，或者满目疮痍的社会问题，都会轻轻地长叹一声，这是过去没有梦想过的心理的变化。

“人事沧桑，不堪回首。”这种自然赐给我们的淘〔陶〕醉生活，又能享受多久呢？真的，日子过得飞快，我和我的一块儿进武大的朋友们，眨眼就要告别珞珈了，将来此日的东湖还认识昔年的旧游者吗？念及不觉黯然！

一九三四，四，五。纪念将别的珞珈。

《珞珈月刊》第1卷第6期，1934年4月，国立武汉大学新时代社出版，第548—550页

忆女生宿舍

殷正慈

“蝶宫展翼扑苍崖，倚枕湖声拂面来。最忆小窗明月夜，青灯青史论清才。”（《珞珈杂忆》之一）

女生宿舍，在水之湄，两翼角张，形颇似蝶，是以有“蝶宫”之誉。楼高三层，室容二友。雕栏玉砌，水木清华。若论巍峨崇宏，诚然不如天、地、玄、黄等斋（男生宿舍，以《千字文》分区），然而玲珑别致，则远过之。至其名气之大，更是遐迩皆知。这乃是因为“楼不在高，有仙则名；室不在大，有书则灵”之故也。

当年我曾戏将刘禹锡的《陋室铭》窜改数字，易为《小楼铭》，用以志我女舍之盛，好在全文不长，续录于次，以飨好问者：“……斯是小楼，唯君德馨。湖光映阶绿，山色入帘青。谈笑皆学士，往来无白丁，可以研万象、阅群经。无市声之乱耳，无人事以劳形。华中道蕴舍，三楚易安庭。颜子云：‘何小之有？’”

结尾引用颜渊语者，乃因我辈是学生身份，彼颜氏之子，为孔门高弟，地位适同，且曾箪食瓢饮，居于陋巷，用他的眼光来看我们的宿舍，岂非更显得钦漪盛哉？

当时全舍同学，约共五六十人，在顾师友如的领导之下，融融泄泄，同心合德，有如一个大家庭一般，和谐而愉快。顾师那时很是年轻，两位小世兄似是尚在读初小的阶段。她以一身兼为人妻、为人母和为人师的重责，洞彻舆情，从容庶务，才思敏慧，风采翩翩。同学们心仪其人，对她十分倾倒。（近悉顾师在台，偶染清恙，使我非常惦念，仅在此遥祝天佑吉人，早占勿药。）

除了师友之外，宿舍中有两位响当当的当年“风云人物”，不可不记。一位老方，职司看门。他日夜都守在那间斗室中，大有“一夫当关，万夫莫前”之概。但请别误会，以为他是一位赳赳勇士。恰巧相反，他乃是一位慈眉善目、腰脊微曲的长者。待人接物，态度谦和。应对周旋，中规中矩。就好像是受过专门而传统的礼节训练似地，使得我们这一辈野得像风一样的年轻人，在他面前，也不得不收敛几分。

每天下午，到了会客时间，便是老方最忙的时刻，时常看到他伛着腰、喘着气，踏着沉重的步伐，蹒跚地爬上二楼或三楼，轻轻地敲响房门，然后探首入室，悄声地说：“某先生，有客会。”同时高举起他手中的一张“会客条”，让你看清楚上面龙飞凤舞的签名式。于是你就了然于是谁来访，因何见教，心理上也就有所准备。

别以为这是鸡毛蒜皮的小事，不足挂齿，其中可大有道理在。当时因习惯成自然，浑然不觉。到后来比较之下，才知道老方之所以为老方，实在是举足轻重的。

抗战时学校西迁乐山，女生宿舍移住在白塔街一幢四层楼上，全部白色建筑物，颇为坚实雅静，当时亦有“白宫”之誉。在那小小的县城中，应算是首屈一指的“最佳”宿舍了。可是那位门房先生，（忘了姓啥）年纪比老方轻了很多岁，脚力却比老方懒了许多倍。他从不曾挪移玉趾，上过四楼。总是站在空场子上，面对着一排楼窗口，扯着大嗓门，打着四川腔，高喊：“某某某先生，有客会！”声若巨雷，震动屋瓦，喊了一遍又一遍，惊动左邻右舍，不时有人伸首出窗，探看究竟。而那位被如此巨吼、提名道姓的人哩，在众耳昭昭之下，心理上未免有点嘀咕：既不曾看到会客条，也不知来者何人，有何贵干，更不免有些惶惑。二者相形之下，老方的作风，忠勤职守，设想周全，岂不是可圈可点？

另一位老姚，职司打杂。生得五短身材，面目黎黑。从外形上看，似乎其貌不扬。然而相处既久，才知他内质极美。“虽曰未学，吾必谓之学矣。”以貌取人，就未免失之老姚了。

作为一个“女生”，聪明才华，绝不亚于任何人。唯一遗憾，先天体力较弱，肩不能挑，手不能提。凡是要用力气的苦差事，只得一概交与老姚去办了，包括每个学期终结时的捆铺盖、搬行李，每个周末进城及返校时两趟山路跋涉、随身所携的过重物件。

我们的宿舍，依山临湖，风景绝佳，但也因此而坡度较高，山径较陡，距离校门外那幢石砌的候车室，更相当遥远——必须翻过一座主峰，再下降至谷际湖边，别无捷径可循。晴天尚勉可安步当车，如果碰上飘风骤雨，或是坚冰积雪之时，便有“行不得也”之叹。

这时，老姚就挺身而出，一肩担当。经常看到他挑着沉重的箩筐，两端装满什物，如书籍、水果、小包裹、手提箱之类，不是急匆匆地从南到北，便是气咻咻地自北而南，往返奔波，愈是周末愈忙。我们心中虽然也感到太多的抱歉，但他自己却认为是本分职责，毫无怨言。你如果向他道谢，他总是满脸笑容，把头轻点一下，作为回答。

我常想：他恰像是一只沙漠中的骆驼，“任重而道远”，永远默默无言地为人类服务。可是骆驼老拉着一副长脸，面无表情，从不微笑，也不知它心中倒底是愿还是怨。而老姚哩，总是以微笑来表示他的心情愉悦。这种乐天的态度，也常感染到对方的心境，使人觉得轻松舒坦，这是他别具慧根、得天独厚之处。

老姚除了胸襟开朗、克苦耐劳之外，还有一大长处，就是记忆力特佳。每天下午，当他采购的时间到了，他就挨室敲门，探首悄问：“某先生，你要买甚么东西吗？”

“我要买花生米、牛肉干。”

“蓝墨水一瓶、练习簿两本。”

“合作社有菊花茶卖吗？给我带二两回来。”

“……”

我不知老姚所受的教育程度如何，但我认为他是读过书、识得字的。因他称呼每位“先生”的姓名，都很清晰利落。不过，我从未见他当场拿出纸笔来，记录下这些零碎的差使。只是“嗯”了一声，点头而退。到时候，他从老远的合作社处挑担回来，就又笑吟吟地逐室分送，各物点交，账目清楚，从未见他出过差错或纰漏。像这样可惊的记忆力，谁能禀赋了，想必考“联考”，考“托福”，都用不着开夜车，而可以视青紫如拾芥了吧？

屈指算来，时逾多年，老方倘仍健在，应近九十岁了。老姚曾随校入川，晋升职员，这是他本身的德能，应享的级位。但不知他们晚境如何，康强是否犹昔。这些终身以校为家的人，这些对一代代青年学子们有过卓越贡献及切实帮助的人，他们这种敬业、乐业的精神，岂非典型足范，“古道”照人颜色？

用现代人的眼光来看，三十年前人们的工作是很辛苦的。当年门房及宿舍之间，如果装上电话机，老方就不必那样勤苦地上下跋涉了。老姚如果拥有一辆小型吉普车，就可轻易地攀山越岭，而不必遑遑然负载于道路矣。

不过，今夜，当案头电话铃声突然震响，打断了美的遐思，或是窗外车走雷声，扰人旧梦之际，而我，对于珞珈山女生宿舍，那种宁静、素朴与温暖的人情味，就引起了更深深地回忆和怀念。

“雕栏玉砌应犹在，只是朱颜改！”昔我同门友，是否亦同深此感？

国立武汉大学旅台校友会编印：《珞珈》第45期，1975年9月1日，第27—30页

兹心随笔·悼顾友如师（节选）

殷正慈

当我第一天进入母校，第一次踏上女生宿舍的石阶，第一位遇见的师长，就是顾友如老师。她丰神绰约，玉立亭亭，正在大厅的中央，指挥着工友们搬运什物。她举眸向我莞然一笑，问清楚我这位“新鲜人”的姓名后，就说：我已经将你编住在三楼某室。回身指着几位工友，向我一一介绍：“这位是门房老方，这位是杂役老姚，这位是清洁女工王嫂，这位是……右首是餐厅，左手是阅览室，前面是会客室，后进是琴室，再后进是……”寥寥数语，就将女生宿舍描画出一个大概的轮廓，使我了然于怀，

不再对新环境有所怀疑及怯惧。一刹那间我涌出无限欢喜之情，我已经非常欢喜她了。

我不仅欢喜她的精明干练，洞察人情，也欢喜她的衣饰发型，步态翩翩。她穿着一身剪裁合度的旗袍，韵致高雅。一举手、一投足，都使人觉得舒坦潇洒。刚从女子中学出来，所看到的那些训导人员，多是粗衣布裙，短发黄肤，给人一种陈年烟叶的感觉。“大学里的老师，毕竟不凡。”我不禁暗暗喝彩。从第一天起，我就爱上了我们那玉宇琼楼式的宿舍，更爱上了那敏慧多才的导师。

此后若干年，顾师指导我们要守秩序、遵时间、爱清洁、培礼貌、敬业乐群……种种诚意、正心、修身的基本“功夫”。顾师以言教、以身教，使我们潜移默化，在和煦的春风中，真正享受着大学之道。

国立武汉大学旅台校友会编：《珞珈》第53期，1977年9月1日，第17页

珞珈忆往（节选）

施应霆

“东宫”参观记

一九三三年秋，当我考入武大时，母校女舍“东宫”佳丽<约>五十余人，占全校学生人口10%强。负责女生宿舍管理工作的是顾如（号友如）老师。她曾留学美国，有英语教学能力。据闻顾师是天津南开大学出身，在校攻读时，因姿容健美、仪态万方，荣获“南开皇后”之桂冠头衔。“女王陛下”来珞珈“东宫”掌政后，作风民主，从不干涉女同学的内政、外交，政通人和，确保女生学习生活的宁静与稳定。

其时，欧风来渐已久，男女社交，蔚为时代风尚，但在我们母校，虽得天独厚，拥湖光山色之胜，而男女同学之间，却好像有一道无形的鸿沟。双方宿舍分立，阡陌交通，鸡犬之声相闻，彼此殊少来往。

一九三五年四月初，学校放春假三天。假前一日，突传佳音，明日女生宿舍开放一天，欢迎男生前往参观，好事者喜形于色，奔走相告，平静的生活涟漪中，搅起片片浪花。次日晨光初上，不少男同学提前起床，有的刮胡子，有的擦皮鞋，有的哼唱着“几时归来呀！伊人呀！”的优美歌曲，熙熙攘攘，好不热闹。早餐后纷向“东宫”进发。走到离宫不远地方，极目所至，宫门口有一张靠背椅，有一位留着胡子的老者正襟危坐，巍然不动。“喂！你们看，那不是凯夫子吗？”凯夫子者，经济系教授任凯南老

师也，早年和雪师、抚师、鲠师、端师诸前辈同时留学英国，湖南湘阴人氏，中年丧偶，矢志不再娶，情爱忠坚，邑人争相传颂曰：“任凯南今之柳下惠也。”许多同学可能基于好奇心，仍然照常前进，走到门口时，没有人和凯夫子打招呼，凯师也目不斜视，好像彼此不侵犯。

进到宫内一看，窗明几净，整整齐齐，每个房间的书桌上、书架上都各就各位，床铺上的棉被、床单和枕头都朴素，有的房间还挂着有两张八开面大的地图，一张中国全图，一张世界全图，这说明我们女同学并非死啃书查讲义，也关心国事、天下事。书架上除专业书籍外，一般都有些文学作品，著名作家的小说、散文、诗集等。她们追求美的享受，并努力充实自我。最令人惊奇的是整个宿舍均人去房空，没有看见一个女同学。诸葛亮摆下了“空城计”，自己还坐在城楼观山景，如果是顾如老师有意重施故伎，她自己怎么也不见芳踪？看来这像是模仿军事演习，有计划的全部撤退、转移。等参观结束，再叫女同学回到防地。当然，这是一种猜测，事后也没有同学向顾老师追踪采访，解开谜底。

当我们参观完毕，走出“东宫”门口，靠背椅上空空如也，可能是快吃午饭了，凯夫了〔子〕下班了。

台北市国立武汉大学校友会编印：《珞珈》第126期，1996年1月1日，第26—27页

结 语

作为中国近代建筑史上的重要建设案例，武汉大学珞珈山校园建筑兼具中国传统建筑风格、外国建筑师、现代建筑材料和工艺等元素，是观察中国建筑近代化道路的一个良好视角。近世以来中西建筑艺术交流戏剧化的潮起潮落，以及晚清民初中国建筑领域全盘西化的过程，促使国民政府时代中国建筑领域出现了文化保守主义和民族主义的空前觉醒，而此前在华外国教会在大学建设过程中所进行的中国民族形式建筑复古运动，更为国人自觉的传统建筑再复兴打下了基础。国立武汉大学珞珈山校园的形成过程，正是处于这样的历史进程之中。这一工程诞生于官方大力倡导“中国固有之形式”的时代浪潮之中，因而也追随这一潮流，戴上了复古的琉璃瓦“大屋顶”帽子。承担这项大型工程建筑设计的主要建筑师——来自美国的开尔斯，在此之前并非一位在当时中国建筑设计界活跃和知名的设计师。因为种种机缘，他在近代中国的大时代中获得了这样一个大展拳脚的机会。可以说，开尔斯成就了珞珈山，而珞珈山也成就了开尔斯。与此同时，在开尔斯的身后，还活跃着一群不同肤色和语言的建筑师，共同构成了一个分工协作的设计团队。这其中，尤为重要的就是美籍华裔建筑师李锦沛、德籍建筑师石格司以及来自武大本校的中国建筑师缪恩钊。他们三人拥有不同的执业经历和设计风格，在珞珈山的建筑设计中扮演了不同角色——或为开尔斯的设计注入了新的灵感和风格，或帮助他完成了大量具体的制图和现场沟通工作，或直接代替他完成了一些建筑的设计。在他们留在珞珈山的这些建筑作品中，我们可以窥见那个时代中国大型公共建筑在复兴民族形式的探索上，所做出的种种努力和尝试。这些努力与尝试，或许并非完美，甚至有些并不尽然成功，却是真实的历史足迹，见证了中华民族优秀传统文化在建筑领域的复兴之路。

与此同时，珞珈校园究竟是以建设一所新式现代大学校园为目的的一项现代工程，因而又始终努力追求复古与现代、民族主义与科学理性之间的调和与兼容。在这座全新的大学校园中，设计师打破了传统中国文教场域或宫殿建筑的封闭空间特性，将现代美式校园的开放性移植于此，使其在个体建筑富于传统中国风貌的同时，在整体上形成了一种全新的校园模式。在具体的建筑设计和营建上，珞珈校园则更是走在时代前沿：全部主体校舍均采用钢筋混凝土框架结构，在一些大跨度空间中还普遍使用了钢结构，这在当时中国的教育建筑中都是绝对领先和超前的。校园配备了发电供电系统、自来水系统、现代卫生设备等，让僻在城郊东湖的新校舍，成为那个年代武汉三镇的一处别样的文明天地。

作为国民政府时代全国规模最为宏大的文化教育建设工程之一，武汉大学珞珈山新校舍在全面抗战爆发前的大规模建设进程持续近 9 年，先后有汉口、上海等地的七八家营造厂参与其中，是近代中国大型公共建筑营造史上的一个经典案例。无论是武汉本地的汉协盛、袁瑞泰，还是来自上海的六合等，绝大多数参与其中的营造厂都表现出了优秀建筑企业应有的面貌。特别是汉协盛营造厂，在出现巨额亏损的不利局面下，依然坚持完成了所承包的建设项目，谱写了武汉近代建筑营造史上值得铭记与颂赞的光辉一页。

新校园的建设，无疑对大学的教学科研和校园生活都带来了根本性的改变和长远的影响。武汉大学搬离城市中心的老校舍，进入到一个远离尘嚣而又山明水秀、鸟语花香的环境之中，对于全新的校园文化氛围的形成，产生了极为深远的影响。同时期国立中山大学石牌校区的建设，虽然建筑同样精美，校舍规模甚至更为宏大，但日后的石牌校园，却并没有如珞珈山一般成为所在城市的风景名胜。从这一点上看，珞珈山与武汉东湖之间的关系，确实是颇为独特的。一方面，武汉大学选址东湖这一山水环抱的天然风景之中，良好的自然条件为大学校园增色不少，而另一方面，武大对东湖风景区乃至武汉城市格局的深远影响，亦不容忽视。武汉大学事实上是武汉东湖风景区建设最重要的“先驱”之一，在东湖由一片平淡无奇的荒郊野泽走向风景游憩地的过程中，这所湖畔大学扮演了至关重要的角色，对这一风景区的风格基调、文化氛围、交通格局等方面都产生了决定性的影响。从20世纪30年代开始的20多年时间里，武汉大学珞珈山校园一直都是东湖成为一个城市近郊风景区初期最重要的核心景观和游憩地，也是武汉东湖的文化之心。

2001年，“武汉大学早期建筑”成为最早入围全国重点文物保护单位的中国近代大学校园建筑之一，这一事实，无疑进一步说明了武汉大学珞珈山校园在中国近代建筑史乃至国家历史与文化中的重要价值和地位。成为文保单位以来，武汉大学对相关历史建筑精心呵护，持续不断地进行修缮维护和改造，使其不断焕发出新的生命力。2023年初，武汉大学档案馆保存至今的民国时期校园建筑图纸档案，又被列为中国档案文献遗产名录，与实体的文物建筑成为相辉双璧，令人无比欣慰。唯稍显遗憾的是，在列入全国重点文物保护单位范围内的“武汉大学早期建筑”中，未能完整包含现存民国时期珞珈山校园建筑的全部，如第一教职员住宅区（“十八栋”）仅有两栋别墅被列入，农学院大楼及其副楼、东湖中学庚子烈士纪念馆、女生宿舍（蝶宫）等重要建筑，亦成为遗珠。我们期待，这些重要的历史建筑，能够早日被追加纳入国家级的文保名单之中，使珞珈校园在全国重点文物保护单位的范围中真正复归完璧。